JN072679

# 内線規程Q&A

2022年版

## 内線規程のポイント解説！

JESC E0005（2022）
日本電気技術規格委員会
電気技術規程　需要設備編
2022年版
内線規程
JEAC 8001-2022
一般社団法人
日本電気協会
需要設備専門部会

収録内容

- 日本電気協会に寄せられた質問79件を収録！
- 最新の内線規程2022年版の主な改定内容を収録！

一般社団法人
日本電気協会
需要設備専門部会

# 序　文

「内線規程Q&A」は，日本電気協会に寄せられた内線規程に関する質問や規格利用者に有益となる情報を基にイラストや回路図・表を使用して簡潔な内容でQ&A形式でまとめた内線規程の解説書です。2015年に初版を発刊し，今回，需要設備専門部会および規格解説分科会の審議・作成を経て新たに2022年版を発刊いたしました。

本書は，専門部会，分科会の委員のコメントを踏まえた旧版の見直しに加え，新たなQ&A（18件）及び内線規程2022年版の改定概要を追加したものとなっております。

本書の構成は，内線規程の構成に合わせ大きく分けて「第1章 総則に関するQ&A」，「第2章 構内電線路の施設に関するQ&A」，「第3章 電気使用場所等の施設に関するQ&A」，「第4章 民間規格，国の技術基準に関するQ&A」となっております。

2022年版の内線規程と併せて本書をご活用いただき，電気設備に関する保安基準について一層のご理解を深めていただき，本書が更なる電気工作物の保安，公衆の安全及び電気関連事業の効率化に寄与するよう願っております。

最後に，本書の審議・作業に従事された需要設備専門部会，規格解説分科会の委員各位，関係者各位に感謝の意を表します。

令和4年9月

一般社団法人 日本電気協会
需 要 設 備 専 門 部 会
部会長　高 橋 健 彦

# 発刊に参加した委員の氏名

## 需要設備専門部会

（令和４年９月現在）
（五十音順・敬称略）


|  |  |  |
|---|---|---|
| 部会長 | 高橋　健彦 | 関東学院大学 |
| 副部会長 | 石井　勝 | 東京大学 |
| 委員 | 浅賀　光明 | （株）関電工 |
| 〃 | 穴見　英介 | 送配電網協議会 |
| 〃 | 阿部　達也 | （一社）日本配線システム工業会 |
| 〃 | 遠藤　雄大 | （独）労働者健康安全機構労働安全衛生総合研究所 |
| 〃 | 岡﨑　淳也 | （株）きんでん |
| 〃 | 小野塚　能文 | （株）日本設計 |
| 〃 | 加藤　正樹 | （一財）電気安全環境研究所 |
| 〃 | 菊地　聡 | （独）都市再生機構 |
| 〃 | 小西　将道 | （一社）日本電設工業協会 |
| 〃 | 清水　恵一 | （一社）日本照明工業会 |
| 〃 | 新屋敷　光宣 | （一社）日本電機工業会 |
| 委員 | 芹澤　裕一 | 電気保安協会全国連絡会 |
| 〃 | 竹野　正二 | （公社）日本電気技術者協会 |
| 〃 | 中野　弘伸 | 職業能力開発総合大学校 |
| 〃 | 中村　徳昭 | 全国電気管理技術者協会連合会 |
| 〃 | 飛田　恵理子 | 東京都地域婦人団体連盟 |
| 〃 | 松橋　幸雄 | 全日本電気工事業工業組合連合会 |
| 〃 | 松村　徹 | （一社）日本電力ケーブル接続技術協会 |
| 〃 | 水上　康生 | 三菱地所（株） |
| 〃 | 道下　幸志 | 静岡大学 |
| 〃 | 森田　潔 | （一社）電気設備学会 |
| 〃 | 横山　繁嘉寿 | （一社）日本電線工業会 |

## 規格解説分科会

(令和4年9月現在)
(五十音順・敬称略)

| |  |  |
|---|---|---|
| 分科会長 | 道下幸志 | 静岡大学 |
| 委員 | 石川　静 | (一社)日本電機工業会 |
| 〃 | 稲葉和樹 | (一社)日本配線システム工業会 |
| 〃 | 浦見成一 | (一社)日本電設工業協会 |
| 〃 | 岡田猛彦 | 岡田技術士事務所 |
| 〃 | 小野賢司 | (一財)関東電気保安協会 |
| 委員 | 茅嶋光暁 | 東京電力パワーグリッド(株) |
| 〃 | 工藤繁雄 | NDK アールアンドイー(株) |
| 〃 | 下川英男 | (一社)電気設備学会 |
| 〃 | 竹野正二 | (公社)日本電気技術者協会 |
| 〃 | 渡辺光則 | (一社)日本電線工業会 |

## 事務局 ((一社)日本電気協会)

金子貴之 (総括)
田弘伸輔 (需要設備専門部会担当)
廣瀬和紀 (需要設備専門部会担当)
西島ひかり (需要設備専門部会担当)

# 目　　次

## 第1章　総則に関するQ&A

## 第2章　構内電線路の施設に関するQ&A

## 第 3 章　電気使用場所等の施設に関する Q&A

## 第４章　民間規格，国の技術基準に関する Q&A

# 第１章
# 総則に関する
# Q＆A

## Q 1-1 「内線規程」とは？

**内線規程とはどんな規格なのですか？ また，電気設備の技術基準とはどのような係わりがあるのですか？**

**A 1-1**

**「内線規程」は，電気設備の技術基準を補完するものとして，「解釈」に示された内容をより具体的に定めるとともに，電気工作物の工事，維持及び運用の実務に当たって，技術上必要な事項を細部にわたり規定した民間自主規格です。**

「内線規程」は，日本電気協会の電気技術規程（JEAC 8001）として昭和43年に制定されて以来，需要場所における電気工作物の設計，施工，維持，検査の業務に従事する人が保安上守るべき技術的事項を定めた民間自主規格として広く活用されています。

電力施設の保安を確保するための法律としては，「電気事業法」があります。また，電気事業法に基づく電力施設に関する各種技術基準が制定されています。

電気設備に関しては，「電気設備に関する技術基準を定める省令（以下「電技省令」という。）」が制定されており，電気関係者が電気工作物の工事，維持及び運用に当たって遵守しなければならない内容が定められています。

また，省令で定める技術基準の技術的要件を満たすための審査基準として，具体的な資機材，施工方法等を示した「電気設備の技術基準の解釈（以下「電技解釈」という。）」が公表されています。

「内線規程」は，これら電技省令・解釈を補完する民間自主規格として，「電技解釈」に示された内容をより具体的に定めるとともに，電気工作物の工事，維持及び運用の実務に当たって，技術上必要な事項を細部にわたり規定しています。

内線規程では，電技解釈に示された事項の他，「法の趣旨をくみ取り，わかりやすく表現した事項」，「技術基準の解釈に記述されていない事項」，「技術基準の解釈に明記されていない補足，補完的事項」，「運転，保守，工事，検査の際の参考事項」を規定しています。

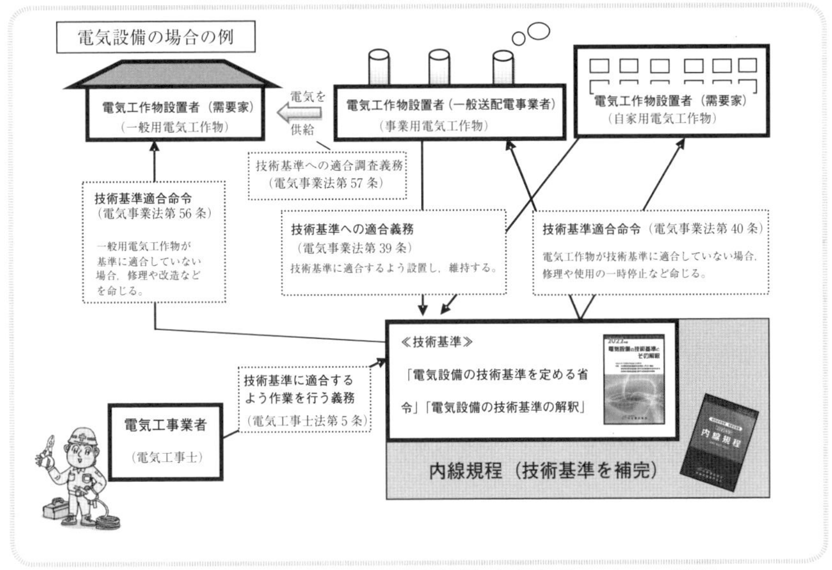


図1　電気事業法における技術基準適合義務のイメージ図

## ○　内線規程の歴史

現在のように，日本電気協会電気技術規程として「内線規程」が制定される前は，各電力会社がそれぞれ内線工事の規程を定め，運用していました。

ここで少し，内線規程第1版（JEAC 8001-1968）発行までの歴史について触れてみましょう。

明治20年（1887年）東京において，我が国最初の電気供給事業が開始されました。

その後，各電力会社において「各電力会社別の内線規程（電気工事に関する規程）」が作成され，それぞれの地区において活用されてきました。（約80年間）

昭和40年（1965年）には，日本電気協会から，電気工作物規程調査委員会で作成した「内線工事基準」が発行されます。

内線工事基準は，電気工事規程の全国統一をめざしたものであり，昭和27年から約13年の歳月を費やして検討・作成されたものです。

この内線工事基準は，後に日本電気協会に新たに設けられた電気技術基準調査委員会の内線規程専門委員会において，満2年を費やして徹底審議を行い，内容を一新し，全国統一版として，内線規程（JEAC 8001-1968）が昭和43年11月に発行されました。

全国の各電力会社においては，それまで使用していた自社の電気工事に関する規程から，内線規程に切り替えることとなりました。

この内線規程（JEAC 8001-1968）は，電気供給規程（約款など）や地方的事情により真にやむを得ない例外事項を除いては，全国の各電力会社がそのまま使用することとなりました。

**表1　我が国における内線工事に関する規程の変遷**

| 西暦 | 和暦 | 民間の規程など | 国の規制など |
|---|---|---|---|
| 1882 | 明治15 | ニューヨークで直流配電開始 | |
| 1887 | 20 | 東京電燈電気供給事業開始 | |
| **1888** | **21** | **東京電燈エジソン会社取付規則** | |
| 1890 | 24 | | 警察令電気営業取締規則<br>※　内線工事に関する内容はない |
| 1892 | 25 | 電気学会電燈線施設法 | |
| **1896** | **29** | | **逓信省令電気事業取締規則** |
| 1910 | 43 | 東京電燈外線内線試験電量規程 | |
| 1911 | 44 | | 逓信省令電気工事規程 |
| 1919 | 大正 8 | | 逓信省令電気工作物規程 |
| **1924** | **13** | **東京電燈内線規程**（初版発行） | |
| 1932 | 昭和17 | 関東配電創立 | |
| 1951 | 26 | 東京電力創立 | |
| 1964 | 39 | | 新電気事業法　制定交付 |
| 1965 | 40 | 日本電気協会　内線工事基準 | 通産省令　電気設備技術基準 |
| **1968** | **43** | **日本電気協会　内線規程** | |

内線工事に関する最古の規程

法による内線工事規制の実質的始まり

電力会社による内線規程は廃止

### ○　内線規程の目的

内線規程の目的は，「序」に記載されているように，「需要場所の電気設備の保安の確保」を主目的とし，「あわせて安全にして便利な電気の使用に資すること」を目的としています。

「電技解釈」が，「省令に定める技術的要件を満たすと認められる技術的内容を具体的に示したもの」である事に対し，内線規程では「電気の保安」以外にも**「安全にして便利な電気の使用」**のために，必要な要件が加味されているのが特徴です。

### ○　安全にして便利な電気の使用？

安全にして便利な電気の使用については，第3編第6章「配線設計」のように，電気的な安全として「分岐回路の施設」などが規定されておりますが，その他にも「住宅におけるコンセントの施設数」などを示しております。

住宅内で便利に電気の使用を行えるよう，「コンセントの施設数」を推奨しているのです。

また，内線規程の1375-5条「漏電遮断器などの停電警報装置」では，「自動的に遮断動作した場合，養魚場の給水・エアポンプなど，使用設備に与える影響が大きいものには，停電警報装置を施設する。」ことが規定されております。**(図2)**

これも，安全にして便利な電気の使用と考えられるのではないでしょうか。

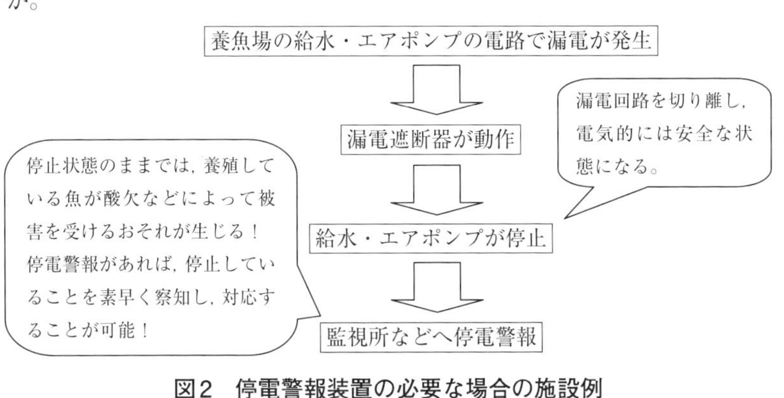


**図2　停電警報装置の必要な場合の施設例**

## Q 1-2　電圧の区分は3種類だけですか？

内線規程1105-1条「電圧の種別」では，低圧・高圧・特別高圧の3種類の電圧区分がありますが，その他に電圧の大きさによって扱いが異なる事項はありますか？

## A 1-2

電圧の区分としては3種類ですが，接地工事の種類の適用や絶縁性能の他，施工条件などの扱いに差異を設けています。

「電圧の区分」は，低圧・高圧・特別高圧の3種類ですが，同じ低圧でも電圧の違いにより危険度が異なるので，電圧に応じた安全レベルが求められています。

例えば，使用電圧が300V以下の機器の外箱等に施す接地工事は，D種接地工事であり，接地抵抗値も100Ω以下ですが，使用電圧が300Vを超える低圧の場合は，C種接地工事となり，接地抵抗値も10Ω以下という，高圧機器に施すA種接地工事の接地抵抗値と同じ値となります。同様に絶縁抵抗値も0.1MΩ又は0.2MΩから，0.4MΩとなります。

また，施設できる工事方法も異なり，300V超過の場合は，比較的信頼性の高い工事方法が求められます。

表1　電圧の区分による主な差異

| 電圧区分 | | 電　　圧 | 電路の絶縁抵抗値 |
|---|---|---|---|
| 特別高圧 | | 7,000V超過 | ※ |
| 高圧 | | 交流：600V超過，7,000V以下<br>直流：750V超過，7,000V以下 | ※ |
| | 接地工事種別の区分 | A種接地工事（10Ω以下） | — |
| 低圧 | | 交流：600V以下，直流750V以下 | |
| | 接地工事種別の区分 | 300V超過：C種接地工事（10Ω以下）<br>300V以下：D種接地工事（100Ω以下） | 0.4〔MΩ〕<br>0.2〔MΩ〕 |
| | 住宅屋内電路の電圧 | 原則対地電圧150V以下 | 0.1〔MΩ〕 |
| | 小勢力回路の電圧 | 60V以下 | — |

※　高圧・特別高圧の絶縁性能は，絶縁耐力試験により確認します。

表2　各種配線工事の電圧の区分による施設制限

| 配線工事方法 | 300V以下 | 300V超過 |
| --- | --- | --- |
| ケーブル配線，金属管配線，合成樹脂管配線，金属製可とう電線管配線，がいし引き配線，バスダクト配線，金属ダクト配線 | ○ | ○ |
| キャブタイヤケーブル配線 | ○ | 三種以上のキャブタイヤケーブルに限る |
| 金属線ぴ配線，合成樹脂線ぴ配線，ライティングダクト配線，セルラダクト配線，フロアダクト配線，平形保護層配線 | ○ | × |

※　その他，施設場所の環境（湿気・水気の有無），点検面（点検できる，できない）などによる施設制限があります。

### コラム　我が国における電圧の区分の変遷

電圧の区分は明治24年から行われています。

昭和24年に交流高圧の上限値が3,500Vから7,000Vに引き上げられておりますが，これは当時の電力会社の配電線の電圧が3,300Vから6,600Vに昇圧され始めたことによるものです。昭和40年に低圧（交流）が300Vから600Vに引き上げられたのはビルや工場において400V配線が行われるようになったことに対応したものです。

表3　電圧の区分の変遷

| 基準 | 区分 | 低圧 | 高圧 | 特別高圧 |
| --- | --- | --- | --- | --- |
| 明治24年<br>電気営業取締規則<br>（警察令） | 直流 | | 300V以上 | − |
| | 交流 | | 150V以上 | − |
| 明治29年<br>電気事業取締規則<br>（逓信省令） | 直流 | 500V以下 | 500Vを超え3,000V以下 | 3,000V超過 |
| | 交流 | 250V以下 | 250Vを超え3,000V以下 | |
| 明治30年<br>電気事業取締規則<br>（逓信省令） | 直流 | 600V以下 | 600Vを超え3,500V以下 | 3,500V超過 |
| | 交流 | 300V以下 | 300Vを超え3,500V以下 | |
| 昭和24年<br>電気工作物規程<br>（通商産業省令） | 直流 | 750V以下 | 750Vを超え7,000V以下 | 7,000V超過 |
| | 交流 | 300V以下 | 300Vを超え7,000V以下 | |
| 昭和40年<br>電気設備の技術基準<br>（通商産業省令） | 直流 | 750V以下 | 750Vを超え7,000V以下 | 7,000V超過 |
| | 交流 | 600V以下 | 600Vを超え7,000V以下 | |

## Q 1-3 なぜ，住宅の屋内電路の対地電圧は制限されているの？

内線規程1300-1条「電路の対地電圧の制限」では,「住宅の屋内電路（電気機械器具内の電路を除く。）の対地電圧は150V以下であること」と規定されています。150V以下に制限している理由は何ですか？

## A 1-3

住宅は，乳児から老人に至るまで安心して生活できる場所であり，このような場所では安全性を確保するため，屋内電路の対地電圧を原則150V以下に制限しています。（国の基準である電気設備の技術基準の解釈（以下,「電技解釈」という。）第143条でも内線規程と同様150V以下に制限しています。）

対地電圧とは，**図1**で示すような接地式電路では電線と大地との間の電圧をいいます。具体的には，**図1**の100V/200V単相3線式電路の場合，接地線が接続されている接地側電線の対地電圧は0V，接地線が接続されていない電圧側電線の対地電圧は100Vとなります。

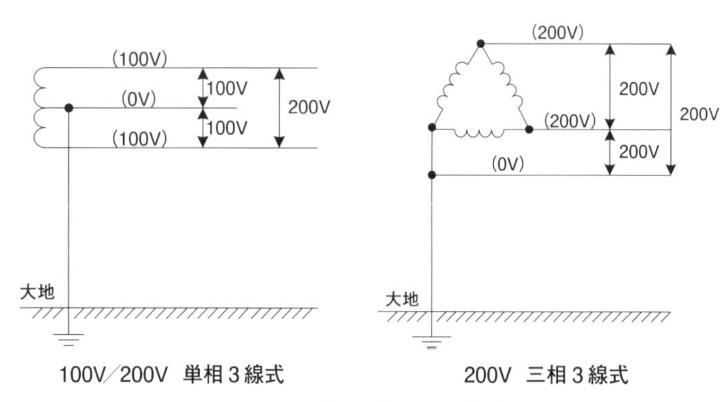


**図1　接地式電路の対地電圧　※(　)は対地電圧**

電技解釈第143条の改正で，対地電圧150Vを超えてもよい屋内配線として，太陽電池モジュールに接続する負荷側配線及び燃料電池発電設備，常用電源蓄電池に接続する負荷側配線（いずれもDC 450V以下）が追加されました。

この考え方に加え，一般的に普及している100V，200Vの電気機械器具を使用可能な100V/200Vの単相3線式電路による配線を想定し，住宅の屋内電路の対地電圧を原則150V以下に制限しています。

ここで，内線規程で規定する住宅とは，一般家庭において日常生活をする場所で，マンションやアパートの私室も含まれます。

マンションのボイラー室やコンプレッサー室等の付帯設備やホテルのロビーに相当するような場所は内線規程で規定する住宅ではありませんので，その場合は別の規定を踏まえて施設することとなります。

なお，**図2**のような店舗付住宅のような場所については，住宅に相当する箇所の対地電圧は原則150V以下，店舗に相当する部分は対地電圧300V以下とすることが可能となっています。

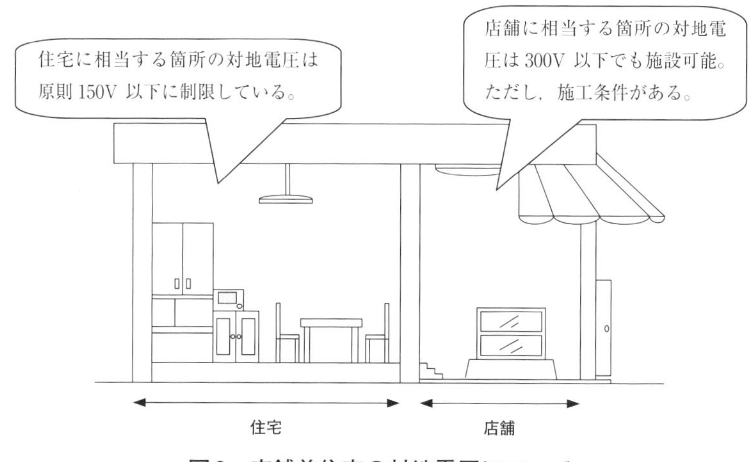


**図2　店舗兼住宅の対地電圧について**

店舗の場合は住宅と異なり，業務用の電気機械器具を施設するケースがありますので，三相200Vの動力配線が行えるよう対地電圧300V以下による施設が可能となっています。ただし，施設に当たっては具体的に施工方法を規定することで安全を確保する必要があるので，内線規程の1300-1条1項②により施設して下さい。

ちなみに，対地電圧制限は屋内電路に課せられていますが，電気機械器具内の電路はその制限から除外されています。

例えば，100Vで供給される電気機械器具がその機械器具内部の電圧変成により高電圧を発生する箇所があっても，それが機械器具外に供給されなければ機械器具内部の高電圧は，対地電圧の制限を受けない形となっています。

## Q 1-4　なぜ，定格消費電力2kWの電気機械器具に接続する屋内配線の対地電圧は300V以下でいいの？

内線規程1300-1条「電路の対地電圧の制限」では，住宅の屋内電路は対地電圧150V以下と制限している中，定格消費電力2kW以上の電気機械器具に電気を供給する屋内配線の対地電圧は300V以下でもよいこととなっています。
この場合，なぜ対地電圧を300V以下としてもよいのでしょうか？

## A 1-4

定格消費電力2kW以上の電気機械器具を単相3線式の100V，200V回路により供給すると，始動電流が大きくなり，他の電灯負荷に影響を及ぼす可能性があるとされ，三相200Vの動力回路に接続できるよう対地電圧を300V以下に緩和しています。

住宅における屋内電路（電気機械器具内の電路を除く。）の対地電圧は原則150V以下とすることについてQ1-3で触れましたが，内線規程では，定格消費電力2kW以上の電気機械器具に電気を供給する屋内配線の対地電圧は，300V以下に緩和されています。

これは，空調機器など定格消費電力2kW以上の電気機械器具を単相100V又は200Vで使用すると始動電流が大きくなり，他の電灯負荷にも影響を及ぼすと考えられていること，また，機器の効率及び経済性から三相200Vの回路に接続して供給した方がいいという場合に対応したためです。

住宅においても，冷暖房機器，温水器など容量の大きな電気機械器具が設置されるケースがあるので，対地電圧300V以下まで緩和しております。

ただし，単純に対地電圧300V以下に緩和することは，対地電圧150V以下の場合と比較して危険性が高まりますので施工面において強化を図り，安全性を確保しています。

定格消費電力2kW以上の電気機械器具を対地電圧300V以下で施設する場合の施工条件は以下のとおりとなっております。

・屋内配線は，当該電気機械器具のみに電気を供給するものであること。
・屋内配線には，簡易接触防護措置を施すこと。
・電気機械器具には，原則簡易接触防護措置を施すこと。

・電気機械器具は，屋内配線と直接接続して施設すること。
・電気機械器具に供給する電路は，過電流遮断器を施設すること。
・電気機械器具に供給する電路には，原則漏電遮断器を施設すること。

ここで，三相200Vの室内機と室外機で構成される空調機器（ルームエアコン）の施設例を**図1**に掲載します。

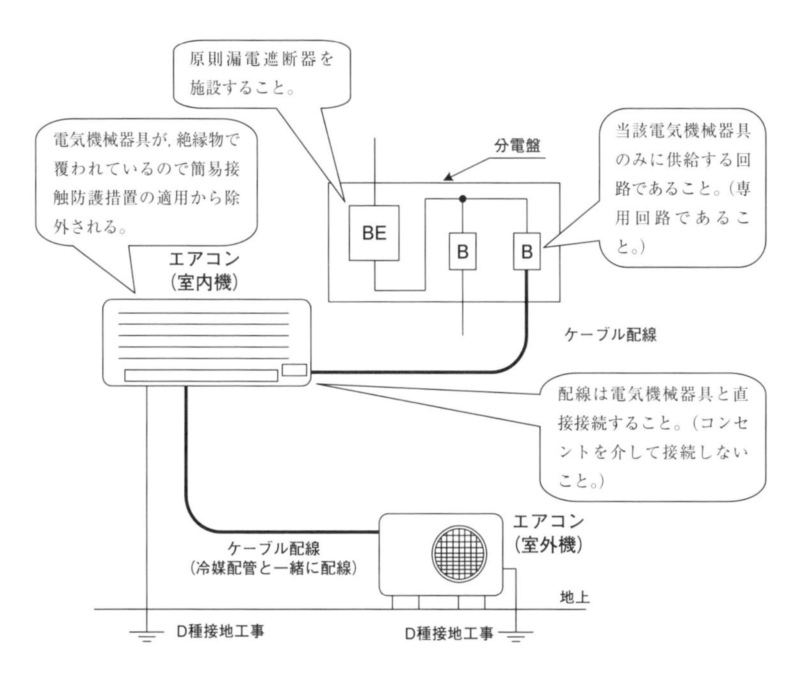


**図1　三相200Vの空調機器（ルームエアコン）の施設例**

**図1**のような空調機器の場合，室内機と室外機の機能を合わせて一つの電気機器器具とみなすことになります。ただし，室内機と室外機を接続する屋内配線部分については，通常の屋内配線と同じく対地電圧制限の適用を受けますので，対地電圧300V以下の場合は，前述の施工条件により施設する必要があります。

## Q 1-5　負荷の不平衡を制限する理由は？

内線規程1305-1条「不平衡負荷の制限」では，負荷の不平衡を制限しています。なぜ，不平衡率を設けて制限するのでしょうか？また，不平衡が大きくなるとどの様な影響があるのでしょうか？

## A 1-5

負荷の不平衡が大きくなると，「電路中の電力損失の増加」，「電圧の不平衡の悪化」，「電線，変圧器の使用効率の低下」などが生じます。

単相3線式電路や三相3線式電路のような多線式電路の負荷は，できるだけ平衡させるのが望ましいのですが，実際には完全に平衡させることは難しいので，単相3線式電路では，やむを得ない場合に限りその設備不平衡率を40%以内（三相3線式電路では，30%以内）としております。

単相3線式電路では，負荷の不平衡が大きくなると，次の①～③のようなことがおきます（三相3線式電路では，②③がおきます）。

① 中性線に流れる電流が増大するため，電力損失が増します。

② 電圧の不平衡が大きくなり，負荷の使用に支障を来すおそれが生じます。この場合，負荷の多い側の電圧が異常に低くなり，負荷の少ない方の側は逆に電圧が異常に高くなります。

③ 屋内配線，引込線，配電線，変圧器ともに使用効率が低くなり不経済となります。

※　単相3線式の設備不平衡率

$$\text{設備不平衡率} = \frac{\text{中性線と各電圧側電線間に接続される負荷設備容量の差}}{\text{総負荷設備容量の}1/2} \times 100$$

※　三相3線式の設備不平衡率

$$\text{設備不平衡率} = \frac{\text{各線間に接続される単相負荷総設備容量の最大最小の差}}{\text{総負荷設備容量の}1/2} \times 100$$

単相3線式電路において，どの程度の影響があるのか考えてみます。

ここでは，負荷合計が10kWの抵抗負荷の場合を例に，「電力損失の増加」と「電圧不平衡」について計算してみます。

直径1.6mmの軟銅線で，12m程度の長さの配線で負荷に電気を供給する場合，電線1本あたりの電気抵抗は，約0.1Ω程度となります。

①電力損失の増加

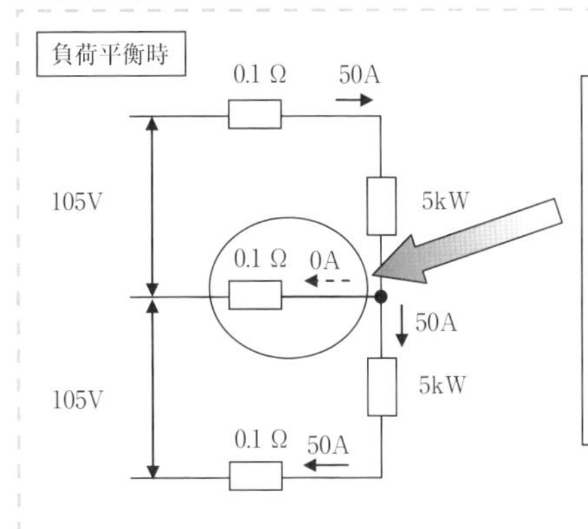


負荷が平衡している場合は，中性線に電流が流れないため，中性線の電力損失は零になります。

電力損失は，【$P = I^2R$】なので，電線の抵抗による電力損失の合計は，

250W＋0W＋250W＝500W

となります。

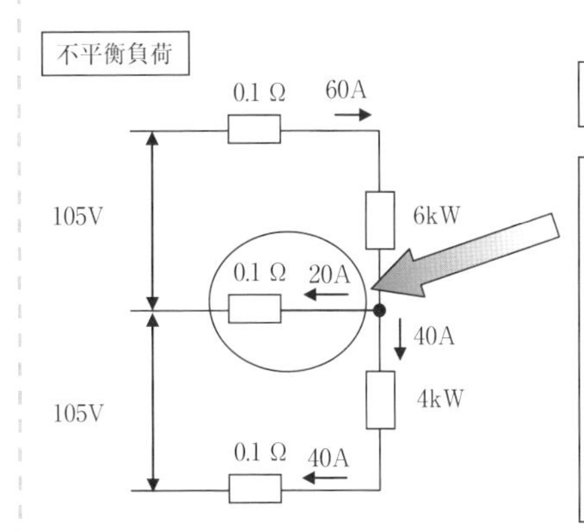


不平衡率　40％の場合の例

一方，負荷が不平衡となると，中性線に電流が流れるため，中性線での電力損失が発生します。

電線の抵抗による電力損失は，

360W＋40W＋160W＝560W

となり，平衡しているときと比べ，60W増加します。

## ②電圧の不平衡の増加

負荷平衡時

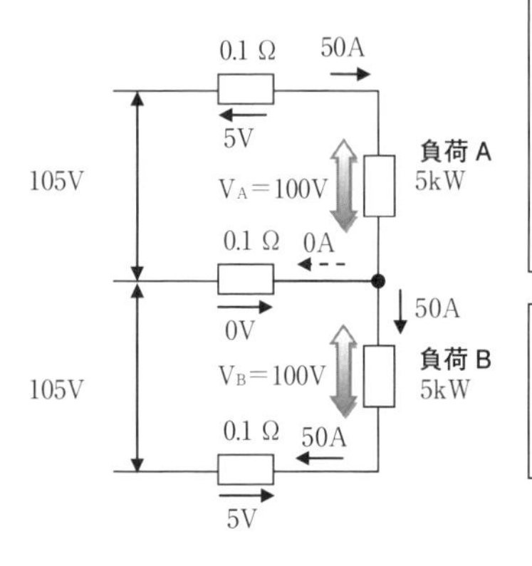


負荷Ａにかかる電圧は，
$V_A=105-0-5=\underline{100V}$
となり，
負荷Ｂにかかる電圧は，
$V_B=105-0-5=\underline{100V}$
となり，同じ電圧値となります。

負荷が平衡しているときは，中性線に電流が流れないため，中性線での電圧降下はありません。

不平衡負荷

不平衡率　40％の場合の例

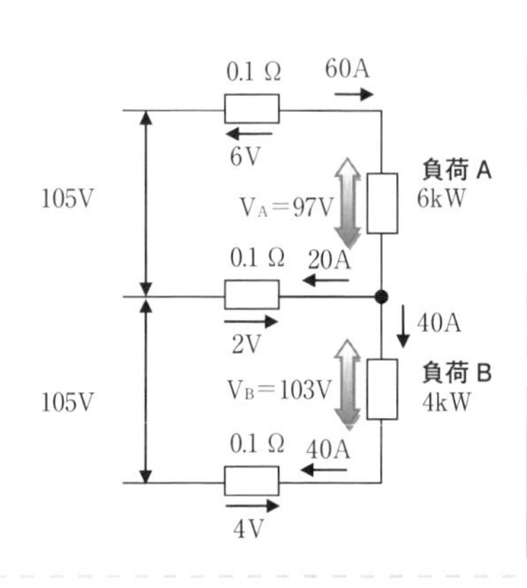


負荷Ａにかかる電圧は，
$V_A=105-6-2=\underline{97V}$
となり，
負荷Ｂにかかる電圧は，
$V_B=105-4+2=\underline{103V}$
となり，異なった電圧値となります。

負荷の不平衡により，負荷が多い側の電圧は低くなり，負荷の少ない側の電圧は高くなります。

### ③不平衡率の上限を超過している場合の例（不平衡率120%）

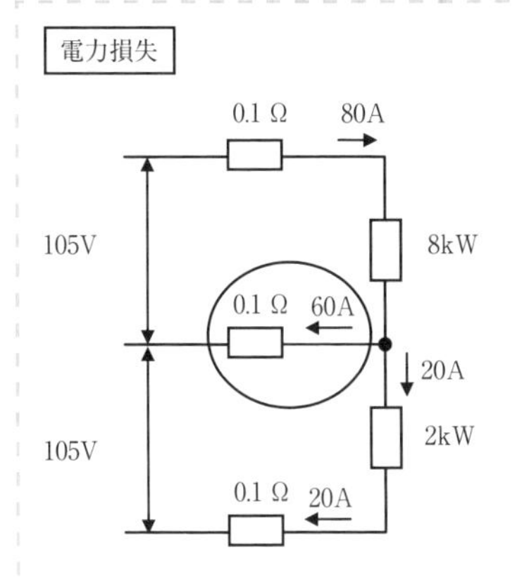


電線の抵抗による電力損失の合計は，
640W＋360W＋40W＝1,040W
となり，平衡しているときと比べ，
540W 増加し，倍以上の電力損失となります。

電圧不平衡

0.1 Ω　80A
8V
105V
$V_A$＝91V
負荷A
8kW
0.1 Ω　60A
20A
6V
105V
$V_B$＝109V
負荷B
2kW
0.1 Ω　20A
2V

負荷Aにかかる電圧は，
$V_A$＝105－8－6＝<u>91V</u>
となり，
負荷Bにかかる電圧は，
$V_B$＝105－2＋6＝<u>109V</u>
となります。

負荷の不平衡率の上限を超過すると，負荷が多い側の電圧は異常に低くなり，負荷の少ない側の電圧は異常に高くなるため，負荷機器の正常動作ができなかったり，損傷したりするおそれが生じます。

## Q 1-6　電圧降下の制限の考え方は？

内線規程1310-1条〔電圧降下〕では，「低圧配線中の電圧降下は，幹線及び分岐回路において，それぞれ標準電圧の2%とすること。」と規定されています。なぜ，「それぞれ標準電圧の2%（合計4%）」としているのでしょうか？
また，電線こう長が長い場合等に関する取扱について，規定適用の考え方を教えて下さい。

## A 1-6

電圧降下により，電気機器にかかる電圧が下がると，電気機器の性能や寿命に影響をあたえるため，電気機器の使用に支障をきたさないように制限したものです。

また，幹線が長くなるような場合2%とすると，むやみに太い電線を使用することとなり，経済上好ましくないことから，合計値としております。

### ◯　電圧降下を制限する理由

配線の設計にあたって，電線の太さを決定するには，「機械的強度」，「許容電流」及び「電圧降下」の3つの要素を考えます。

この内，「電圧降下」は，負荷電流と電線太さ及びこう長により決定されます。

配線が短い場合には，機械的強度と許容電流の2点を考慮すればよいのですが，電線こう長が長い場合には，電線の抵抗による電圧降下によって電気機器への供給電圧が低くなるため，電気機器の使用に影響を及ぼすおそれが生じます。

例えば，近年使用が少なくなった白熱電球では，電圧が1%下がるごとに約3%ずつ暗くなります。また，蛍光灯では，1～2%暗くなります。

他の電気機器では，誘導電動機は2%トルクが弱くなり，電熱器は2%発生熱量が少なくなります。

そのため，屋内配線の電圧降下はなるべく少ないことが望ましいのですが，むやみに太い電線を使用することは，経済上好ましくないため，一般に幹線で2%程度まで，分岐回路で2%まで許容することとしたのです。

また，住宅で使用される電気機器は，電気用品の技術基準の解釈の別表第八「⑹電圧変動による運転性能」において正常動作する電圧値（定格電圧に対して±10％）が定められているので，その範囲を逸脱しないようにしなければなりません。

表１　電圧降下の規定のポイント

| 主な規定事項 | 施設条件など |
|---|---|
| 電圧降下の基本条件 | ・幹線と分岐回路においてそれぞれ2％以下。 |
| 供給変圧器による場合の緩和 | ・高圧又は特別高圧で受電するなど，電気使用場所内に設けた変圧器から供給される場合は，「幹線で3％」まで認めている。<br>※供給変圧器のタップを調整することにより，末端の電圧を調整できることによる。 |
| 電線こう長が長い場合の緩和 | ・「幹線」及び「分岐回路」で区分せず，電圧降下を幹線と分岐回路の合計値で扱う。<br>・長い配線になるほど緩和している。<br>※上限6％（電気使用場所内の変圧器より供給される場合は7％） |

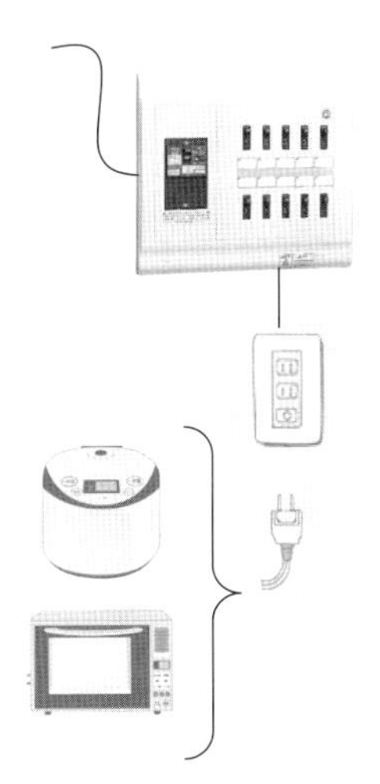

供給電圧値は電気事業法施行規則第44条において，標準電圧100Vの場合，101±6Vと定められています。

電気機器は電気用品の技術基準の解釈において，「定格電圧に対して±10％変動させた場合に，支障なく運転が継続できること。」が要求されております。
100Vの場合90～110Vの間で，正常動作することとなります。

例えば，供給電圧値が最低の95Vの場合，引込線取付点から負荷設備までの間で4％（幹線2％＋分岐回路2％）電圧降下したとしても95V×（1－0.04）＝91.2Vとなり，電気機器の対応電圧の範囲に収まることがわかります。

### ○　電線こう長が長い場合

大きな規模の建物などでは，非常に長い幹線を設けることがあります。この様な場合に「幹線2%，分岐回路2%」として適用することは困難な場合があるので，幹線・分岐回路の枠を取り払い，合計の数値で扱うこととしています。

また，長い配線ほど電圧降下の数値を緩和しています。

しかしながら，あまり大きな電圧降下を許容することは好ましくないので，その最大値は6%までとしています。

そして，高圧受電の場合など電気使用場所内の変圧器から供給する場合にあっては，更に1%多い値を認めています。

これを図示したものが**図１**です。

1．こう長60m以下

①一般送配電事業者から低圧で電気の供給を受けている場合

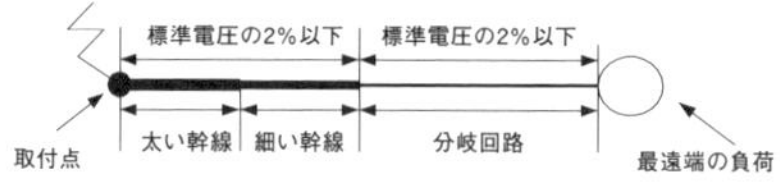


②電気使用場所内の変圧器から供給する場合

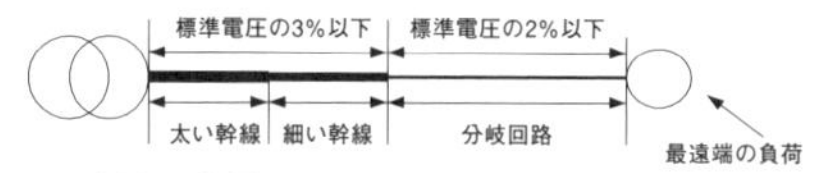


2．こう長60m超過～120m以下

①一般送配電事業者から低圧で電気の供給を受けている場合

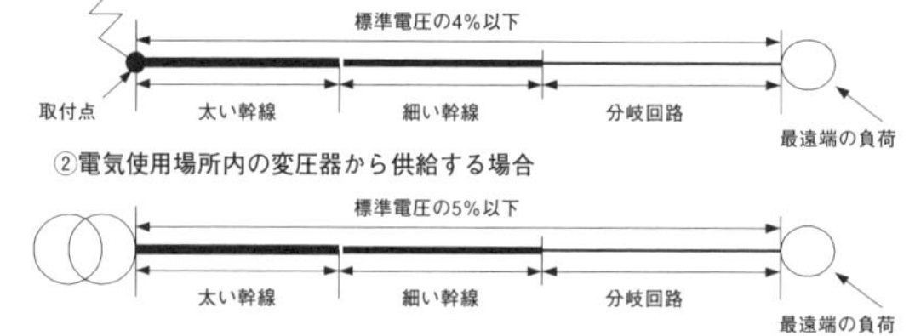


3．こう長120m超過～200m以下

①一般送配電事業者から低圧で電気の供給を受けている場合

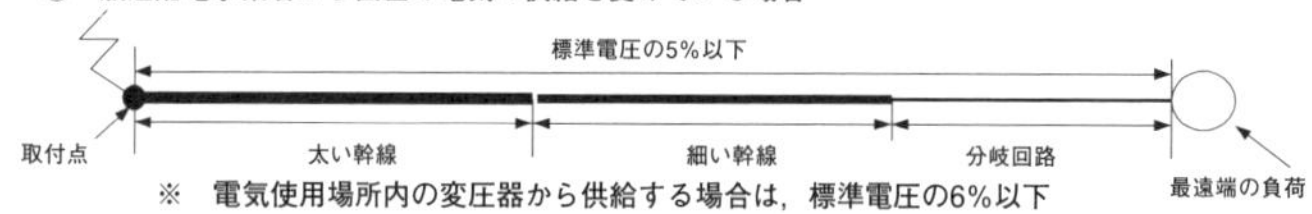


4．こう長200m超過

①一般送配電事業者から低圧で電気の供給を受けている場合

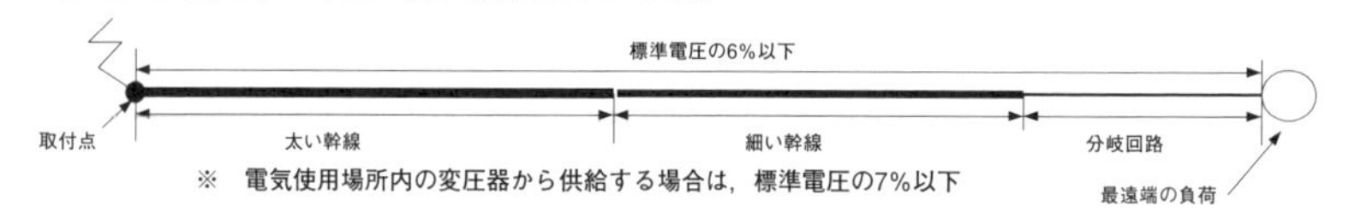


**図１　電圧降下の適用概念図**

## ○　許容電圧降下の変遷

電圧降下の変遷をまとめたものが，**表2**となります。

電圧降下の許容値は，現在「幹線2%，分岐回路2%」となっていますが，大昔は大変きびしい値となっていました。

昔は，電灯回路と電動機回路で区別をしており，電灯回路では，幹線・分岐回路あわせて1%とされていました。

電灯負荷が白熱電球であったため，電圧降下が照明の明るさに大きく影響していたからではないかと推測されます。

また，昭和13年（1938年）に，幹線3%，分岐回路3%と大幅に緩和されたのは，日華事変による物資欠乏が深刻になったことによる臨時措置です。

戦後の昭和25年（1950年）には物資欠乏が緩和されたので，現在の値に落ち着いています。

**表2　許容電圧降下の値の変遷**

| 発　行 | 名　称 | 発行年 | 許容電圧降下〔%〕 | | | |
|---|---|---|---|---|---|---|
| | | | 電灯回路 | | 電動機回路 | |
| | | | 幹線 | 分岐回路 | 幹線 | 分岐回路 |
| 東京電燈 | 外線内線試験電量規程 | 明治43年（1910年） | ←1→ | | ←2→ | |
| | | 昭和6年（1931年） | ←2→ | | ←3→ | |
| | 内線規程 | 昭和13年（1938年） | 3 | 3 | 3 | 3 |
| 関東配電 | 内線規程 | 昭和17年（1942年） | 3 | 3 | 3 | 3 |
| | | 昭和25年（1950年） | 2 | 2 | 2 | 2 |
| 東京電力 | 内線規程 | 昭和26年（1951年） | 2 | 2 | 2 | 2 |
| 日本電気協会 | 内線工事基準 | 昭和40年（1965年） | 2 | 2 | 2 | 2 |
| | 内線規程 | 昭和43年（1968年） | 2 | 2 | 2 | 2 |

## Q 1-7　配線を色分けする理由は？

**内線規程1315-1条「屋内配線の中性線及び接地側電線の標識」で，多線式屋内配線の中性線の電線に使用する色について規定していますが，電線の標識について規定している理由は何ですか？
その他にも配線の標識について規定している規格等はありますか？**

**接地側電線を特定し，接続の誤りによる機器の損傷や感電事故を防止するためです。**

単相3線式配線や三相3線式配線などの多線式配線では，多くの接続点を有すること，また配線には多くの施工者が介在する場合もあることから電線や配線器具への誤接続が懸念されます。

そのような誤接続を防止するため，電線や配線器具には標識を施すこととしています。

内線規程の1315節「極性標識」では電線，開閉器，コンセントに標識を施すことを規定しています。その中で電線に関する標識は1315-1条で，「多線式屋内配線における中性線の電線には白色又は灰色を施すこと」と規定しています。

これは，接地側電線を特定させるためにこのような規定を定めています。

例えば，**図1**のように白熱電球の交換の際に受金部分に誤って手が触れることがあります。**図1**の左図は適切に配線されているので，受金に触れても感電することはありません。

ただし，**図1**右図のように誤接続を行ってしまった場合は，スイッチが切れていたとしても受金に触れれば感電することになります。

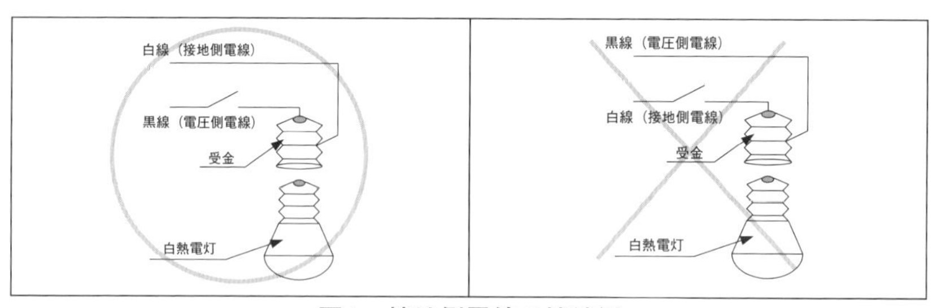


**図1　接地側電線の接続例**

このような誤接続のリスクを少なくするため，接地側電線を識別できるよう中性線の標識の色を指定しております。

一方，器具側の標識として露出形コンセント，引掛シーリングローゼットそして埋込形コンセントなど極性のある器具には接地側（またはW，N）の表示があり，そこには白線，接地側電線を接続します。ランプレセプタクル（**写真1**）には表示はありませんが受金ねじ部端子に白線を接続します。

ランプレセプタクルの外観

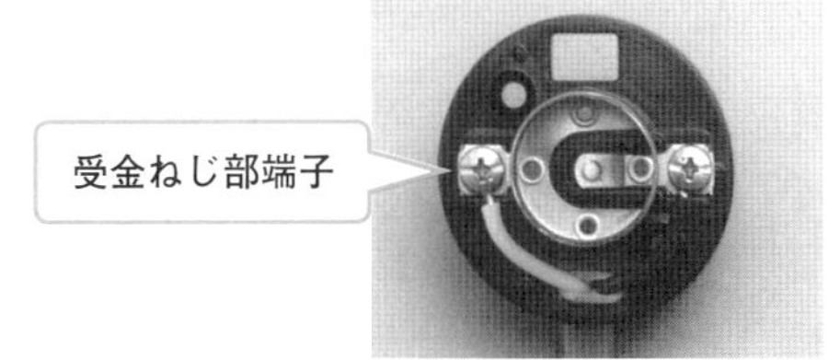


ランプレセプタクルの接続例

**写真1　ランプレセプタクルの例**

中性線の標識として白色又は灰色の標識を施すことについて記載しましたが，一方で配線の状況によっては電圧側電線に白線又は灰色の電線を使用せざるを得ない場合もあります。

この場合，施工者が接地側電線ではないことを誤認しないよう，内線規程では白線の端末にビニルテープなどで表示することを1315-1条2項②の注意書きで記載しています。

電線の標識については，JIS及び公共建築工事標準仕様書でも触れられています。概要は**表１**のとおりです。

**表１　電線標識について**

| 配線方式 | 相 | 内線規程 | JIS C 0446<br>(IEC 60446) | 公共建築工事<br>標準仕様書 |
|---|---|---|---|---|
| 三相４線 | 第１相<br>第２相<br>第３相<br>中性線 | 白又は灰 | 薄青<br>白又は灰 | 赤<br>黒<br>青<br>白 |
| 三相３線 | 第１相<br>第２相<br>（接地側電線）<br>第３相 | 白又は灰 | 薄青<br>白又は灰 | 赤<br>白<br><br>青 |
| 単相３線 | 第１相<br>中性相<br><br>第２相 | 白又は灰 | 薄青<br>白又は灰 | 赤<br>白<br><br>黒 |
| 直流 | 正極（P）<br>負極（N） | — | — | 赤<br>青 |
| 接地線 | | 緑／黄又は緑 | 緑／黄又は緑 | 緑／黄又は緑 |

〔備考〕１．JIS C 0446（1999）「色又は数字による電線の識別」
２．公共建築工事標準仕様書（電気設備工事編）：公共建築協会

**コラム　内線規程で中性線の色を灰色でもよしとした理由**

内線規程では中性線に使用できる色として，白色又は灰色としています。ここで，白色の他に灰色でもよしとしている理由は，白色が変色などにより灰色に見える場合もあることから，誤解が生じないという意味で灰色も使用可能としています。

## Q 1-8 単相3線式分岐回路の配線において具体的に配線の色分けを指定している理由は？

内線規程1315-6条「単相3線式分岐回路の電線の標識」では，単相3線式分岐回路を行う場合に具体的に使用する配線の色を指定しています。その理由は何ですか？

## A 1-8

単相3線式分岐回路の施設条件の一つである「片寄せ配線」を確実に行えるよう，使用する電線の色を指定しています。

内線規程では単相3線式分岐回路の施設方法について規定しています。

単相3線式分岐回路とは，**図1**のように一つの分岐回路において100V又は200Vの電気機器を接続できる回路となっています。

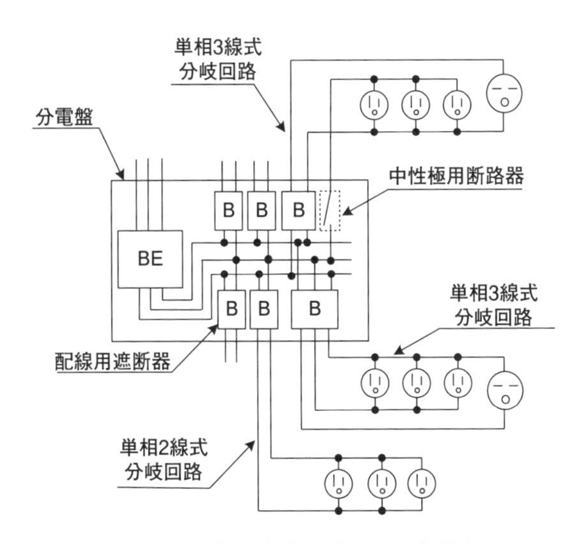


**図１　単相3線式分岐回路の施設例**

単相3線式分岐回路の施設方法については，内線規程3605-2条3項に規定されており，具体的には，「電気機械器具1台ごとに専用の分岐回路を設けて施設する方法」，「中性線が欠相した場合に当該電路を自動的かつ確実に遮断する装置を施設する方法」「片寄せ配線による方法」のいずれかによることとなっています。

このうちの片寄せ配線による方法とは，100Vの全ての負荷を**図2**のように片側の相に接続させる方法です。

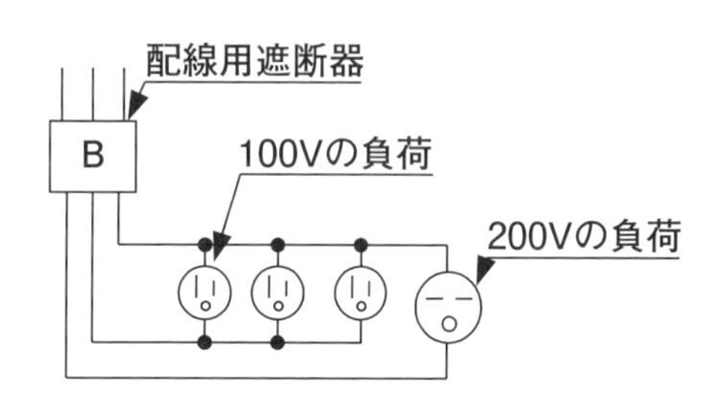


**図2　単相3線式分岐回路の片寄せ配線の例**

この施設方法を行わせる理由は，**図3**のように中性線が何らかの原因で欠相した場合でも電圧のアンバランスにより片方（又は一方）の100Vの負荷に過電圧を生じさせないようにするためです。

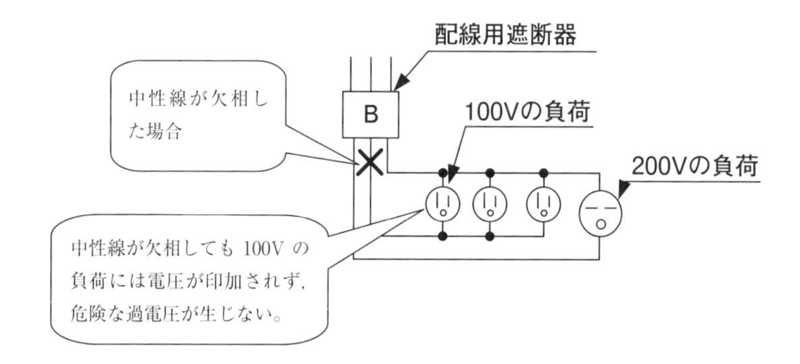


**図3　単相3線式分岐回路の片寄せ配線において中性線が欠相した場合**

**図3**のように中性線が欠相しても，100Vコンセント（負荷）には電気が供給されなくなるが，危険な過電圧が印加されない形となります。

このように内線規程では片寄せ配線を確実に行えるよう，1315-6条において以下のように接続する電線について具体的に色を指定しています。

- 電圧側電線のうち100V回路を接続する側の電線は黒色の標識を施すこと
- 電圧側電線のうち100V回路を接続しない側の電線は赤色の標識を施すこと

また，片寄せ配線を行う際に電線だけではなく配線器具に対しても具体的な標識を施し，誤接続のないように施設することとしています。

配線器具による標識は，1315-7条で規定しており，**図4**に開閉器の標識例を記載します。

(a)　3極配線用遮断器の場合の標識例

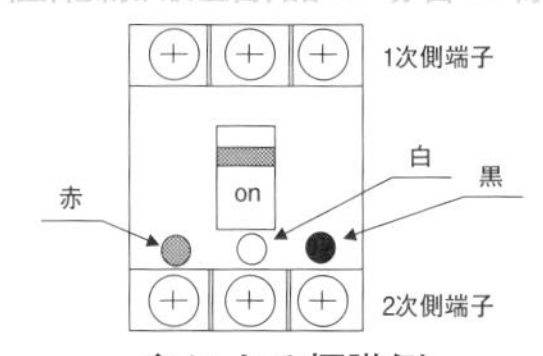

色による標識例

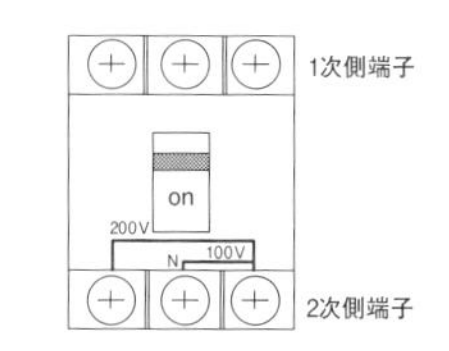

文字による標識例

(b)　2極配線用遮断器と中性極用断路器（隣接して取付け）の標識例

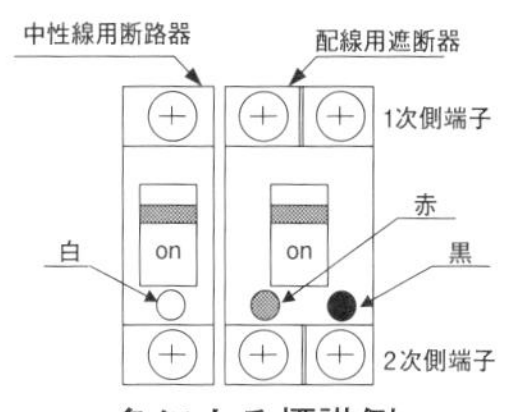

色による標識例

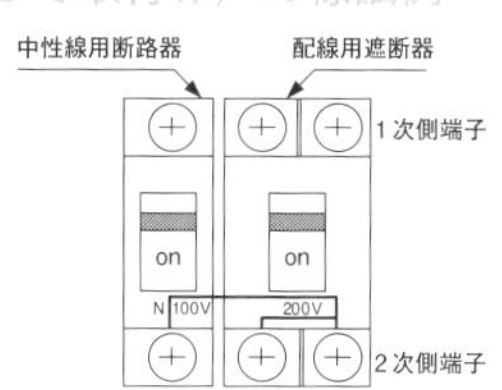

文字による標識

(c)　2極配線用遮断器と中性極用断路器一体形の標識例

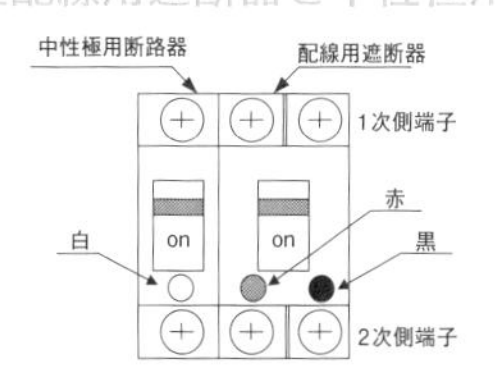

色による標識例

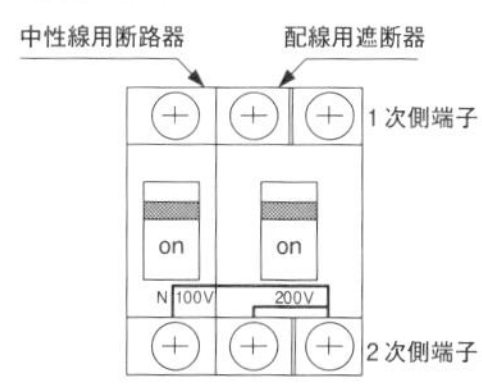

文字による標識例

**図4　開閉器の標識例**

さらに，コンセントの標識例を**図5**に掲載します。

(a)　100V回路用送り端子付100V/200V併用コンセントの標識例

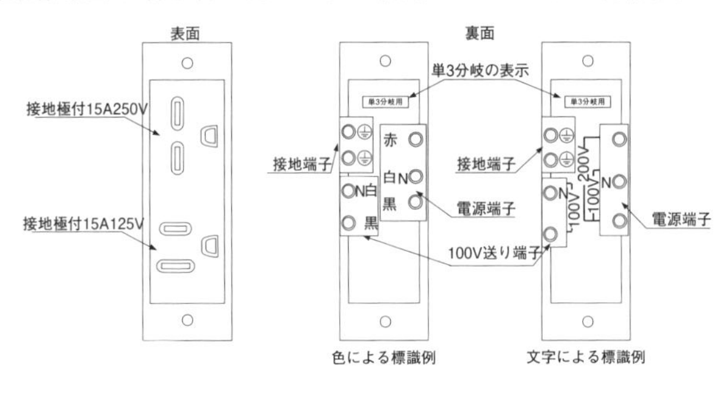


(b)　100V/200V併用コンセントの標識例

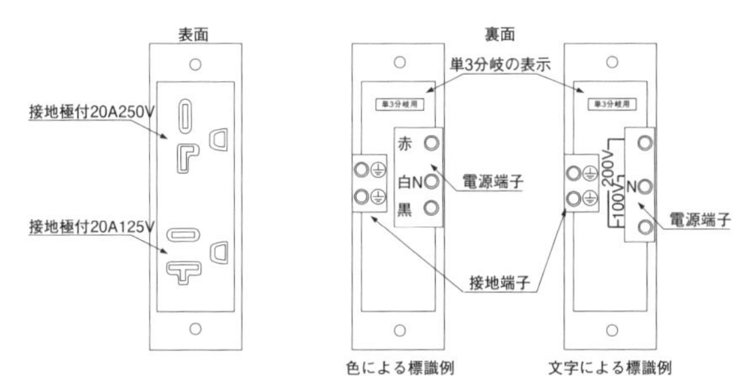


図5　コンセントの標識例

以上を踏まえ，電線や配線器具の標識を反映した単相3線式分岐回路の片寄せ配線による施設例は下図のとおりとなります。

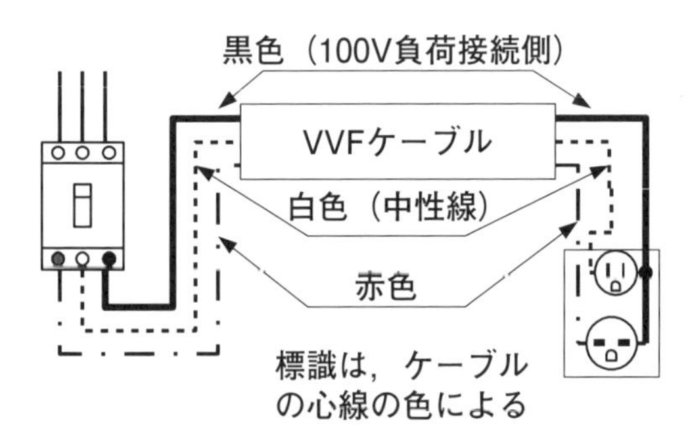


図6　単相3線式分岐回路の片寄せ配線時の施設の標識例

## Q 1-9 EM電線とは，従来の電線とどう違うの？

**内線規程1335-3条「キャブタイヤケーブル」では，2011年版の内線規程の改定で，「耐燃性ポリオレフィンキャブタイヤケーブル」や「耐燃性ポリオレフィンコード」などのいわゆるEM電線と言われている新たな電線が追加されました。**
**従来のキャブタイヤケーブルやコードとどのように違うのですか？**

**燃やしても有害なハロゲンガスを発生しない環境への影響が少ない電線です。**

2011年版の内線規程に新たに「耐燃性ポリオレフィンキャブタイヤケーブル」や「耐燃性ポリオレフィンコード」などが追加されました。

既に内線規程に規定されていた「600Vポリエチレン絶縁耐燃性ポリエチレンシースケーブル」などと合わせて，（一社）日本電線工業会では，EM電線と称しています。

従来の電線と比べEM電線は以下の特徴を持っています。

- 被覆材料にハロゲン元素を含まないため，焼却や火災時などに有害なハロゲン系ガスの発生がない。
- 被覆材料に鉛などの重金属を含まず，土壌汚染のおそれがない。
- 燃焼時に発煙量が少ない。
- 腐食性ガスを発生しない。
- 従来PVC絶縁電線・ケーブルの使用をEM電線・ケーブルとすると耐熱温度が高いため許容電流を大きく取れる。
- 被覆材料がポリエチレン系に統一されているため，リサイクル性が良い。

EM電線と主な従来電線の構造を比較すると**表1**のとおりとなります。

**表1**から分かるように，従来電線との違いは絶縁体や外装に使用される電線の材料であって，電線の構造については大きな変更はありません。

表1　従来の電線とEM電線の比較表

| 名　称 | 従来の電線 | EM電線 |
| --- | --- | --- |
| 絶縁電線 | 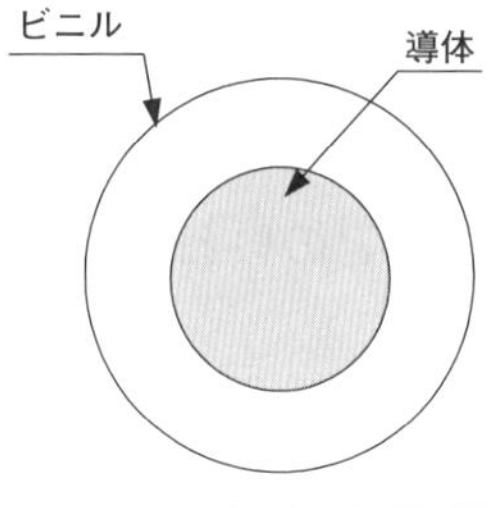 ビニル<br>導体 | 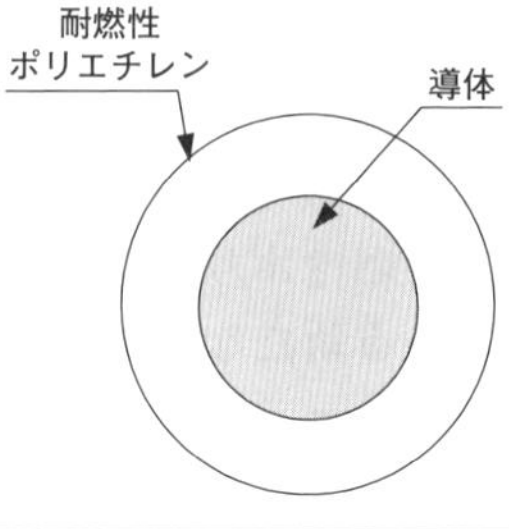 耐燃性ポリエチレン<br>導体 |
| | 600V ビニル絶縁電線 | 600V 耐燃性ポリエチレン絶縁電線 |
| ケーブル | 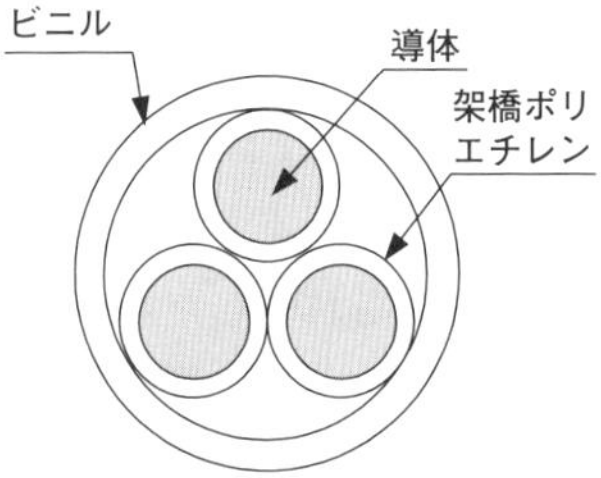 ビニル<br>導体<br>架橋ポリエチレン | 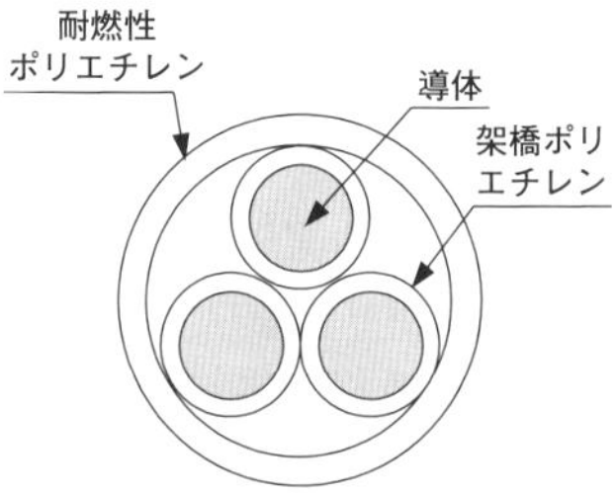 耐燃性ポリエチレン<br>導体<br>架橋ポリエチレン |
| | 600V 架橋ポリエチレン絶縁ビニルシースケーブル | 600V 架橋ポリエチレン絶縁耐燃性ポリエチレンシースケーブル |
| キャブタイヤケーブル | 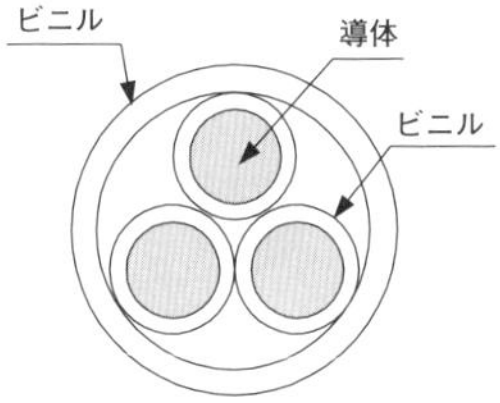 ビニル<br>導体<br>ビニル | 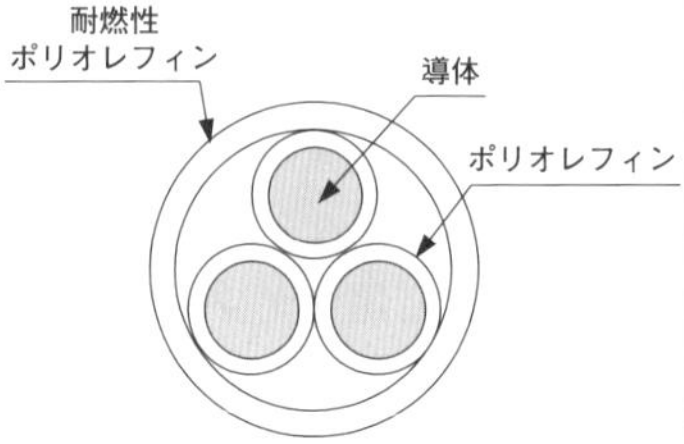 耐燃性ポリオレフィン<br>導体<br>ポリオレフィン |
| | ビニルキャブタイヤケーブル | 耐燃性ポリオレフィンキャブタイヤケーブル |
| コード | 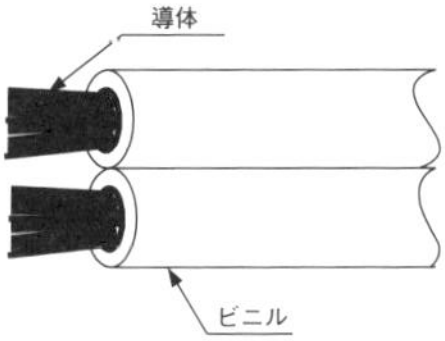 導体<br>ビニル | 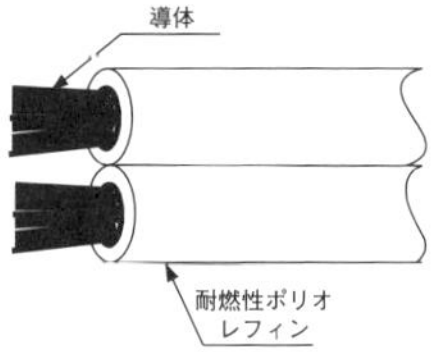 導体<br>耐燃性ポリオレフィン |
| | ビニルコード | 耐燃性ポリオレフィンコード |

## Q 1-10　EM電線を使用する場合に注意すべき点は？

内線規程1335-3条「キャブタイヤケーブル」でEM電線が追加されましたが，EM電線を使用する場合に従来の電線と比較して何か注意すべき点はありますか？

被覆材料が従来のビニル電線と異なりますので，いくつか注意すべき点があります。

EM電線の使用に当たっていくつか注意すべき点がありますので，それを以下にまとめました。

### ①白化現象

EM電線の被覆材料はポリエチレン系材料を使用し，難燃性を付与するために金属水和物系の難燃材（水酸化マグネシウム，水酸化アルミニウムなど）を添加しています。

そのためケーブルの引き入れ及び配線工事の際に，配管，ラックの角などで擦れたりするとその表面に白い跡（白化現象）が残る傾向がありますが，**白化現象は電線表面だけの現象であって電気特性や性能には影響しません。**

### ②被覆除去性

EM電線の絶縁体，シース材料にはポリエチレン系材料を使用しているので，ビニル材料に比べ伸びやすい傾向があります。そのためビニル系の電線と被覆除去性が異なり，端末の口出し時には適切な工具を使用するなどの注意が必要です。

### ③曲げ特性

施工時に硬く感じることがありますが，許容曲げ半径は従来のビニル電線と同じです。

### ④EE/Fのポリエチレン絶縁体の紫外線劣化

EE/F（600Vポリエチレン絶縁耐燃性ポリエチレンシースケーブル）に使用

するポリエチレン系材料は紫外線に弱いため，蛍光ランプの紫外線の影響でポリエチレン絶縁体が劣化し，ヒビ・割れなどが発生する可能性があります。

このため，照明器具内の配線において蛍光ランプに暴露される場合はケーブルのシースを除去した後に**図1**のようにポリエチレン絶縁被覆を露出せず，テープ又はチューブで遮光処理を行う必要があります。

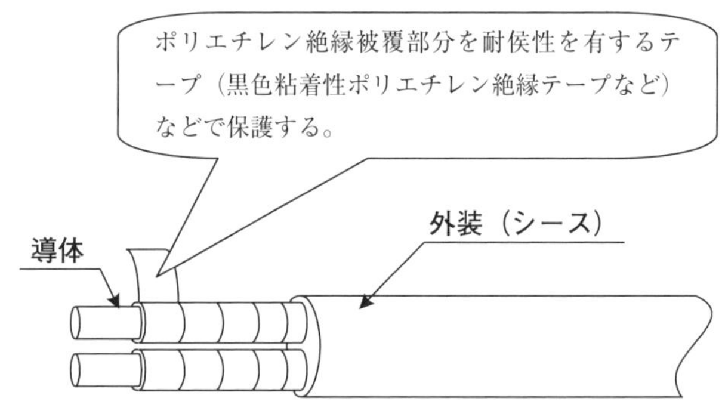


**図1　ポリエチレン絶縁部分のテープ保護**

ただし，ケーブルシースに**図2**のように「タイシガイセン」と記載されているケーブルには絶縁体に従来のポリエチレンに替えて耐紫外線ポリエチレンを使用していることから，**図1のような遮光処理を行わず施設することができます。**

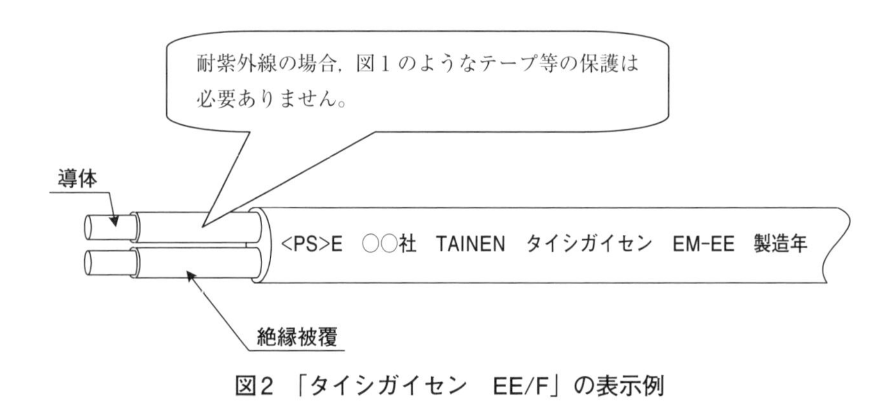


**図2「タイシガイセン　EE/F」の表示例**

## Q 1-11　電線の接続部分に巻くビニルテープは，4層になるように2回巻けばよいのですか？

内線規程1335-1表　絶縁テープによる低圧絶縁電線の被覆の方法の例では，ビニルテープを用いる場合の巻き方として，「ビニルテープを半幅以上重ねて2回以上巻く（4層以上）」とあります。
これは，どんな太さの電線でも，2回巻けばよいのですか？
それとも太さによって回数が異なるのでしょうか？

## A 1-11

電線太さに応じて，巻く回数を増やす必要があります。

電線の接続に関しては，電技省令第7条により，接続部分において①電線の電気抵抗を増加させない，②電線の絶縁性能を低下させない，③通常の使用状態において断線のおそれがないようにすることが定められております。

これを受けて電技解釈や内線規程では，接続方法についておおむね**表1**の内容が定められております。

そのため，リングスリーブ等を用いて終端接続を行った場合には，ビニルテープ等を用いて「電線の絶縁物と同等以上」となるよう，電線の絶縁被覆と同等以上の厚さになるように絶縁処理を行わなければなりません。(図1)

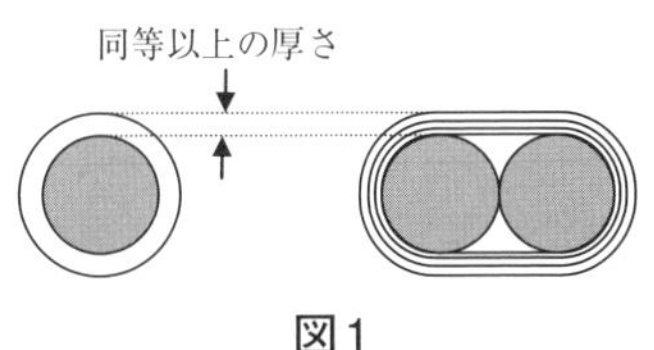


図1

表1　電線接続を行う場合のポイント

| 接続のポイント | 内線規程での主な規定事項 | 施設方法（例） |
|---|---|---|
| 接続部の電気抵抗 | 電線の電気抵抗より増加させない。 | ・適切な接続器具を用いる。<br>・直接接続の場合は，はんだ付け等を行う。 |
| 絶縁処理 | 電線の絶縁物と同等以上の絶縁処理をする。 | ・ビニルテープ等を巻いて処理する。<br>・充電部が絶縁性のもので覆ってある接続器具を用いる。 |

| 電線の引張り強さ | 20％以上減少させない。 | ・電線に張力の加わらない場合は，減少してもよい。<br>・一般的に通常の屋内配線では，電線を適宜固定すれば張力が加わることはない。 |
|---|---|---|

内線規程の資料0-1には，各種電線の構造表が掲載されておりますので，確認しておくとよいでしょう。

ちなみに，ビニルテープの寸法は，JIS C 2336により，「幅：19mm」，「厚さ：0.2mm」となっております。

参考に，ビニル絶縁電線（IV電線）の絶縁被覆の厚さと，ビニルテープを巻き付ける層数を**表2**に，テープ巻きの手順の例を**図2**に示します。

**表2　ビニル絶縁電線の絶縁被覆の厚さとビニルテープ巻き層数**

| 絶縁電線の太さ | 絶縁被覆の厚さ | テープの層数（巻数） | 備考 |
|---|---|---|---|
| 1.6mm | 0.8mm | 4層（2回） | 0.2mm×4層＝0.8mm |
| 2.0mm | 0.8mm | | |
| 2.6mm/5.5mm$^2$ | 1.0mm | 6層（3回） | 0.2mm×6層＝1.2mm |
| 8mm$^2$ | 1.2mm | | |
| 14mm$^2$ | 1.4mm | 8層（4回） | 0.2mm×8層＝1.6mm |
| 22mm$^2$ | 1.6mm | | |

※　ビニルテープは半幅以上重ねて巻き付ける。

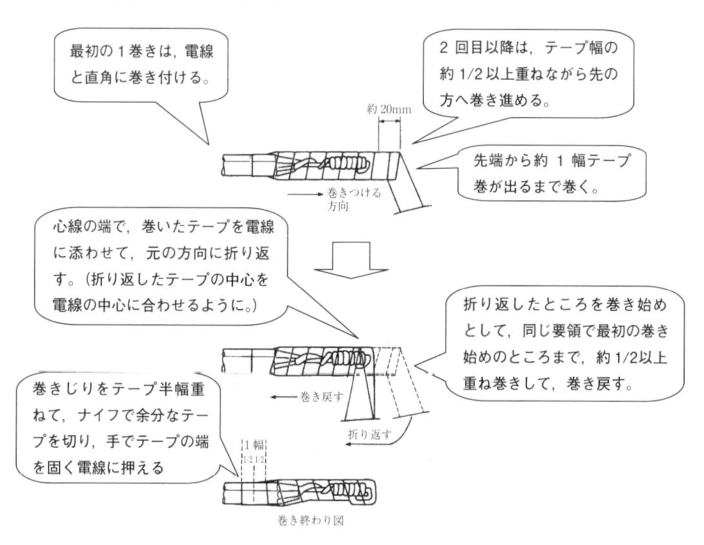


**図2　絶縁電線（1.6mm）の終端接続部のテープ巻きの例**

## Q 1-12 電線の許容電流を検討する際の重要なポイントは？

**内線規程1340節「許容電流」には様々な電線の許容電流について規定していますが，電線の許容電流を検討する際の重要なポイントを教えて下さい。**

## A 1-12

**電線の許容電流を検討する際の重要なポイントは，導体の太さ，絶縁物の種類，周囲温度，施工状態に注意することです。**

許容電流とは，「電線の連続使用に際し，絶縁被覆を構成する物質に著しい劣化をきたさないようにするための限界電流」と内線規程の1100-1で定義されています。

この定義で示す限界電流を超えて長時間電流を流し続けると，絶縁被覆が軟化，劣化し，最悪の場合は絶縁被覆が焼損するということも考えられます。

通常の使用状態で絶縁被覆がこのようになることは，適切な許容電流が検討されていないことになりますので注意が必要です。

電線の構造例は**図１**のとおりです。

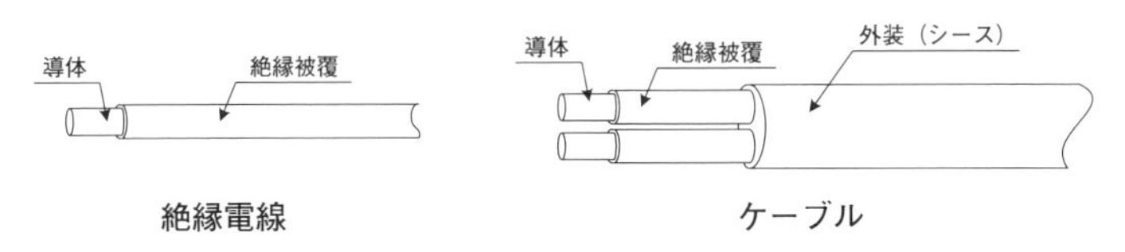


**図１　電線の構造例**

絶縁被覆は**図１**のとおりです。絶縁被覆は電線の電気的性能を担保していることから通常の使用状態で導体から発生する熱による著しい電気的性能の劣化は避ける必要があります。

導体から熱が発生するのは，導体に抵抗（$R$）があることから電流（$I$）が流れると$I^2R$の電力損失が生じ，それが熱となって温度が上昇することによります。

導体から発生した熱は絶縁被覆を経由して空気中に放熱されます。その中で一定の電流が流れている時はある程度時間が経過すると温度上昇がなくなり導体の温度は一定となります。導体から発生した熱が放熱されるイメージ図を**図2**に掲載します。

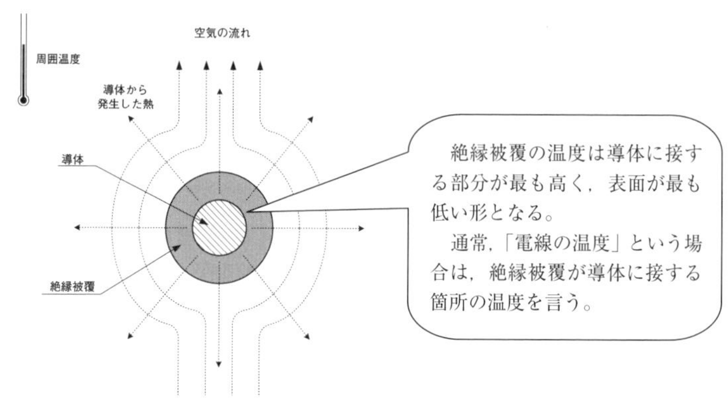


**図2　導体から発生した熱が絶縁被覆を経由し放熱されるイメージ**

導体から発生する熱の温度に対して絶縁物（絶縁被覆）の許容温度は絶縁物の種類によって異なります。例えばビニルは60℃ですが，ポリエチレンは75℃なので，ビニルよりも許容電流を大きく設定できる場合があります。

また，絶縁被覆が管等やケーブルのように外装に覆われている場合は，放熱性が減少するので施工状態により許容電流の補正等が必要な場合があります。

さらに，周囲温度が高ければ通常よりも早く絶縁被覆の許容温度に達してしまうおそれがあるので，この場合も許容電流を小さく補正する等の対応が必要になります。

このように導体から発生する熱の関係から，許容電流の検討の際に重要なポイントは，「導体の太さ」，「絶縁物（絶縁被覆）の種類」，「周囲温度」，「施工状態」となります。

特に施工状態では，ケーブルが同じ布設条数でも，許容電流は異なります。例として，6条のケーブルを気中・暗きょに布設するとします。1段6列では，低減率が0.7（S=d布設）ですが，2段3列では，低減率が0.6（S=d布設）となります。ここで，S=d布設とは，Sがケーブル中心間隔で，dはケーブル外径となります。従って，S=dとは，ケーブルが隣り合うケーブルと接触していることとなります。S=2dでは，ケーブルとケーブルの間に1本分のケーブルの隙間があるということになります。この布設間隔によっても許容電流は異なり，同じ6条のケーブルを気中・暗きょに布設で比較しますと，1段6列（S=d布設）では低減率が0.7ですが，1段6列（S=2d布設）では低減率が0.9となります。このようにケーブルレイアウトは，許容電流計算に大きく影響しますので計画の段階で重要となります。

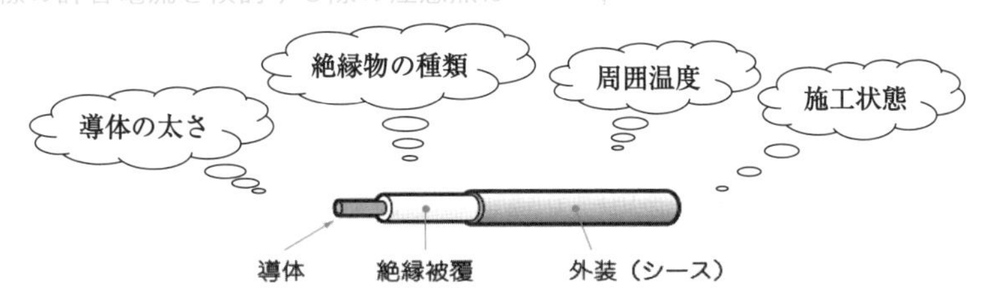


図3　電線の許容電流を検討する際のポイント

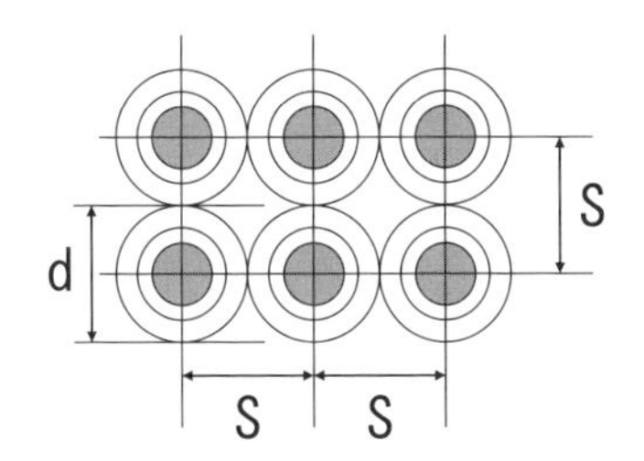


図4-1　2段3列（6条）（S=d布設の場合）のケーブル配列例

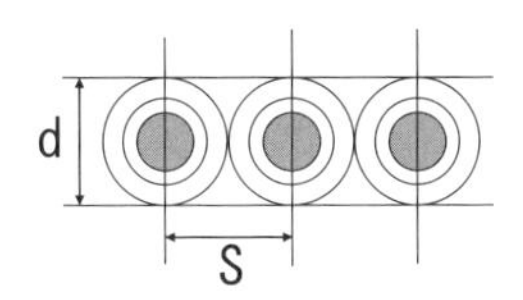


図4-2　1段3列（3条）（S=d布設の場合）のケーブル配列例

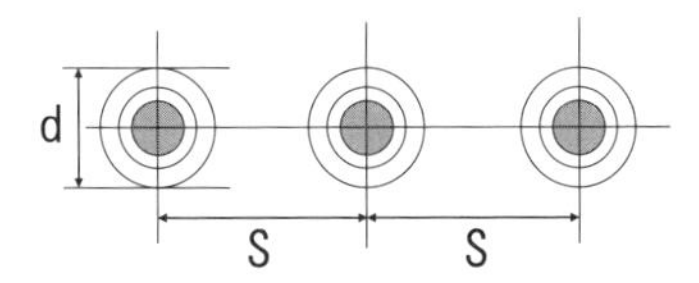


図4-3　1段3列（3条）（S=2d布設の場合）のケーブル配列例

## Q 1-13 内線規程における電線の許容電流の選定方法について教えて

内線規程1340節「許容電流」で規定されている電線の許容電流の選定方法について教えて下さい。

## A 1-13

内線規程で規定している許容電流の表について簡単に解説します。

なお，電線の許容電流の選定方法についてはいくつか事例を掲げて解説します。

### 1．がいし引き配線による許容電流について

最近では，がいし引き配線（Q3-1参照）により施工されるケースは少なくなりましたが，例えばがいし引き配線のように絶縁電線を気中に施設する際の許容電流は内線規程1340-1表によることとなります。1340-1表では，単線（1本の銅線による電線で，太さ単位はmmとなります。）とより線（複数の細い銅線を撚った電線で，太さ単位は$mm^2$となります。）に分けて，使用する電線の太さに応じて許容電流を選定できる形となっています。

### 2．絶縁電線を同一の管，線ぴ，ダクト内に収めた場合の許容電流について

絶縁電線を同一の管や線ぴ，ダクト内に収める配線方法として合成樹脂管配線，金属ダクト配線，合成樹脂線ぴ配線等がありますが，この場合の電線の許容電流は，内線規程1340-2表により選定することができます。

この場合許容電流については，絶縁電線を管やダクト等に収めることで熱の放熱性が悪くなることから気中に施設する絶縁電線1340-1表の値に内線規程1340-2表（その2）の電流減少係数を乗ずることとなっています。

1340-2表に「IV電線を同一の管，線ぴ又はダクト内に収める場合の電線数」の項目にある許容電流が，1340-2表（その2）の電流減少係数を乗じた値となっていますので，絶縁電線を管などに収めた場合はこの表により許容電流を選定して下さい。

### 3．IV電線やRB電線以外の絶縁電線を使用する場合の許容電流について

内線規程1340-3表には許容電流補正係数が規定されています。1340-1表は，600Vビニル絶縁電線（いわゆるIV電線）を基本に許容電流を規定していま

すが，絶縁被覆の材料が異なる電線を使用する場合は許容電流補正係数を乗ずる必要があります。例えば，600Vポリエチレン絶縁電線を使用する場合，ポリエチレンの絶縁物の最高許容温度は75℃（ビニル絶縁電線は60℃）となっていますので，ビニル絶縁電線の許容電流より大きく設定することができます。

よって，例えばがいし引き配線をポリエチレン絶縁電線により施設する場合，許容電流は1340-1表に1.22を乗じた値がポリエチレン絶縁電線に対応した許容電流となります。

### 4．周囲温度が30℃よりの高い環境に施設する場合の許容電流について

内線規程の1340節で規定する許容電流の周囲温度は30℃を基本としています。

一般住宅やアパート，ビル等の場所については，この周囲温度30℃による許容電流で問題ないとされていますが，ボイラ室や工場の電気炉の近くのような特殊な場所においては，周囲温度が高くなるので許容電流を補正して選定する必要があります。

周囲温度の補正については，内線規程の1340-4表の許容電流減少係数となります。

例えば，周囲温度60℃という環境において600V二種ビニル絶縁電線をがいし引き配線により施設する場合，内線規程1340-4表で許容電流減少係数（0.71）を選定して1340-1表の許容電流を乗ずることによって，その周囲温度に対応した許容電流を選定することができます。

ちなみに資料1-3-3で規定している電線の許容電流は，（一社）日本電線工業会の規格によるものとなっており，基底温度（基準とした周囲温度）を40℃としております。本文の許容電流と異なりますが，1340節，資料1-3-3のどちらでも適切な許容電流を選定できる形となっています。

### 5．単相3線式回路における電流減少係数の考え方について

単相3線式回路を管に収めて施設する場合，内線規程1340-2表（その2）備考3では，中性線，接地線及び制御線は，電線数としてカウントしなくてもよいこととしています。

これは，**図1**のように単相3線式の中性線は，負荷平衡時には電流が流れないから発熱はありません。また極端に不平衡の場合でも，他の線の電流が0となるので，他の線の発熱はなくなります。よって，許容電流を選定する場合は，中性線等を数えなくてもよいこととしています。

同じように接地線は通常状態で電流が流れていないこと，制御線は電流値がもともと低いことから電線数としてカウントしなくてもよいこととしています。

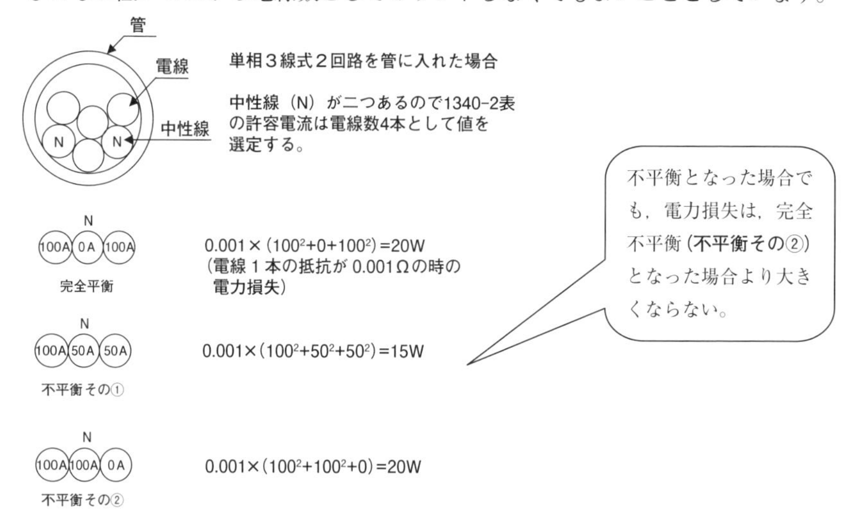


**図１　単相3線式回路が２回路挿入されている場合の電力損失について**

ここからは具体的に例を掲げて許容電流の選定方法を解説します。

事例その①　直径2.0mmの600V二種ビニル絶縁電線（HIV）３本を，金属管配線で施設する場合の許容電流はいくらか？

この場合，３本の絶縁電線を金属管に収めているので，以下に抜粋した内線規程の**表１**（**内線規程1340-2表**）により許容電流は24Aとなります。

**表１　VVケーブル並びに電線管などに絶縁物の最高許容温度が60℃のIV電線などを収める場合の許容電流（内線規程1340-2表抜粋）**（周囲温度30℃以下）

| 導体 \ 電線種別 | | 許容電流（A） | | | | | | | |
|---|---|---|---|---|---|---|---|---|---|
| 単線・より線の別 | 直径又は公称断面積 | VVケーブル３心以下 | IV電線を同一の管，線ぴ又はダクト内に収める場合の電線数 | | | | | | |
| | | | ３以下 | 4 | 5～6 | 7～15 | 16～40 | 41～60 | 61以上 |
| 単　線 | 1.2mm | (13) | (13) | (12) | (10) | ( 9) | ( 8) | ( 7) | ( 6) |
| | 1.6mm | 19 | 19 | 17 | 15 | 13 | 12 | 11 | 9 |
| | 2.0mm | 24 | 24 | 22 | 19 | 17 | 15 | 14 | 12 |
| | 2.6mm | 33 | 33 | 30 | 27 | 23 | 21 | 19 | 17 |

さらにこの事例で使用する絶縁電線は二種ビニル絶縁電線なので，その際の許容電流補正係数は，以下に抜粋した**表２**（**内線規程1340-3表**）より1.22となります。

よって事例その①の場合の許容電流は，24×1.22≒29A　となります。

表２　絶縁電線の許容電流補正係数及び周囲温度などによる許容電流減少係数計算式（内線規程1340-3表抜粋）

| 絶縁電線の種類及び施設場所の区分 | 絶縁物の最高許容温度（℃） | 許容電流補正係数 | 許容電流減少係数計算式 |
|---|---|---|---|
| IV電線（600V　二種ビニル絶縁電線を除く。）<br>RB電線（絶縁物が天然ゴム混合物のものに限る。） | 60 | 1.00 | $R=\sqrt{\frac{60-\theta}{30}}$ |
| 600V二種ビニル絶縁電線<br>600Vポリエチレン絶縁電線（絶縁物が架橋ポリエチレン混合物のものを除く。）<br>スチレンブタジエンゴム絶縁電線 | 75 | 1.22 | $R=\sqrt{\frac{75-\theta}{30}}$ |

〔備考〕 $R$は，許容電流減少係数　$\theta$は，周囲温度

事例その②　直径2.0mmの600V二種ビニル絶縁電線（HIV）３本を，金属管配線で周囲温度50℃の場所に施設する場合の許容電流はいくらになるか？

前掲の**表1**より，直径2.0mm「３本以下」の許容電流で24Aとなります。さらに以下に抜粋した**表3**より，600V二種ビニル絶縁電線（75℃）の周囲温度50℃の電流減少係数は0.91となります。

よって，事例その②の場合の許容電流は，$24\times0.91\fallingdotseq22$A　となります。

表３　許容電流減少係数（内線規程1340-4表抜粋）

| 周囲温度（℃） | 絶縁物の最高許容温度 | | | | | | |
|---|---|---|---|---|---|---|---|
| | $\sqrt{\frac{60-\theta}{30}}$ | $\sqrt{\frac{75-\theta}{30}}$ | $\sqrt{\frac{80-\theta}{30}}$ | $0.9\sqrt{\frac{90-\theta}{30}}$ | $\sqrt{\frac{90-\theta}{30}}$ | $\sqrt{\frac{180-\theta}{30}}$ | $0.9\sqrt{\frac{200-\theta}{30}}$ |
| | 60℃ | 75℃ | 80℃ | 90℃ | 90℃ | 180℃ | 200℃ |
| 以下<br>30 | 1.00 | 1.22 | 1.29 | 1.27 | 1.41 | 2.24 | 2.15 |
| 35 | 0.91 | 1.15 | 1.22 | 1.21 | 1.35 | 2.20 | 2.11 |
| 40 | 0.82 | 1.08 | 1.15 | 1.16 | 1.29 | 2.16 | 2.08 |
| 45 | 0.71 | 1.00 | 1.08 | 1.10 | 1.22 | 2.12 | 2.05 |
| 50 | 0.58 | 0.91 | 1.00 | 1.04 | 1.15 | 2.08 | 2.01 |

〔備考〕 本表は，小数点以下３位を４捨５入してある。

# Q 1-14 ECSO設計について教えて

内線規程で紹介されている経済性・環境性に配慮したECSO（エクソ）設計について教えて下さい。

**A 1-14**

ECSO設計は，通常の配線設計において選定する導体サイズよりも1～2サイズ程度太い電線サイズを敢えて選定し，主に導体抵抗値低下による電力損失の低減効果を通じて投資回収を図る手法です。また，本手法は$CO_2$削減効果の期待もあり，政府が示す脱炭素化の施策に寄り添うものとなっております。2022年にはJIS規格が制定されました。ここでは，ECSO設計についてご紹介します。

## 1．ECSO（Environmental & Economical Conductor Size Optimization）設計とは

電線の導体サイズの選定において，一般的な設計の考え方としては許容電流と電圧降下の規定を満たす範囲内でイニシャルコストを最小にする観点で細い電線サイズが選定されます。これに対してECSO設計の考え方はライフサイクルコストを最小にする観点で，一般的な選定サイズから1～2サイズ以上アップさせた太い電線サイズを選定する手法であり，これにより得られる主なメリットは**表1**に示す通りとなります。内線規程では1340-5条（CVケーブルの許容電流），3705-6条（電動機の幹線の太さ），3705-7条（電灯及び電力装置などを併用する幹線の太さ）及び資料3-7-4（環境配慮設計（ECSO設計）による経済性効果等）にてECSO設計について紹介しています。

図1　標準選定の導体サイズよりもサイズアップのイメージ

表1　ECSO設計の導入により得られるメリット

| 設備面 | 経済性，環境性 |
|---|---|
| ・電力損失の低減<br>・電圧降下の改善　等 | ・積算消費電力量が減少する。（省エネ効果）<br>・差分の電力量を発電することによる$CO_2$の排出が無くなる。（$CO_2$削減効果）<br>・ピーク電力値の減少により，契約更新時の電力料金（契約電力の基本料金）の低減につながる。（ピークカット効果） |

## 2．ECSO設計の適用条件

前述の表ではECSO設計で得られるメリットを挙げたが，条件によっては効果が期待できないケースもあるため，適用には留意する必要があります。例えば以下の場合は効果が期待できないケースです。

・ビル又は工場において，配線方式が単相3線式であって，コンセント負荷がかかっているケーブルの場合，計画段階の需要率（＝1.0）に対し，実際の運用段階における需要率（＝0.4～0.5）は極めて低いため，既に1～2サイズアップ相当の裕度がある場合。

・ビル又は工場において，最大負荷電流が30A未満。また，工場においてケーブル亘長が幹線にあっては30m未満，分岐にあっては20m未満である場合。

## 3．ECSO設計の設計手順

ECSO設計の設計手順については，JIS C 62125（2022）「電力用及び制御用ケーブルの環境配慮に関する指針」及び（一社）日本電線工業会制定のJCS 4521（2020）「電力ケーブルの環境と経済性を配慮した最適電流計算」に詳しく掲載されています。ECSO電流表もJIS及びJCSに掲載されています。また，ECSO設計の具体的な内容については，（一社）日本電線工業会のホームページの「ビル・工場内電力ケーブルECSO設計プログラム」を参照下さい。

## 4．サイズアップに伴う施工上の問題と対応策

工場やビルでは一般的にケーブルはラック（棚）やピット（溝）に布設されるため，布設工事においてサイズアップに伴う本質的な支障はありません。また，1サイズアップ程度であれば問題はありませんが，2サイズ以上アップさせた場合，配電盤や分電盤内において，配線スペースが狭い，配線用遮断器の接続端子部が小さい，電動機の電源端子箱が小さいといった問題が生じます。これらの対策としては機器の直近外部で太サイズケーブルに接続するのが現実的です。（一社）電気設備学会及び（一社）日本電線工業会では，**図2**のような中継端子台を設けて接続する工法やケーブルの異径ジョイント工法の2つを推奨しています。

中継端子台方式

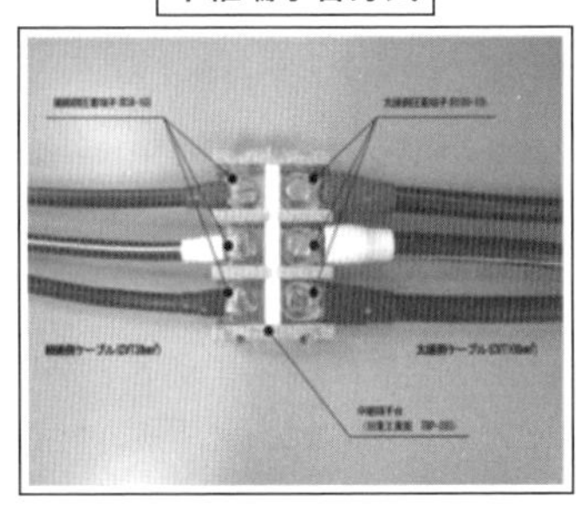

(38mm$^2$＋端子台＋100mm$^2$ の例)

すべての異径サイズ同士の組合せにおいて，市販の圧着端子と中継端子台にて対応可能。

異径ジョイント方式

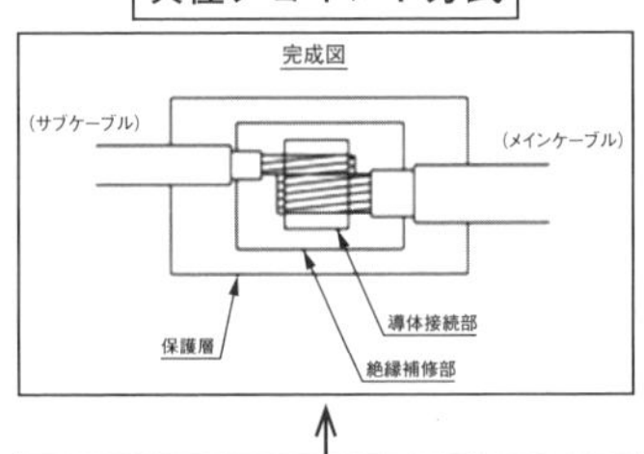


現在分岐などに使われるジョイント工法と同じ技術で対応が可能。

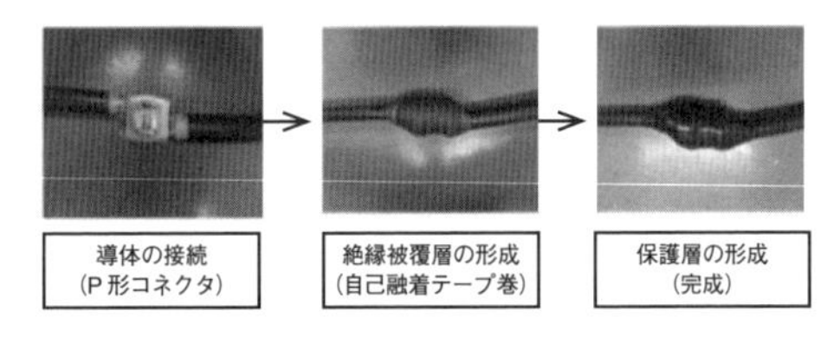


図2　中継端子台方式と異径ジョイント方式

## Q 1-15 高圧電路の絶縁性能について教えて

内線規程1345-2条「低圧電路の絶縁性能」では，電路の使用電圧の区分に応じて絶縁抵抗値が規定されています。これに対し，高圧電路の絶縁抵抗値が規定されていないのはなぜですか。絶縁抵抗値が具体的な数値として規定できないのであれば，高圧電路の絶縁抵抗測定などにおいて，その絶縁性能をどのように評価すればよいのでしょうか。

## A 1-15

高圧電路における絶縁抵抗試験は一つの目安としてありますが，使用電圧が高くなると絶縁耐力試験による方法を内線規程では定めています。

絶縁抵抗測定により絶縁性能の確認を行う場合は，以下の方法もありますので参考にしてください。

① 高圧ケーブルの場合

年次点検等での高圧電路の絶縁抵抗測定において，精度向上の観点から印加電圧5,000Vの絶縁抵抗計を使用することを決定した際，JEAC 8011「高圧受電設備規程」（日本電気協会）では，直流漏れ電流法による高圧ケーブルの絶縁劣化判定の基準として10kVにおいて1μA（絶縁抵抗値10,000MΩ）以下としていることを踏まえ，測定電圧5,000Vの場合の漏れ電流1μAに相当する5,000MΩを判定の基準値として採用しています。

② 高圧機器の場合

JEC 2100（2008）「回転電気機械一般」の解説5.「耐電圧試験を行う際の回転機の状態」（10.2節）記載の計算式

$$\frac{\text{定格電圧(V)}}{\text{定格出力(kWまたはkVA)}+1{,}000}\ (\mathrm{M\Omega})$$

$$\frac{\text{定格電圧(V)}+\dfrac{1}{3}\times\text{定格回転速度}(\mathrm{min^{-1}})}{\text{定格出力(kWまたはkVA)}+2{,}000}+0.5\ (\mathrm{M\Omega})$$

を根拠として，6kV系では6MΩを採用しています。

## Q 1-16 接地抵抗の意味と測定方法について教えて

内線規程1350-1条「接地工事の種類」では，1350-1表において接地工事の種類と各接地工事で保つべき接地抵抗値が規定されています。この接地抵抗の意味及びその測定方法について具体的に教えて下さい。

## A 1-16

接地抵抗の意味及び測定方法については，以下のとおりです。

接地抵抗は，電気機器等を大地と接続した場合の電気抵抗であり，接地線や接地極は金属であること，接地工事の際には接地極と大地との十分な接触が図られることから，接地抵抗は大地の固有の性質である大地抵抗率（$\rho$：Ω·m）に依存します。接地は，地絡電流による電位上昇，混触による低電圧電路への高電圧の侵入，また，絶縁が破壊された電気機器への接触等による人体への危害及び物件の損傷を防止するために施されます。

測定方法としては，測定の対象となる接地極，電流補助極及び電位補助極を直線上に配置し，それらの間の電位差を測定値として抵抗を求める電位降下法が一般に用いられます。

内線規程では，A種接地工事からD種接地工事の接地抵抗値を1350-1表，接地線の太さについては，1350-3条「A種，C種又はD種接地工事の施設方法」，1350-5条「B種接地工事の施設方法」，に規定しています。

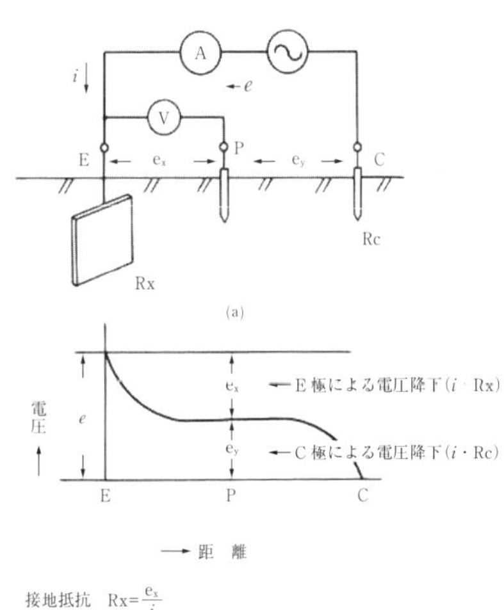


図1　接地測定に関するイメージ

## Q 1-17 内線規程で規定するB種接地工事の接地線太さの選定について教えて

内線規程で規定しているB種接地工事の接地線太さの選定方法について教えて下さい。

## A 1-17

B種接地工事の接地線太さは内線規程1350-5表により選定してください。1350-5表の使用例を以下にまとめましたので，これらを参考にしてください。

内線規程では，B種接地線の太さを1350-5表（B種接地工事の接地線の太さ）により，変圧器1相分の容量に応じて，故障時に接地線に流れる電流に耐える太さを選定することになっています。

図1，図2の施設例から，1350-5表によるB種接地線の太さの選定例を解説します。

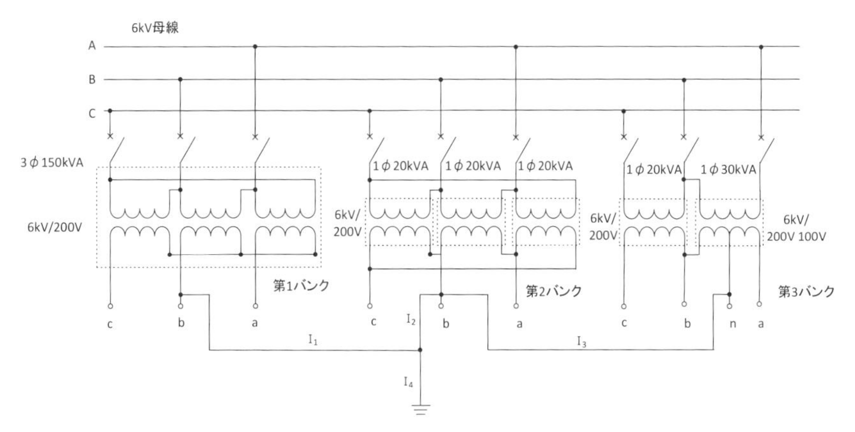


図1　施設例その1

① 第1バンクは，150kVAの三相変圧器を使用しているので，内線規程の1350-5表〔備考2〕(1) より三相変圧器の容量を1/3とします。

150〔kVA〕÷3＝50〔kVA〕であるので，1350-5表の「200V級の75kVAまで」の行より第1群のB種接地線の太さ（$I_1$）は，22mm$^2$以上（銅線）となります。

② 第2バンクは，20kVAの単相変圧器がΔ結線されているので，内線規程の1350-5表〔備考2〕(2) より単相変圧器1台分の定格容量より選定します。

1350-5表の「変圧器一相分の容量」から「200V級の20kVAまで」の行より第2バンクのB種の接地線の太さ（$I_2$）は，3.2mm（銅線）以上となります。ただし，**図1**の場合，$I_2$は第3バンクの接地線と共用しているため，第3バンクの接地線太さ（$I_3$）を確認し$I_2$を求めます。

③ 第3バンクは，単相20kVAと単相30kVAの変圧器がV結線されています。

30kVA変圧器の二次側の中点から中性線を引き出し，二次側は100 V，200Vの三相4線式となっています。内線規程の1350-5表〔備考2〕(3) ロより「異容量のV結線の場合は，大きい容量の単相変圧器の定格容量」から1350-5表の「200V級の30kVAまで」の行より，$I_3$の接地線太さは14mm$^2$以上となります。これにより$I_2$の接地線太さは，$I_3$の接地線太さに合わせ14mm$^2$以上を選定する必要があります。以上を踏まえ，$I_4$の接地線太さは，第1から第3バンク共通の接地線となっているので，第1バンク，第2バンク，第3バンクの接地線の必要太さのうち最大なものである22mm$^2$以上となります。

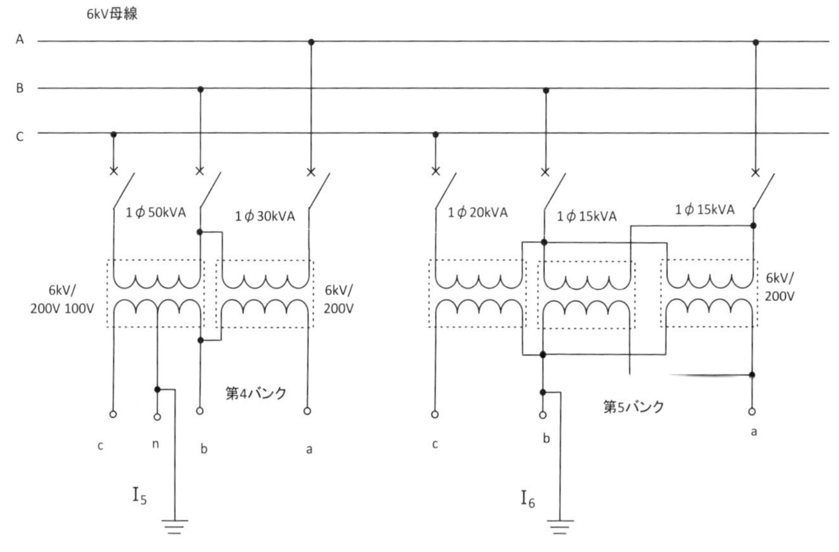


**図2　施設例その2**

④　第4バンクは，単相50kVAと単相30kVAの変圧器をV結線し，50kVA変圧器の2次側の中点から中性線を引き出し，2次側は100V，200Vの三相4線式となっています。1350-5表の「200V級の75kVまで」の行より22$mm^2$以上，「200V級の40kVAまで」の行より14$mm^2$以上，よって$I_5$の接地線太さは22$mm^2$以上となります。

⑤　第5バンクは，単相20kVA×1台と15kVA×2台の変圧器をV結線されています。内線規程の1350-5表〔備考3〕より1相に対する変圧器の最大容量である30kVAより，1350-5表の「200V級の40kVAまで」の行より，$I_6$の接地線太さは14$mm^2$以上となります。

## Q 1-18　単独のB種接地工事の場合，接地線太さが最大14mm$^2$でよい理由は？

内線規程1350-5条　4項のただし書きで，埋込み又は打込み接地極によるB種接地工事で，この接地極が他の目的の接地又は埋設金属体と接続しない場合は，1350-5表のうち，14mm$^2$（銅線）を超える部分については，14mm$^2$のものを使用することができると規定している理由を教えて下さい。

## A 1-18

埋込み又は打込み接地極で，当該接地極が他の目的の接地又は埋設金属体と接続しない場合は14mm$^2$であれば，実際上危険な状態になることがないという観点からこのように定めています。

B種接地工事の接地線の太さは，内線規程の1350-5表より変圧器1相分の容量により選定することとなっていますが，1350-5条4項のただし書きでは，「埋込み又は打込み接地極によるB種接地工事において，接地極が他の目的の接地又は埋設金属体と接続しない場合は，1350-5表のうち銅線14mm$^2$，アルミ22mm$^2$を超える部分については，銅線14mm$^2$，アルミ22mm$^2$のものを使用することができる」と規定されています。

「埋込み又は打込み接地極によるB種接地工事で，接地極が他の目的の接地又は埋設金属体と接続しない場合」とは，**図1**のようにB種接地工事の接地極や接地線が建築物の鉄骨や金属管などと接続されていない状態を想定しています。この場合であれば，B種接地線とD種接地線が直接接続されずに大地を経由しているため大きな地絡電流が流れないことから，14mm$^2$（銅線）を使用すれば十分であるという考え方に基づいています。

一方，**図2**のようにB種接地線とD種接地線が金属管や建物の鉄骨に直接接続されている場合は，機器などに地絡が生じた場合に短絡電流相当の大きな地絡電流が流れることが想定されるため，1350-5条4項のただし書きを適用できないことになります。

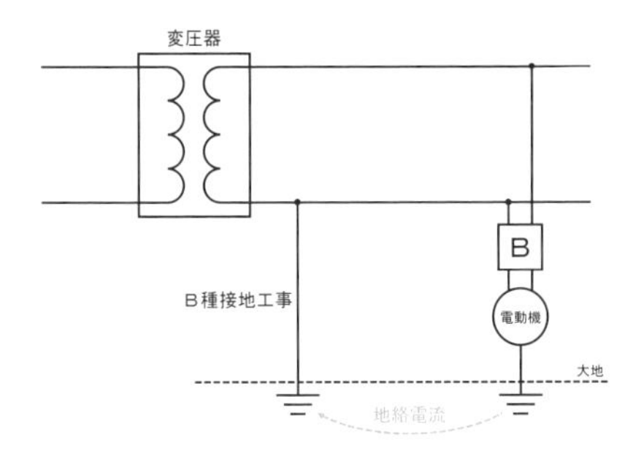


図1　B種接地と電動機の接地が大地を介している場合

※B種接地と電動機の接地は大地を介しているため大きな地絡電流は流れない。

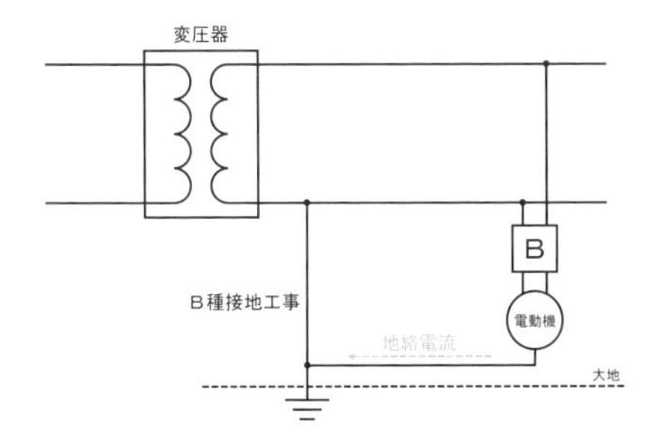


図2　B種接地と電動機の接地が直接接続されている場合

※B種接地と電動機の接地は直接接続されているため大きな地絡電流が流れる。

## Q 1-19 タイトランス（低圧−低圧の変圧器）の二次側の接地について教えて

大型ビルや工場などで採用されている400V配線で 100V・200Vの電圧を得るためタイトランス（低圧−低圧の変圧器）を施設し，保護装置を確実に動作させるためタイトランスの二次側電路を接地する場合は，内線規程のどの規定によればよいか教えて下さい。
また，低圧電路を非接地回路とするため混触防止板付き変圧器を施設する場合，混触防止板の接地は内線規程のどの規定によればよいか教えて下さい。

タイトランスの二次側電路の接地は，1350-10条により施設してください。また，混触防止板に施す接地は，2105-6条により施設してください。

タイトランスの二次側電路に保護装置を確実に動作させるため施す接地は，内線規程の1350-10条（低圧電路の中性点の接地）に基づき**図1**のとおり接地を行ってください。接地線の施工については，地絡電流により地表上に電位を生じさせないために1350-10条1項の①から⑦に準じて施設することになります。

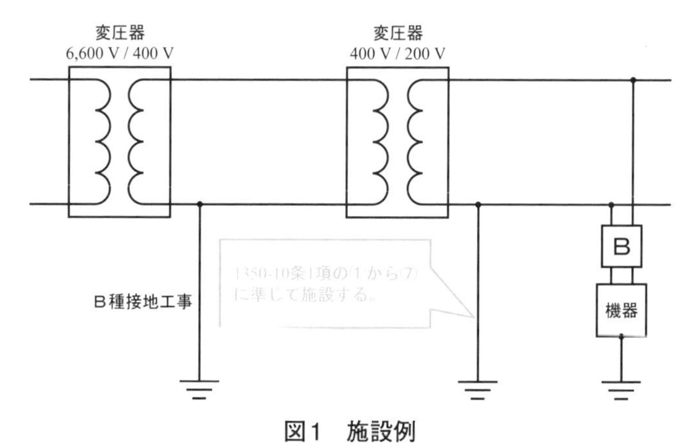


**図1　施設例**

また，低圧電路を非接地とするために，高圧電路と低圧電路が接続する変圧器に混触防止板付き変圧器を施設する場合は，内線規程の2105-6条（混触防止板付き変圧器の施設など）に基づき，**図2**のとおり施設することになります。これにより，高圧回路と低圧回路の混触事故の防止，及び低圧回路の地絡電流の抑制ができます。

混触防止板に施すB種接地線の施工については，2105-6条1項の①から③に準じて施設することになります。

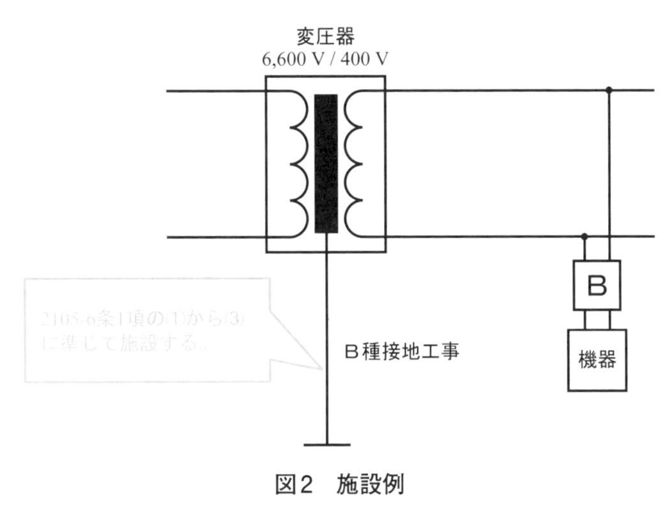


図2　施設例

## Q 1-20 なぜ接地線の共用が制限されているの？

内線規程1350-13条〔接地線及び接地極の共用の制限〕では，「漏電遮断器で保護されている電路と保護されてない電路に施設される機器などの接地線及び接地極は共用しないこと。」と規定されています。なぜ，共用してはいけないのですか？共用した場合，どんな不具合が生じるのでしょうか？

## A 1-20

地絡電流で機器の外箱に発生した電位による感電を防止するため，共用しないこととしております。

漏電遮断器で保護されていない電路（例えば，配線用遮断器のみの回路。）に施設された機器に地絡を生じた場合，電路は遮断されないため地絡は継続されます。（図1）

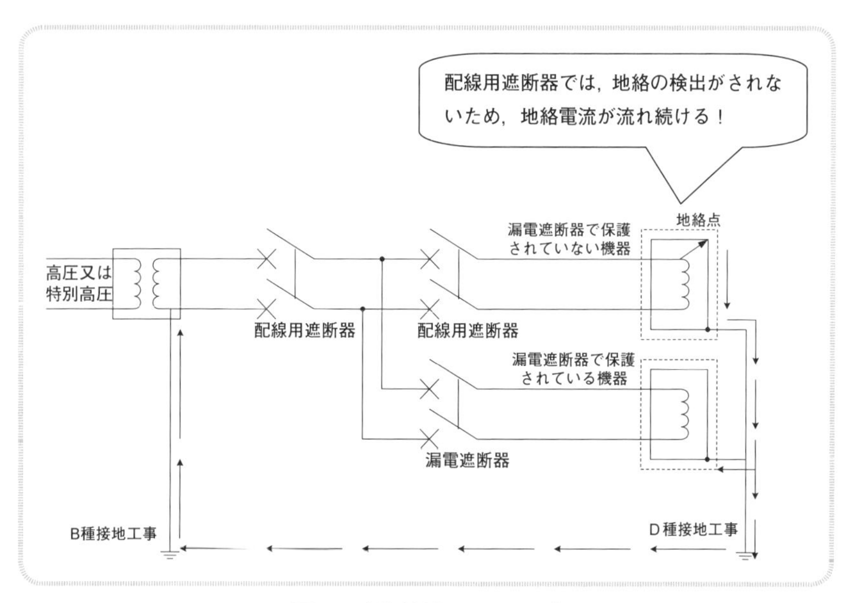


図1　地絡継続のイメージ

この地絡電流とＤ種接地工事の接地抵抗値の積の電位がこの機器の外箱に現れます。

その場合，接地線を共用していると，この電位が漏電遮断器で保護されている回路の機器の外箱にも現れ，これに人が触れた場合に感電事故となるおそれが生じます。

特に漏電遮断器で保護する電路というのは水回りなどに施設される機器に対して義務づけられているものですので，人が濡れた状態で接触する可能性が高くなります。

このことから，地絡電位の回り込みによる感電を防止するため，「漏電遮断器で保護されている電路と保護されてない電路に施設する接地線及び接地極は共用しないこと。」と規定しています。（図2）

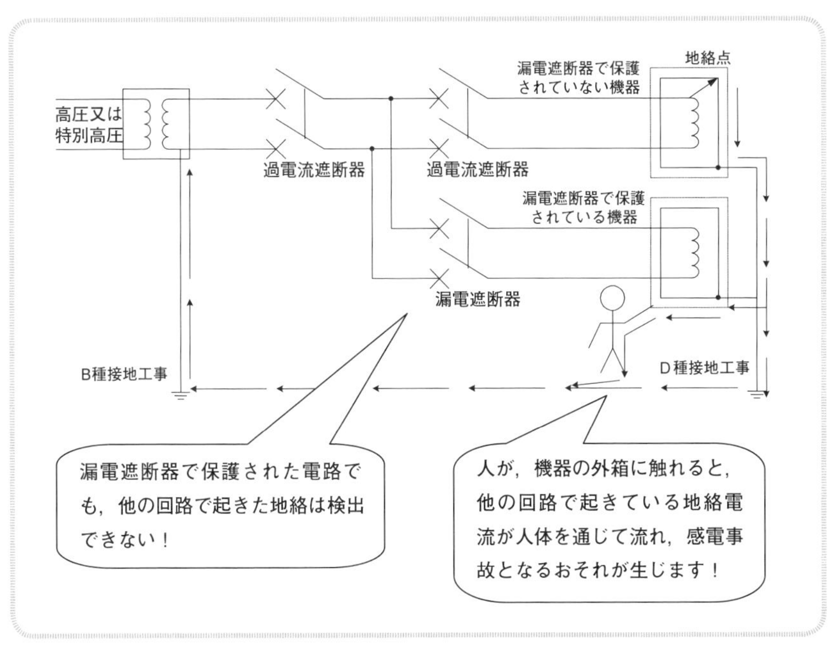


図2　地絡電流の回り込みによる感電のイメージ

## Q 1-21 避雷針用接地線と他の接地線との離隔距離は？

**避雷針用の接地極及び接地線と他の接地極及び接地線との離隔について，内線規程ではどのように規定していますか？**

## A 1-21

**内線規程では，避雷針用の接地極及び接地線と電灯電力用などの接地極及び接地線は2m以上離して施設することと規定しています。**

避雷針に落雷したときは数千Aもしくは数万Aの電流が避雷針用の接地線(避雷導体) と接地極を経て大地に流れます。これにより，接地線及び接地極の電位は数万Vから数十万Vに達します。この高い電圧が電灯回路に影響を与えないよう，内線規程の1350-16条「避雷針用接地線との距離」で避雷針用の接地極及び接地線と電灯電力用などの接地極及び接地線は2m以上離して設置することを規定しています。ただし，建物の鉄骨などをそれぞれの接地極及び接地線に使用する場合はこの限りでないと規定しています。

一方，電灯電力用など以外の接地極及び接地線との離隔に関する特段の規定はなく，これらを同一の管路に敷設することに明示的に言及している規定も見当たりませんが，電磁誘導などを考慮すると別の配管とすることが望ましいと考えます。

なお，避雷針用のJIS A 4201（1992)「建築物等の雷保護」では，「避雷導線は電力線，通信線又はガス管から1.5m以上離す。」と規定されています。

## Q 1-22 病院で使用する医療用電気設備はどのような接地形態になっているの？

内線規程1350-17条「病院における接地」では病院等における接地について規定していますが，JIS T 1022（2018）「病院電気設備の安全基準」によることとなっています。具体的にどのような内容なのか教えて下さい。

通常の需要場所における電気機械器具に施す接地と異なり，医用接地方式により接地することとなっています。

内線規程では，病院・診療所の接地はJIS T 1022（2018）（病院電気設備の安全基準）に基づき適切な接地工事を行うこととしています。

JISでは患者の感電を防止するため，医療処置内容により医用室に医用接地方式，非接地配線方式及び非常電源を適用することと規定しています。

ここではJIS T 1022及び「病院電気設備の設計・施工指針」（電気設備学会）の内容を踏まえ，医用接地方式の概要について解説します。

なお，非接地配線方式，非常電源の施設についてはJIS及び病院電気設備の設計・施工指針を参照下さい。

医用接地方式は，医用のため特に信頼性を向上させた方式で，保護接地と等電位接地の2つの方法に分けられます。

保護接地は，医用電気機器などの絶縁低下などにより金属製外箱などの導電性部分に生じる電位上昇を抑え，マクロショック（皮膚を介して体内に電流が流れ込むために起きる電撃をいい，漏れ電流の大きさを100μAに制限している。）を防止するための方式です。

等電位接地は，心臓に直接又は心臓の近接部分に医用電気機器を使用する医用室で人が触れるおそれのある範囲内の金属部分相互に発生する電位差を極力抑え，ミクロショック（皮膚を介さずに漏れ電流が心臓に直接流れて生きる電撃をいい，漏れ電流の大きさを10μAに制限している。）を防止するための方式です。

この医用接地方式の概念図を**図1**に掲載します。

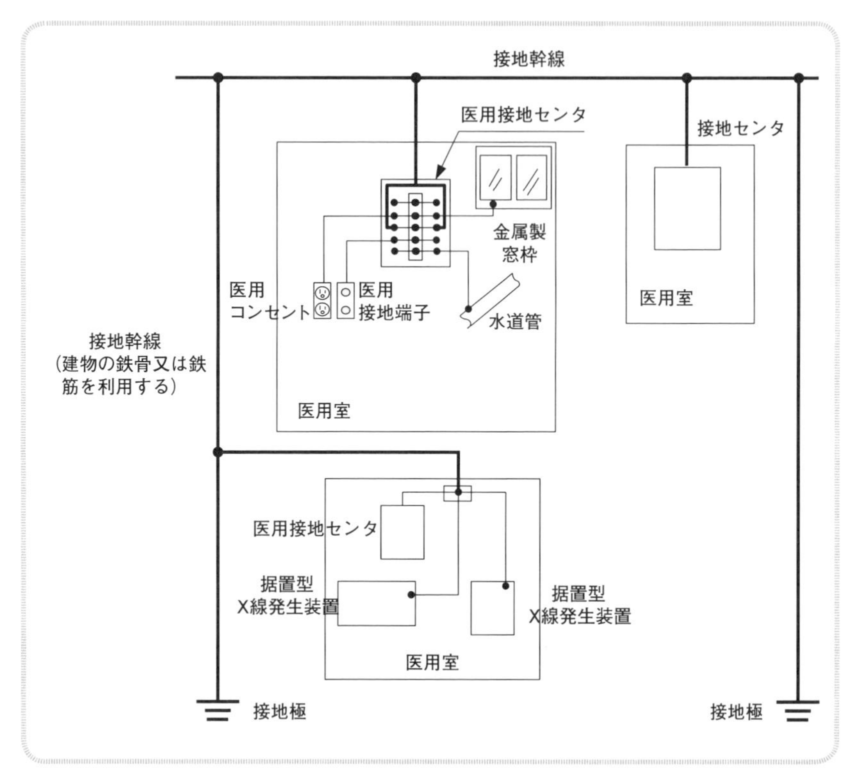


**図1　医用接地方式の概念**

医用接地方式は，**図1**のように医用室ごとに設けられた接地センタに医用コンセントや医用接地端子等の接地線を集中して接続する形となります。

医用室の接地センタは接地幹線に接続しますが，この接地幹線は，抵抗が低く，断線などのおそれがない構造体（鉄骨又は鉄筋）を利用することを原則としています。

医用接地方式に必要な接地センタ及び医用接地端子を**図2**，**図3**に掲載します。

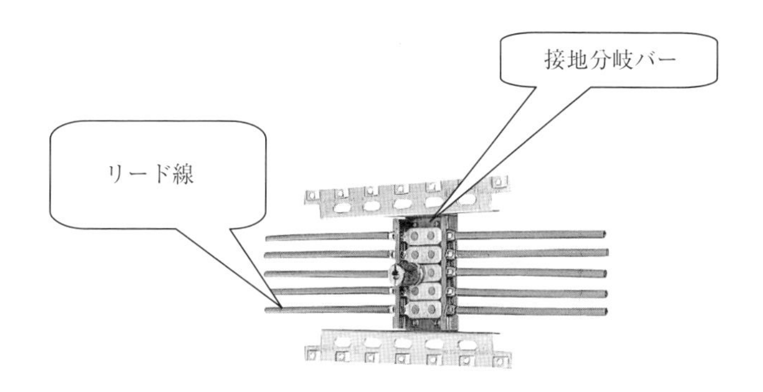


図2　医用接地センタ

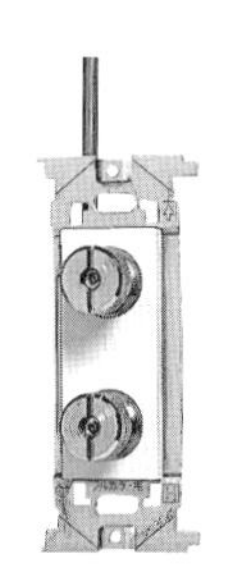

図3　医用接地端子

ここから保護接地と等電位接地の施設方法について少し触れます。

1．保護接地

保護接地を行う場合の設備は**図2**，**図3**のような医用接地センタ，医用接地端子，医用コンセントなどから構成されます。

・医用接地センタ及び医用接地端子は，JIS C 2808（2006）（医用接地センタボディー及び接地端子）に適合するものを使用すること。

・100V系に使用する医用コンセントはJIS T 1021（2019）（医用差込接続器）に適合するものを使用すること。

・接地分岐線はJIS C 3307（2000）（600Vビニル絶縁電線）又はJIS C 3162（2002）（600V耐燃性ポリエチレン絶縁電線）によること。

・接地分岐線の太さは5.5mm$^2$以上で，色は緑／黄色のしま模様又は緑のものを使用すること。

・医用コンセント及び医用接地端子の接地用リード線は，医用接地センタのリード線に接地用分岐線によってそれぞれ直接接続する。

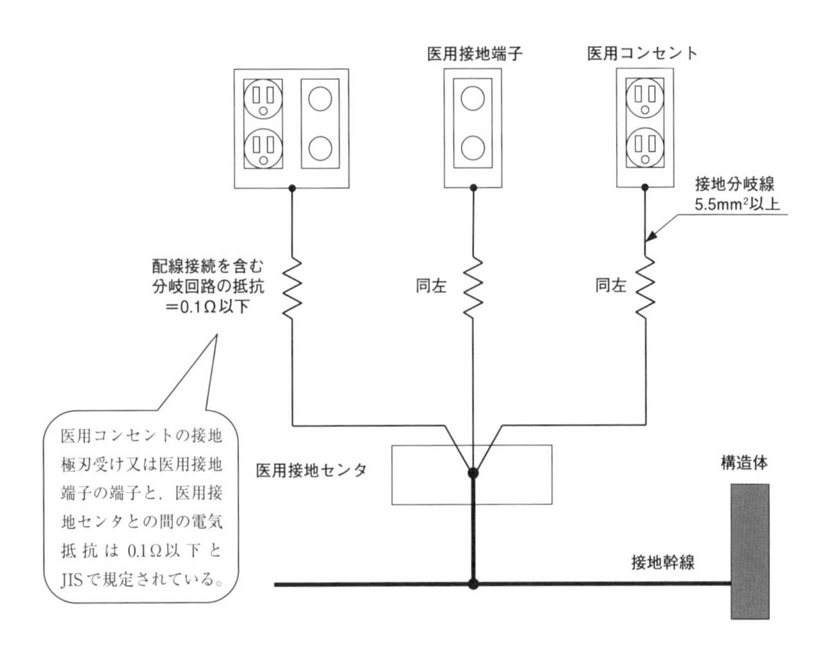


図４　保護接地の概念

## 2．等電位接地

**図5**のように患者が直接又は，間接に触れる可能性のある2.5m以内の室内の露出導電性部分（医用電気機器の金属製外箱等，故障時に充電するおそれのあるもの）や系統外導電性部分（給水管，ベットの金属フレーム等，大地の電位を伝えるおそれのあるもの）を医用接地センタの分岐バーに接続し，その間の電気抵抗を保護接地と同様0.1Ω以内とする接地で，医用接地センタは保護接地を共用する。

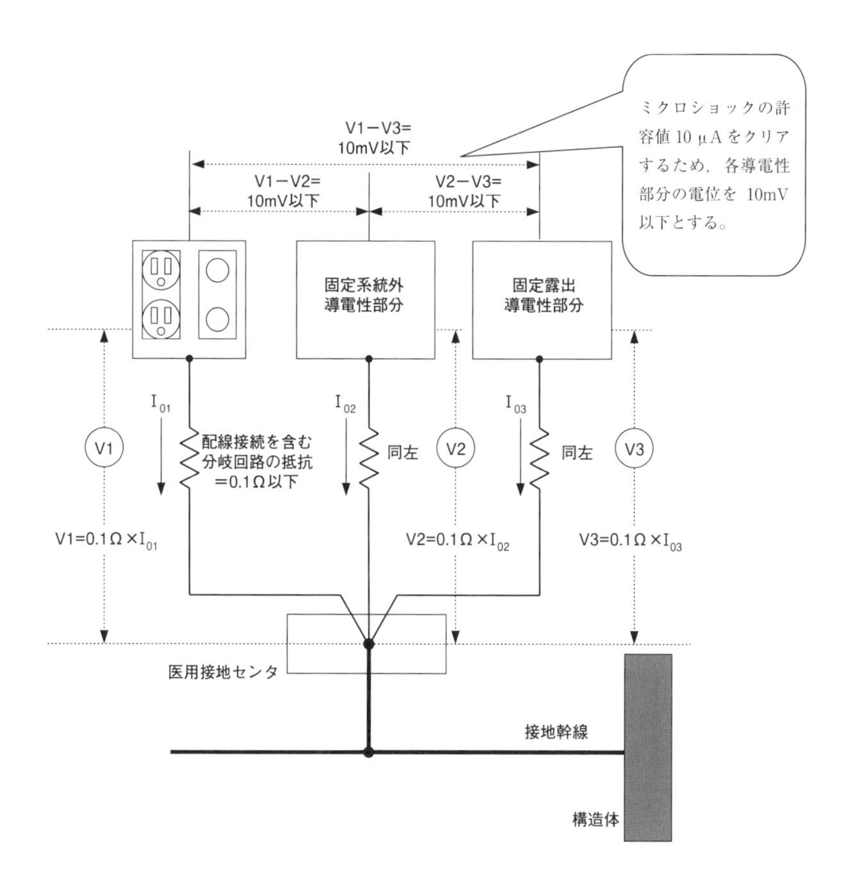
ミクロショックの許容値 10 μA をクリアするため，各導電性部分の電位を 10mV 以下とする。
V1－V3=
10mV以下
V1－V2=
10mV以下
V2－V3=
10mV以下
固定系統外
導電性部分
固定露出
導電性部分
I01
I02
I03
V1
V2
V3
配線接続を含む
分岐回路の抵抗
＝0.1Ω以下
同左
同左
V1=0.1Ω×I01
V2=0.1Ω×I02
V3=0.1Ω×I03
医用接地センタ
接地幹線
構造体

図5　等電位接地の概念

### コラム　接地線の共用について

内線規程1350-14条では共用する接地線の太さに関する規定があります。この規定は，「一の接地極を共用する接地専用線などの太さは，接地を必要とする個々の機器より選定した太さのもののうち最大の太さのものを使用することができる。」という内容となっています。

具体的には**図6**のような例となります。

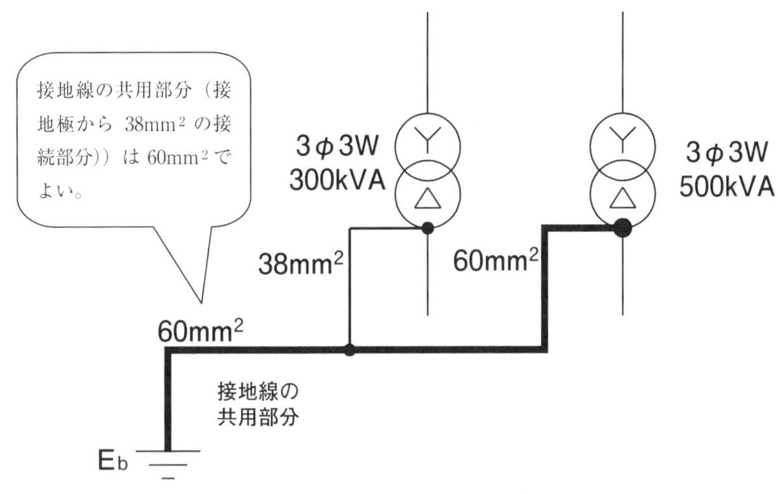


**図6　接地線の共用に関する施設例**

定格容量が異なる複数の変圧器のB種接地線太さの選定において，接地線の共用する部分の接地線の太さは，変圧器の定格容量が大きい方（接地線に流れる故障電流が大きい方）に合わせて接地線の太さを選定できるということです。

これは，接地線の共用に当たって，複数の負荷設備が同時に故障し，地絡電流が流れ，複数の負荷設備の故障電流が重畳されることは殆んどないと考えられていることによります。

よって，**図6**の例で接地線を共用する場合は，変圧器の定格容量の大きい方に合わせて接地線の太さを選定することができることとなっています。

## Q 1-23　内線規程で配線用遮断器を選定する際のポイントを教えて

**内線規程1360-3条「配線用遮断器の規格及び選定」では，配線用遮断器の選定及び規格について規定していますが，配線用遮断器を選定する際のポイントを教えて下さい。**

**過電流によって配線及び機械器具が過熱，焼損しないよう適切に動作する配線用遮断器を選定する必要があり，選定にあっては，配線用遮断器の特性，規格，定格遮断容量等がポイントになります。**

配線用遮断器は過電流から電線等を保護するため電路中必要な箇所に施設する必要があります。ここでは内線規程で配線用遮断器を選定する際にポイントとなる配線用遮断器の特性，規格，定格遮断容量等について記載します。

### 1．配線用遮断器の特性

低圧電路に施設する配線用遮断器の特性は，内線規程で以下のとおり規定しております。

- 定格電流の1倍の電流で自動的に動作しないこと。
- 定格電流の区分に応じ，定格電流の1.25倍及び2倍の電流が流れた際に定められた時間以内に動作すること。（内線規程1360-3表参照）

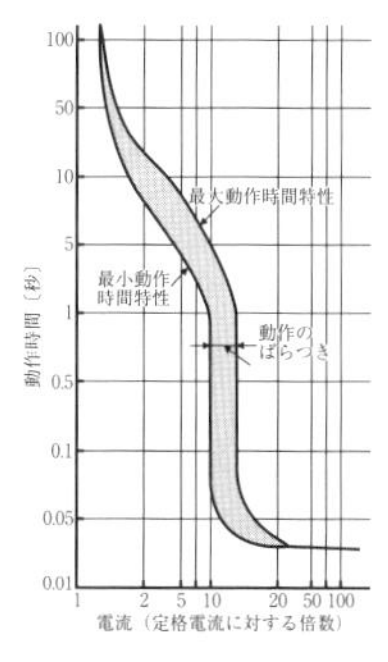


**図1　配線用遮断器の動作特性の例**

**図1**は動作特性の例なので，実際の選定にあっては製造者の仕様書を参考に選定して下さい。

### ２．配線用遮断器の規格

配線用遮断器の性能は，内線規程でJISによることを勧告的事項として規定しています。適用するJISは以下のとおりです。

・JIS C 8201-2-1「低圧開閉装置及び制御装置：回路遮断（配線用遮断器及びその他の遮断器）」の附属書2
・JIS C 8211「住宅及び類似設備用配線用遮断器」の附属書2

これらのJISはIEC規格との整合により附属書1と附属書2に分かれています。附属書1はIEC規格に適用するもの，附属書2は電技解釈（IEC規格について規定している第218条，第219条は除きます。）に適用するものとなっています。

IEC規格による工事とこれまでの在来工事には，配電方式，対地電圧の規制，感電保護などが異なることから，JISでは附属書1と附属書2に分けて規定しています。

この中で，内線規程では在来工事に対応するJISの附属書2を適用することとしています。

### ３．定格遮断容量

事故時の短絡電流を遮断するには，適切な定格遮断容量を有する配線用遮断器を選定する必要があります。内線規程ではその具体的な性能として，JEAC 8701「低圧電路に施設する自動しゃ断器の必要な遮断容量」を参考としています。

定格遮断容量の具体的な内容についてはQ1-24を参照下さい。

### ４．極数

配線用遮断器を施設する場合，電路のどの電線に過電流が流れた場合であっても当該電路を遮断できるように施設する必要があります。

これにより，配線用遮断器を使用する場合はその過電流素子及びこれにより動作する開閉部を電路の各極に施設することとしています。具体的には内線規程の1360-6表に規定しています。

Q1-26でも触れていますのでそちらも参照下さい。

# Q 1-24 配線用遮断器の定格遮断容量の検討に当たって何か参考になるものを教えて

内線規程1360-5条「過電流遮断器の遮断容量」では配線遮断器の選定に当たって「配線用遮断器を施設する箇所を通過する短絡電流を遮断する能力を有するものであること」としていますが，定格遮断容量の検討に当たって何か具体的に参考となるものはありますか？

## A 1-24

定格遮断容量の検討の際に内線規程で参考としているのがJEAC 8701「低圧電路に使用する自動遮断器の必要な遮断容量」の規格になります。

適切な定格遮断容量を有する配線用遮断器の選定に当たって内線規程で参考としているのが，JEAC 8701「低圧電路に使用する自動遮断器の必要な遮断容量」の規格になります。内線規程では資料1-3-19に掲載しています。

この規格に基づいた定格遮断容量の選定表が**表1**のとおりとなります。

**表1　JEAC 8701で規定されている定格遮断容量の選定表**

<table>
<tr><th>種類</th><th colspan="2">電路の区分</th><th>定格電流(A)</th><th>定格遮断容量(A)</th></tr>
<tr><td rowspan="2">I</td><td colspan="2" rowspan="2">電気事業者の低圧配電線路から供給される需要者屋内電路</td><td>30以下のもの</td><td>1,500</td></tr>
<tr><td>30を超えるもの</td><td>2,500</td></tr>
<tr><td rowspan="5">II</td><td rowspan="5">I以外のもの</td><td rowspan="2">バンク容量100kVA以下の変圧器から供給される電路</td><td>30以下のもの</td><td>1,500</td></tr>
<tr><td>30を超えるもの</td><td>2,500</td></tr>
<tr><td rowspan="2">バンク容量100kVA超過300kVA以下の変圧器から供給される電路</td><td>30以下のもの</td><td>2,500</td></tr>
<tr><td>30を超えるもの</td><td>5,000</td></tr>
<tr><td>バンク容量300kVA超過の変圧器から供給される電路</td><td colspan="2">JEAC 8701で規定する算出方法により求めた短絡電流を安全に遮断できる定格遮断容量</td></tr>
</table>

**表1**は簡易的に定格遮断容量を選定できる選定表となっています。規格では施設状況により短絡電流が**表1**の値よりも大きくなるおそれがある場合は，個別に計算することとしています。その際に各箇所に求められる定格遮断容量の考え方については，**図1**のとおりJEAC 8701で規定されています。

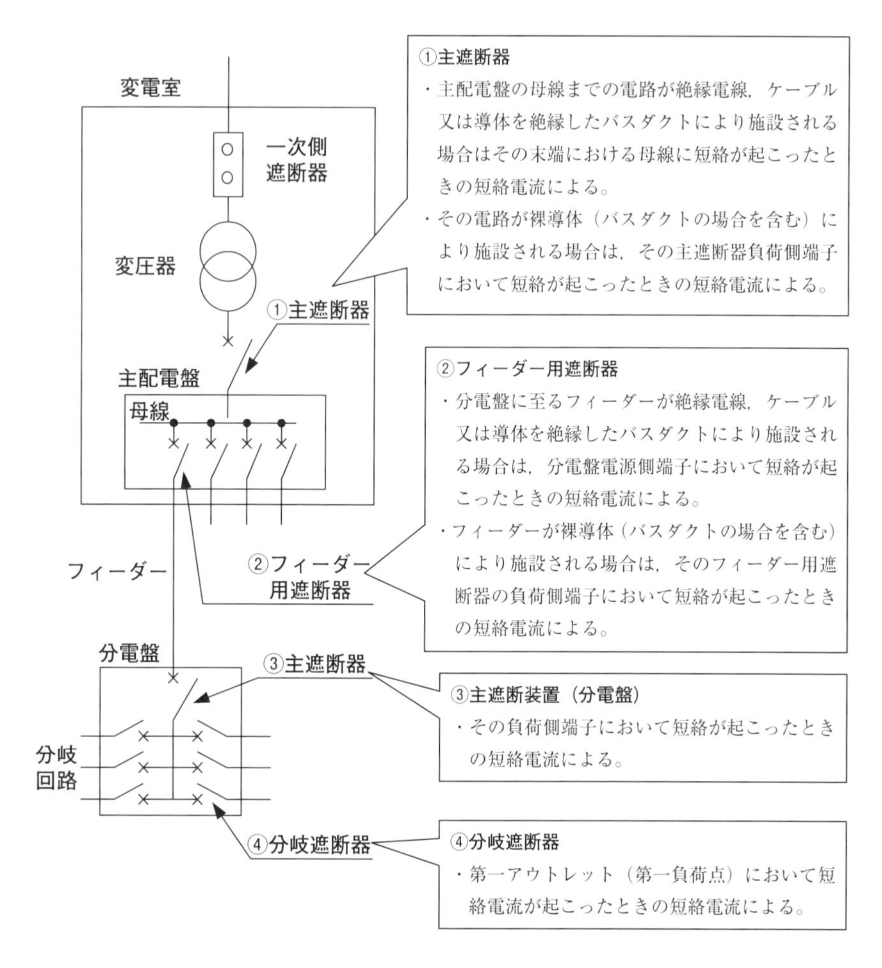


**図1　定格遮断容量の選定の考え方**

なお，内線規程では集合住宅等の供給用変圧器室の変圧器を介して供給される電路に施設する配線用遮断器の遮断容量は**表1**の種類Ⅱより選定できることを記載しております。

ただし，変圧器の容量や変圧器からの距離によっては大きな短絡電流が流れる場合もあることから必要に応じて短絡電流を確認することが重要です。

参考に短絡電流の計算例を以下に掲載します。

集合住宅等の共用施設である照明器具等が，変圧器直下（5m）に施設された場合の短絡電流について計算を行った。

○単相100kVAの変圧器（%インピーダンス　1.49%＋$j$1.98%）直下の短絡電流の算出
三相100kVAを基準値とし，以下のとおり設定する。

・受電点の短絡容量$Q$＝160MVA
・基準kVA $P_B$＝100kVA
・基準電圧 $V_B$＝210V
・基準電流 $I_B = P_B \times 1{,}000/(\sqrt{3} \times V_B) = 275\text{kA}$
・基準インピーダンス　$Z_B = \dfrac{V_B^2}{P_B \times 1{,}000} = \dfrac{210 \times 210}{100 \times 1{,}000} = 0.441\Omega$

(1)　変圧器一次側リアクタンスは，

$$\%X_1 = \frac{P_B \times 100}{Q \times 10^3} = \frac{100 \times 100}{160 \times 10^3} = j0.0625\%$$

(2)　単相変圧器の%インピーダンスを三相ベース%$Z_T$に換算する。

$$\%Z_T = \frac{1}{2} \times (1.49\% + j1.98\%) = 0.745 + j0.99\%$$

(1)，(2)を合成して三相短絡電流を算出し，その値を$\sqrt{3}/2$倍すれば単相変圧器直下の短絡電流が得られる。

$$I_{1\phi} = I_B \times \frac{100}{(\%X_1 + \%Z_T)} \times \frac{\sqrt{3}}{2} = 275 \times \frac{100}{1.28} \times \frac{\sqrt{3}}{2} = 18{,}605\text{A}$$

○変圧器（単相100kVA）二次端子から$\phi$1.6mmIV線で5m下がった点の短絡電流の算出

・$\phi$1.6mmIV線で5mのインピーダンス　$Z_C = 0.0445 + j0.0006\Omega$

(3)　IV線のインピーダンスを%インピーダンスに換算すると，

$$\%Z_C = 100 \times \frac{Z_C}{Z_B} = 100 \times \frac{0.0445 + j0.0006}{0.441} = 10.1 + j0.13\%$$

(1)，(2)及び(3)の合成インピーダンスは，

$$\%Z = \%X_1 + \%Z_T + \%Z_C = j0.0625 + 0.745 + j0.99 + 10.1 + j0.13 = 10.8 + j1.18\%$$

となり，IV線が5m入った点の三相短絡電流を求め，その値を$\sqrt{3}/2$倍すれば単相短絡電流が算出される。すなわち，

$$I_{\phi} = I_B \times \frac{100}{\%Z} \times \frac{\sqrt{3}}{2} = 275 \times \frac{100}{10.8 + j1.18} \times \frac{\sqrt{3}}{2} = 2{,}165\text{A}$$

○単相300kVA変圧器（%インピーダンス　1.28%＋$j$2.96%）直下における短絡電流の算出

三相300kVAを基準値とし，以下のとおり設定する。

・受電点の短絡容量$Q$＝160MVA

・基準kVA$P_B$＝300kVA

・基準電圧 $V_B$＝210V

・基準電流 $I_B = P_B \times 1{,}000/(\sqrt{3} \times V_B) = 825\text{kA}$

・基準インピーダンス　$Z_B = \dfrac{V_B^2}{P_B \times 1{,}000} = \dfrac{210 \times 210}{300 \times 1{,}000} = 0.147\Omega$

(1)　変圧器一次側リアクタンスは，

$$\%X_1 = \frac{P_B \times 100}{Q \times 10^3} = \frac{300 \times 100}{160 \times 10^3} = j0.187\%$$

(2)　単相変圧器の%インピーダンスを三相ベース%$Z_T$に換算する。

$$\%Z_T = \frac{1}{2} \times (1.28\% + j2.96\%) = 0.64 + j1.48\%$$

(1)，(2)を合成して三相短絡電流を算出し，その値を$\sqrt{3}/2$倍すれば単相変圧器直下の短絡電流が得られる。

$$I_{1\phi} = I_B \times \frac{100}{(\%X_1 + \%Z_T)} \times \frac{\sqrt{3}}{2} = 825 \times \frac{100}{1.78} \times \frac{\sqrt{3}}{2} = 40{,}137\text{A}$$

○変圧器（単相300kVA）二次端子から$\phi$1.6mmIV線で5m下がった点の短絡電流の算出

・$\phi$1.6mmIV線で5mのインピーダンス　$Z_C = 0.0445 + j0.0006\Omega$

(3)　IV線のインピーダンスを%インピーダンスに換算すると，

$$\%Z_C = 100 \times \frac{Z_C}{Z_B} = 100 \times \frac{0.0445 + j0.0006}{0.147} = 30.2 + j0.40\%$$

(1)，(2)及び(3)の合成インピーダンスは，

$$\%Z = \%X_1 + \%Z_T + \%Z_C = j0.187 + 0.64 + j1.48 + 30.2 + j0.40 = 30.8 + j2.06\%$$

となり，IV線が5m入った点の三相短絡電流を求めその値を$\sqrt{3}/2$倍すれば単相短絡電流が算出される。すなわち，

$$I_\phi = I_B \times \frac{100}{\%Z} \times \frac{\sqrt{3}}{2} = 825 \times \frac{100}{30.8 + j2.06} \times \frac{\sqrt{3}}{2} = 2{,}319\text{A}$$

単相100kVA及び単相300kVAの変圧器直下における短絡電流の例（まとめ）

| | | |
|---|---|---|
| 変圧器容量　$P_t$<br>%インピーダンス　$\%R_t+j\%X_t$ | $1\phi$ 100kVA<br>1.49%$+j$1.98% | $1\phi$ 300kVA<br>1.28%$+j$2.96% |
| 受電点の短絡容量　$Q$ | 160MVA | |
| 基準kVA　$P_B$　$(=P_t)$ | 100kVA | 300kVA |
| 基準電圧　$V_B$ | 210V | |
| 基準電流　$I_B$ | 275A | 825A |
| 基準インピーダンス$Z_B$：<br>$V_B{}^2/(P_B\times 1\,000)$ | 0.441Ω | 0.147Ω |
| 変圧器一次側リアクタンス：<br>$\%X_1=P_B\times 100/(Q\times 10^3)$ | $+j$0.0625% | $+j$0.187% |
| 変圧器換算%インピーダンス<br>$\%Z_T=1/2(\%R_t+j\%X_t)$ | 0.745$+j$0.99% | 0.64$+j$1.48% |
| 変圧器直下の短絡電流<br>$I_{1\phi}=I_B\times 100/(\%X_1+\%Z_T)\times\sqrt{3}/2$ | 18,605A<br>$(=275\times 100/1.28\times\sqrt{3}/2)$ | 40,137A<br>$(=825\times 100/1.78\times\sqrt{3}/2)$ |

変圧器二次端子からφ1.6mm IV線で5m下がった点の短絡電流（まとめ）

| | | |
|---|---|---|
| $\phi$1.6mm IV線　5mの<br>インピーダンス　$Z_C$ | 0.0445$+j$0.0006（Ω） | |
| ケーブル換算%インピーダンス<br>$\%Z_C$（$=100\times\%Z_C/Z_B$） | 10.1$+j$0.13（%） | 30.2$+j$0.40（%） |
| IV線　5mを含めた合成%インピーダンス：<br>$\%Z$（$=\%X_1+\%Z_T+\%Z_C$） | 10.8$+j$1.18（%） | 30.8$+j$2.06（%） |
| IV線5m点の短絡電流<br>$I_\phi=I_B\times 100/\%Z\times\sqrt{3}/2$ | 2,165A<br>$(=275\times 100/11.0\times\sqrt{3}/2)$ | 2,319A<br>$(=825\times 100/30.8\times\sqrt{3}/2)$ |

〔注〕この計算例では，集合住宅等の共用施設である照明器具等が，変圧器直下（5 m）に施設された場合を想定した。

## コラム　電飾アドバルンの施設方法について

内線規程では，需要場所における一般用電気工作物や自家用電気工作物を対象とした施設方法について規定している民間自主規格となっています。

一般的な電気設備の施設方法について規定している一方で，電飾アドバルンのような特殊設備の施設方法についても規定しています。内線規程ではこのような設備も扱っている意味も含め，最近ではビルの高層化によりあまり見られなくなりましたが，電飾アドバルンの規定内容についてここで簡単にご紹介いたします。

電飾アドバルンとは，アドバルンによる広告文字を電球照明により表示する設備を言います。**図2**にその施設例を掲載します。

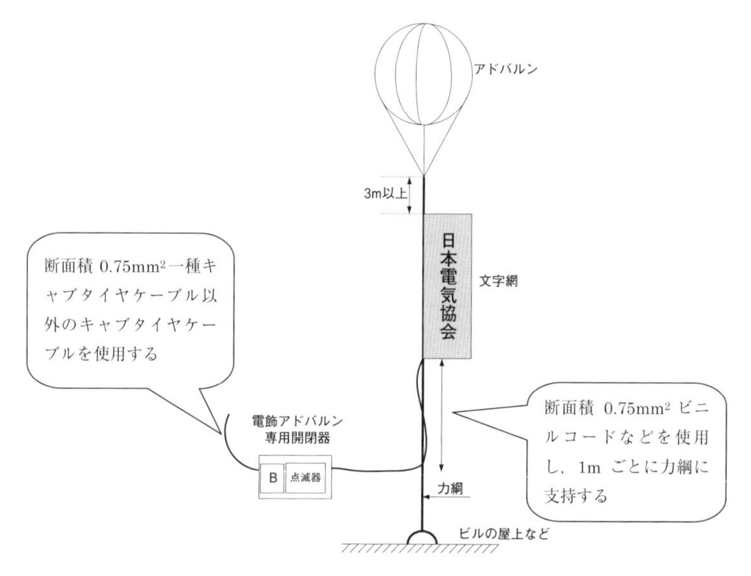


**図2　電飾アドバルンの施設例**

内線規程では，**図2**に記載のあるような使用電線，専用の開閉器の施設，アドバルンとの離隔距離，対地電圧などについて規定しています。詳細は内線規程3250節をご確認下さい。

## Q 1-25 低圧幹線に施設する過電流遮断器について教えて

低圧の太い幹線から細い幹線に分岐した場合の過電流遮断器の施設について，細い幹線の許容電流が太い幹線に接続する過電流遮断器の定格電流の55%以上もしくは35%以上の場合，55%以上の場合は太い幹線との接続点から細い幹線における過電流遮断器を省略でき，35%以上の場合は太い幹線との接続点から8m以下で細い幹線における過電流遮断器を省略できます。この過電流遮断器の省略条件と幹線保護の考え方について教えて下さい。

## A 1-25

低圧幹線における過電流遮断器の省略に関する規定及びその考え方について解説します。

内線規程の1360-10条(低圧幹線を分岐する場合の過電流遮断機の施設)では，太い低圧幹線から細い低圧幹線に分岐する場合，その接続箇所には細い幹線を短絡電流から保護するため，過電流遮断器を施設する必要があります。これは電技解釈第148条（低圧幹線の施設）第1項第四号に基づき規定しています。

一方で，1360-10条のただし書きでは次の①～④の場合には過電流遮断器の施設を省略できることが規定されております。次ページに過電流遮断器の省略に関するイメージ図と過電流遮断器の省略に伴う幹線保護の考え方についてまとめました。

| 低圧幹線における過電流遮断器の省略規定（1360-10条のただし書きより） | 過電流遮断器の省略に伴う幹線保護の考え方 |
|---|---|
| ①細い幹線が太い幹線に直接接続されている過電流遮断器により保護できる場合 | ・太い電線を保護する過電流遮断器が分岐点以下の細い電線に対しても保護ができることから，分岐点に過電流遮断器は不要であるため，省略が可能である。 |
| ②細い幹線の許容電流（$I_{w1}$）が太い幹線に直接接続されている過電流遮断器（B1）の定格電流の55％以上である場合<br>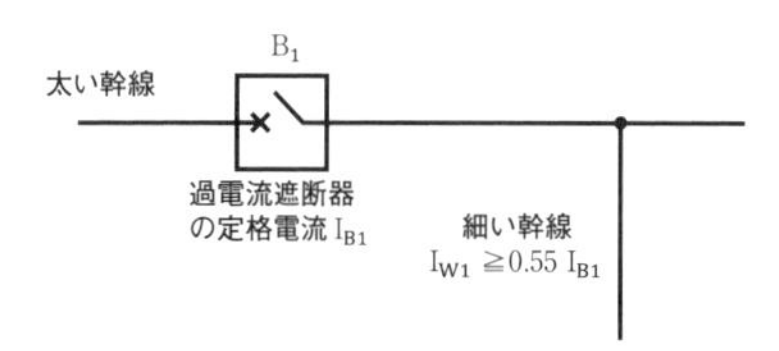<br> | ・左図のとおり，細い幹線の許容電流（$I_{w1}$）が太い幹線を保護する過電流遮断器（B1）の定格電流（$I_{B1}$）の55％以上であれば，短絡が発生しても過電流遮断器（B1）で保護できるという考えにより，太い幹線の接続点から細い幹線の過電流遮断器を省略できる。 |
| ③太い幹線又は②に掲げる細い幹線に接続する長さ8m以下の細い幹線であって，当該細い幹線の許容電流が太い幹線に接続されている過電流遮断器の定格電流の35％以上である場合<br>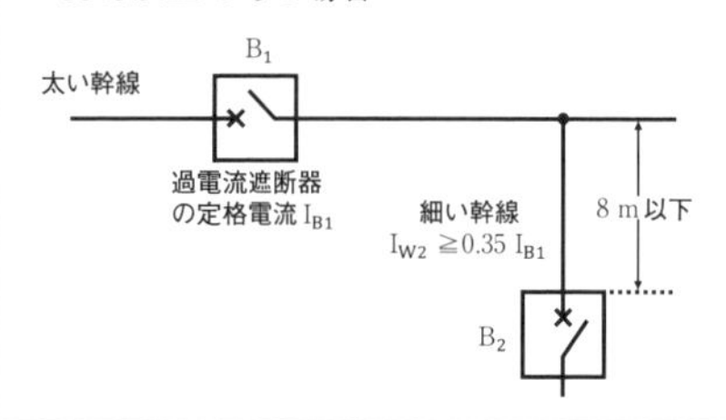<br> | ・細い幹線（$I_{w2}$）の長さが8m以下に限定されているため，この部分で短絡が発生する機会が少なく，かつ，万一短絡が発生した場合でも細い幹線（$I_{w2}$）の許容電流が太い幹線を保護する過電流遮断器の定格電流（$I_{B1}$）の35％以上あれば，過電流遮断器（B1）で電線に著しい変化を生じさせるような温度上昇はなく保護できるとの考えから，太い幹線の接続点から細い幹線（$I_{w2}$）の8m以下の部分で過電流遮断器の施設を省略できることとしている。 |
| ④太い幹線又は②若しくは③に掲げる細い幹線に接続する長さ3m以下の細い幹線であって，当該細い幹線の負荷側に他の幹線を接続しない場合<br>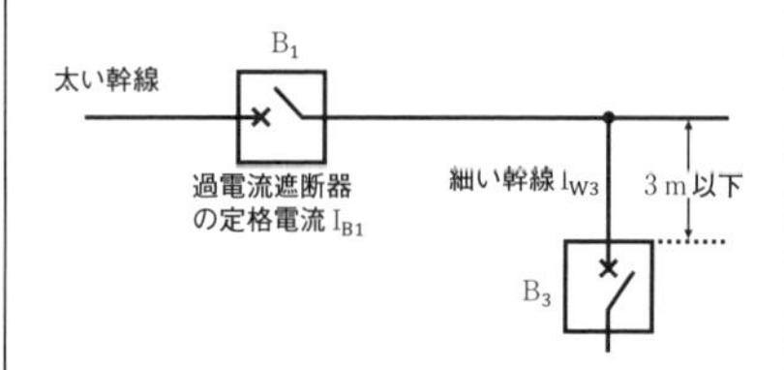<br> | ・細い幹線（$I_{w3}$）の長さが3m以下であれば電線こう長が短く，短絡が発生する可能性は極めて低いという考えから，太い幹線の接続点から細い幹線（$I_{w3}$）の3m以下の部分で過電流遮断器の施設を省略できることとしている。 |

## Q 1-26 配線用遮断器の過電流素子と開閉部について教えて

**内線規程1360-12条「電線を保護する配線用遮断器の過電流素子及び開閉部の数」では電線を保護する配線用遮断器の過電流素子と開閉部の数を回路方式に応じて規定していますが，この過電流素子と開閉部について教えて下さい。**

## A 1-26

**配線用遮断器の過電流素子は回路に流れる過電流を検出し，開閉部は過電流素子により検出した回路を遮断する役割をします。**

**内線規程では安全に過電流を遮断できるよう，回路方式に応じて過電流素子及び開閉部の数について規定しています。**

配線用遮断器の内部には過電流の遮断を行うので，開閉部と過電流素子が内蔵されています。配線用遮断器内の過電流素子及び開閉部については**図1**のとおりです。

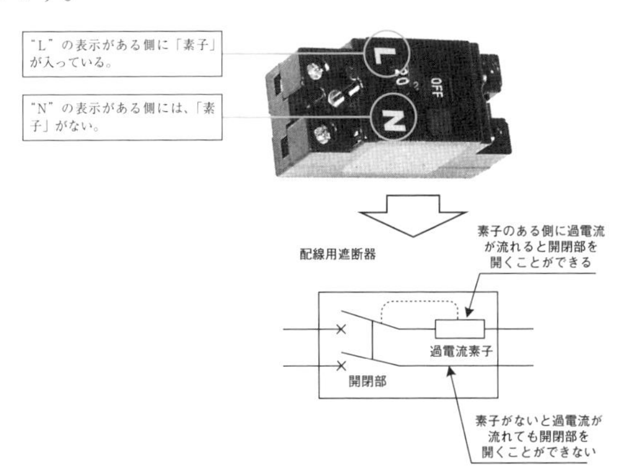


**図1　配線用遮断器内の過電流素子及び開閉部のイメージ**

**図1**には過電流素子が1，開閉部が2の2極1素子の配線用遮断器のイメージ図です。

内線規程では過電流から電線を適切に保護できるよう配線用遮断器の過電流素子及び開閉部の数を回路の種類に応じて原則**表1**のとおり規定しています。

表１　配線用遮断器の過電流素子及び開閉部の数

| 回路名 | 図例 | 配線用遮断器 | | |
|---|---|---|---|---|
| | | 素子を施設する極 | 素子の数 | 開閉部の数 |
| 単相２線式（１線接地） | 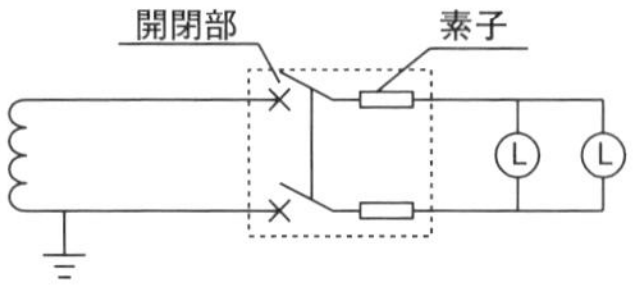 開閉部 素子 L L | 各極に１個ずつ | 2 | 2 |
| 単相２線式（中性点接地） | 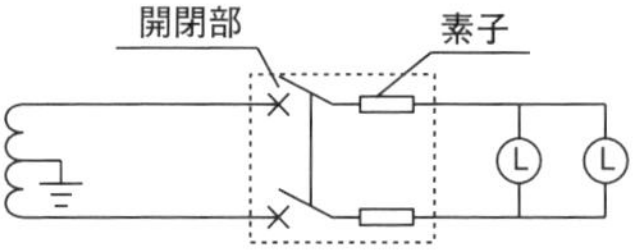 開閉部 素子 L L | 各極に１個ずつ | 2 | 2 |
| 単相３線式（中性点接地） | 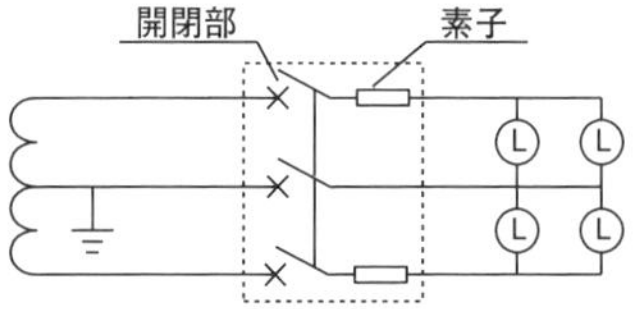 開閉部 素子 L L L L | 中性線を除く他の極に１個ずつ | 2 | 3 |
| 三相３線式（１線接地） | 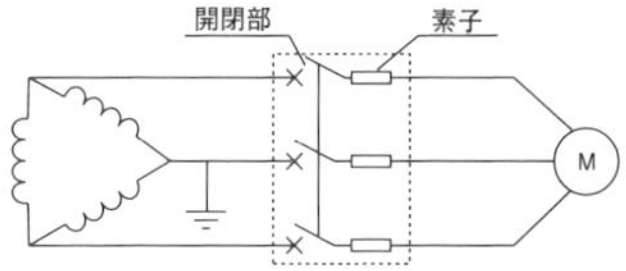 開閉部 素子 M | 各極に１個ずつ | 3 | 3 |
| 三相３線式（一相の中性点接地） | 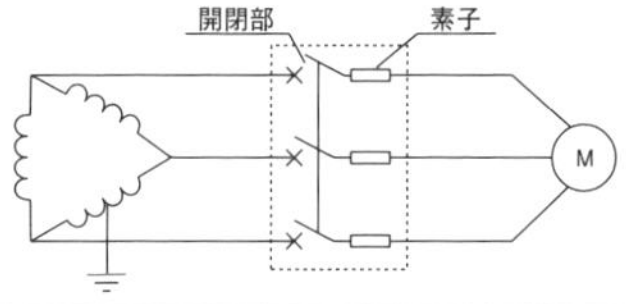 開閉部 素子 M | 各極に１個ずつ | 3 | 3 |
| 三相３線式（中性点接地） | 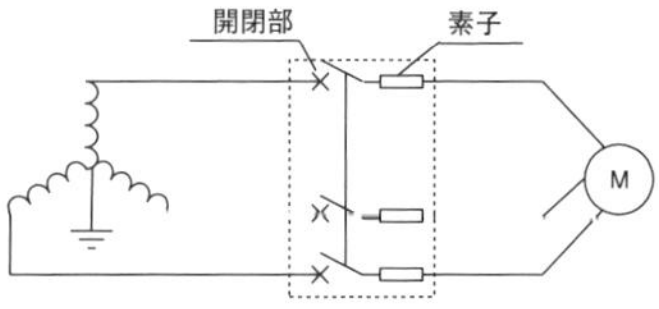 開閉部 素子 M | 各極に１個ずつ | 3 | 3 |
| 三相４線式（中性点接地） | 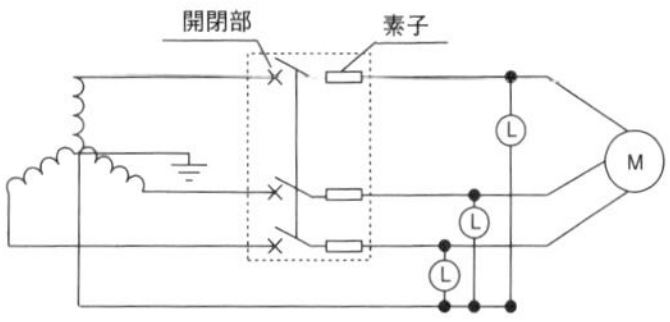 開閉部 素子 L M L L | 中性線を除く他の極に１個ずつ | 3 | 3 |

過電流が流れると配線用遮断器は，過電流素子（以下「素子」といいます。）により過電流を検出し，開閉部で回路を遮断する仕組みとなっています。

内線規程では，どの極においても過電流が流れた場合にこれを遮断できることとしているので，**表1**のようにそれぞれの回路における素子及び開閉部の数を指定しています。

素子は電磁式配線用遮断器の場合は電磁コイル，熱動式配線用遮断器の場合はバイメタルとなります。

開閉部は回路電流を通したり切ったりする接触部のことで，**表1**にある開閉部の数はその遮断器として開閉部が2線開閉できるものを2，3線とも開閉できる開閉部を備えているものは3としています。

**表１**にある単相2線式（1線接地）の素子及び開閉部の数は2となっていますが，1線を接地した対地電圧150V以下の2線式電路については**図1**のように素子の数が1，開閉部の数が2の2極1素子の配線用遮断器を施設できることが内線規程の1360-7条で規定されています。

2極1素子の配線用遮断器を施設する場合，Nという記号のついた極の方には素子がなく，過電流が流れても遮断器は動作しないので施設にあっては注意する必要があります。2極1素子の配線用遮断器を施設する場合は，**図2**のように素子のない極（N）は必ず接地側電線を接続する必要があります。

ちなみに2線式電路に2極2素子の配線用遮断器の場合は両極に素子が入っているので，上記のような心配はありません。

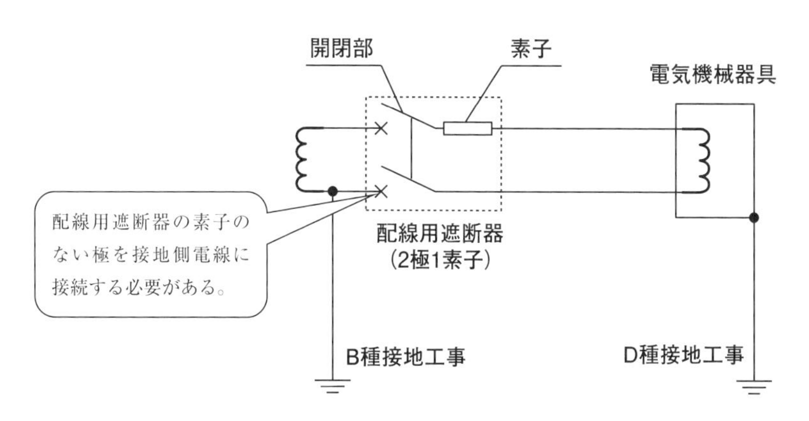


図2　2極1素子の配線用遮断器の施設例

この他，素子及び開閉器の数に関する例外として，単相3線式分岐回路の施設があります。

単相3線式分岐回路の場合，素子及び開閉部は**表1**の単相3線式（中性点接地）となるので配線用遮断器は3極2素子による配線用遮断器の施設が可能となっております。

また，もう一方で**図3**のように2極2素子の配線用遮断器と中性極用断路器を組み合わせて施設することも内線規程では認められています。

この場合は**表1**の3極2素子の配線用遮断器とは異なるので，内線規程1360-6表の備考2ではその例外による施設方法について触れています。

なお，**図3**による場合は使用者が誤って中性極断路器のみ開路しないよう，ハンドルロック等を設けて誤作動を防止する必要があります。

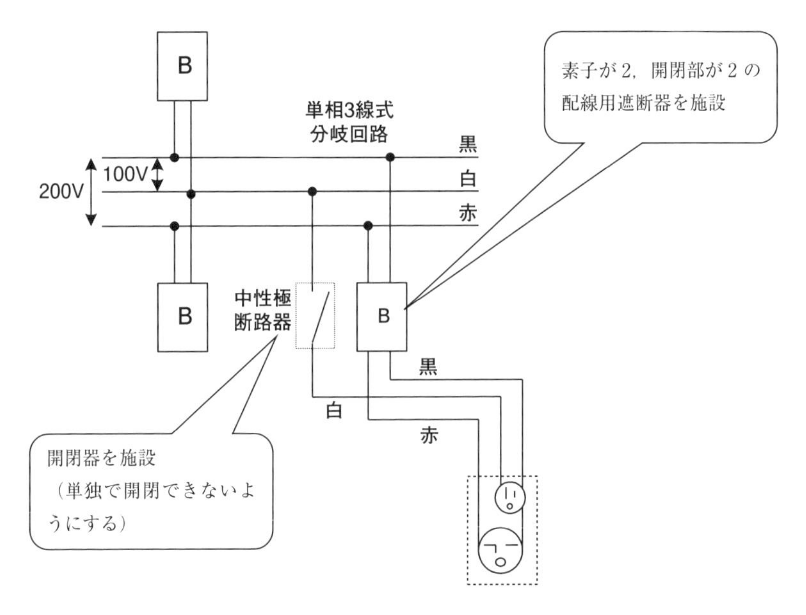


**図3　単相3線式分岐回路の施設例（中性極断路器を使用した場合）**

## Q 1-27 SPD（サージ防護デバイス）は引込口装置の負荷側に取り付けることとしているけどその理由は？

内線規程1361-1条「SPDの取付け」で規定しているSPDは，住宅用分電盤内に施設する引込口装置（過電流保護機能を有する漏電遮断器）の負荷側に施設することとしていますが，その理由を教えて下さい。

**A 1-27** SPDの故障時に電路を遮断して交換できるよう，SPDは引込口装置（過電流保護機能付き漏電遮断器）の負荷側に施設することとしています。

SPDは，電気機器を雷サージ（誘導雷）などの過渡的な過電圧から保護する装置を言います。

内線規程で規定するSPDの仕様は，（一社）日本配線システム工業会のJWDS 0007付3（2021）「避雷機能付住宅用分電盤」によるものであり，具体的には内線規程の資料1-3-16に記載しています。

内線規程で規定するSPDの回路例を示すと**図1**のとおりとなります。

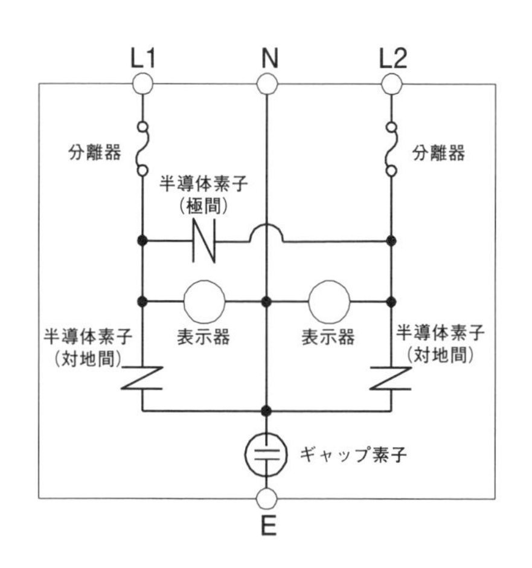


図1　SPDの回路例

**図1**のSPD，L1，L2には分離器（いわゆるヒューズであって，定格遮断電流は15A～20A程度，電流遮断容量100A以上）が取り付けられており，分離器が動作した場合は表示器が消灯することでその故障を確認できます。

対地間と極間には半導体素子（バリスタ等）とギャップ素子（放電管）が取り付けられており，これらの特性により誘導雷を大地に放電し，負荷側に施設される電気機械器具を保護する形となっています。

SPDの施設において，**図2**のようにSPDを引込口装置（過電流保護機能付き漏電遮断器）の負荷側に取り付けることを条件としている理由は以下のとおりです。

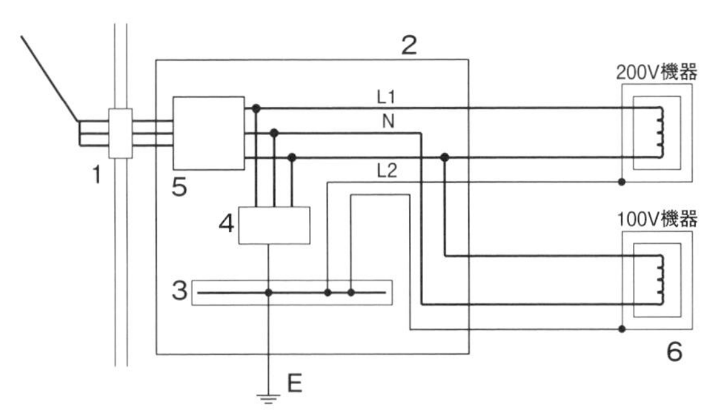


1．設備の引込口　　2．分電盤
3．集中接地端子　　4．SPD
5．漏電遮断器（過電流保護機能付き）　　6．被保護機器
E．設備の接地

**図2　SPDを引込口装置の負荷側に施設する例**

1つ目は引込口装置の負荷側に施設することで，SPDを容易に交換できるようにするためです。例えば，分離器の動作によりSPDの表示器が消灯した時はSPDの機能が失われていますので，SPDを交換する必要があります。引込口装置（過電流保護機能付き漏電遮断器）をOFFにすれば負荷側はその回路を切ることができるので，SPDを容易に交換することができます。

2つ目はSPDの故障時に分離器で適切に回路を遮断できなかった場合にバックアップとして引込口装置（過電流保護機能付き漏電遮断器）により遮断させるためです。

SPD回路に用いられる半導体素子は，劣化すると組織が破壊され次第に導通状態に近くなります。それに伴い通常時の交流が流れ始めると短時間でそのエネルギーにより破壊に至り短絡モードを経由してその後開放となりますが，その前に分離器で短絡モードの過程で切り離される形となります。

この際，分離器で遮断できない場合もあるので，その時は引込口装置（過電流保護機能付き漏電遮断器）で保護することとしています。この流れを図で示すと**図3**及び**図4**のとおりとなります。

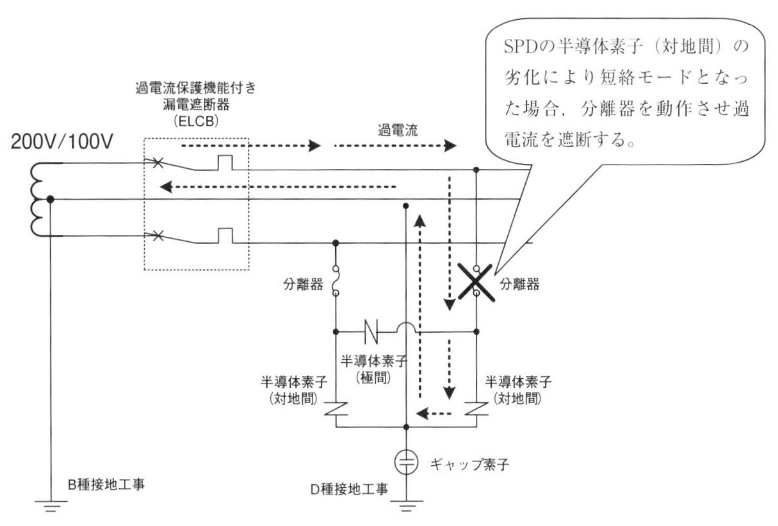


**図3　半導体素子が短絡モードとなった場合の分離器の動作**

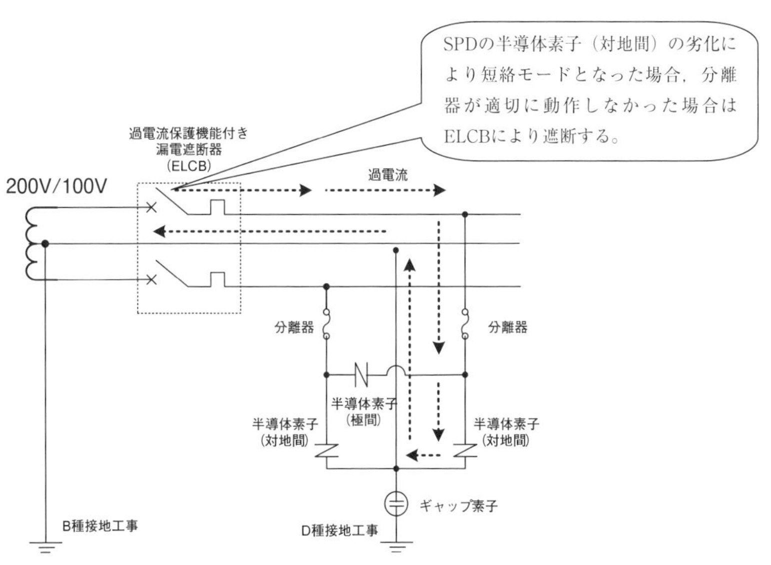


**図4　半導体素子が短絡モードとなった場合のELCBの動作**

なお，分離器での保護は，主として半導体素子の短絡モード故障を対象とし，半導体素子の開放モード故障やギャップ素子が故障することは，通常の使用状態では極めて少ないことから，それらに対しては特に分離器の設置は規定しないこととしております。各素子の故障度合いを考慮して各分離器の果たす役割を素子ごとにまとめたものを参考として**表1**に掲載します。

**表1　SPDの半導体素子による故障モードのまとめ**

| 故障モード | | 極間の素子 | | | 対地間の素子 | | |
|---|---|---|---|---|---|---|---|
| | | 分離器 | 表示器 | 引込口装置 | 分離器 | 表示器 | 引込口装置 |
| 半導体素子※1（極間及び対地間） | 短絡 | 動作 | 表示 | 不動作（分離器で遮断できない場合は動作） | 動作（N相に素子がないことが条件） | 表示 | 不動作（分離器で遮断できない場合，又は放電後の続流により動作） |
| | 開放 | – | – | – | – | – | – |
| ギャップ素子※2（対地間のみ） | 短絡 | – | – | – | – | – | – |
| | 開放 | – | – | – | – | – | – |

※1　半導体素子の故障モードは，短絡

半導体素子は劣化すると，組成が破壊され次第に導通状態に近くなり，それに伴い一般にAC電流が流れ始めると短時間に，そのエネルギーで破壊に至り短絡モードを経由してその後開放となるが，分離器により短絡モードの過程で切り離されることとなる。

※2　ギャップ素子は機械的強度が非常に強いため，その故障が原因となるSPD故障は極めて少なく，万一故障[注)]となっても，その故障モードはほとんどが開放側となる。ただし直撃雷（中でもかなりエネルギーの大きなもの）のような大きなサージを受けた場合はこの限りではないが，この場合SPD以外の至る箇所で想像し得ない故障があることが容易に想像され，これを考慮に入れることは現実的ではない。

注）ギャップ素子の構造は，セラミックで出来た円柱形のパイプ構造の上下に放電電極を配置し，セラミックと放電電極をロウ付けした構造となっている。内部にはガスが封入されている。構造的に一番弱いセラミック部分が，事象的には非常に少ないが破損することにより，ギャップ素子の故障が発生することが考えられるがこの場合，内部に空気が入るため，放電開始電圧が上昇し，開放状態となる。

一方短絡は，上下の放電電極をセラミック部分で絶縁を維持している構造の中で，セラミックの破壊により，上下電極が接触し機械的に短絡となる場合が考えられないことはないが実際は，破壊時，内部から発生するガスで上下電極は引き離される方向に動くので，確率的には極めて少ないと判断できる。

## Q 1-28 SPDの施設方法を詳細に規定している理由は？

内線規程1361節「SPD（サージ防護デバイス）」では，SPDの施設について漏電遮断器の負荷側に施設することや，接地線は集中接地端子に接続すること等，詳細に施設方法を規定していますがその理由を教えて下さい。

**誘導雷による過電圧に対して電気機械器具を適切に保護できるよう施設方法を具体的に規定しています。**

内線規程ではSPDの施設方法について**表1**のとおり規定しています。

**表1　SPDの施設方法**

| 項目 | 仕様 | 備考 |
|---|---|---|
| 接地抵抗 | D種接地 | |
| SPDの接地線の長さ | 50cm以内 | SPDのE端子部から住宅分電盤接地端子までの接地線の長さ |
| 集中接地端子 | 5.5mm$^2$の接地線が接続できる接地端子を有し，かつ負荷側に接続される機器の接地線が接続できる構造であること。 | |
| 大地への接地方法 | 住宅用分電盤内の集中接地端子から大地に一点接地を行う。 | 接地線は出来るだけ短くすること。 |
| 共用接地 | 各負荷の保護接地の接地線は，住宅用分電盤の集中接地端子へ接続し一括して大地へ接地する。 | 接地線と配線は近接させて施設することが望ましい。 |

**表1**による施設例は**図1**のとおりとなります。

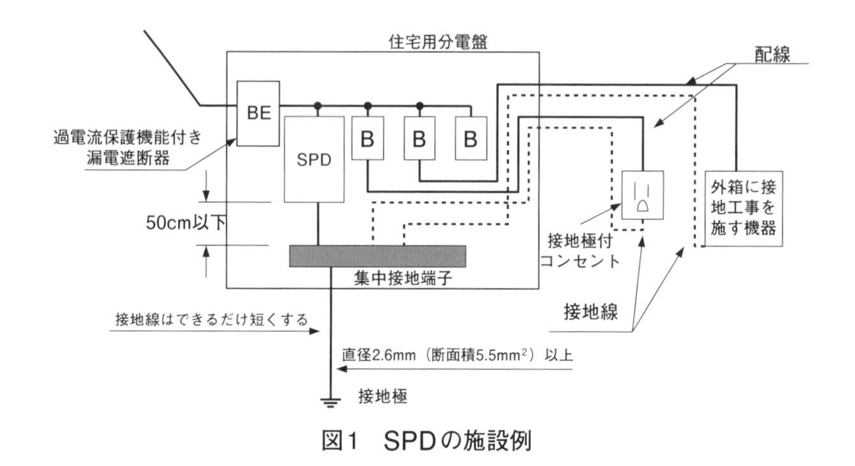


図1　SPDの施設例

内線規程では誘導雷に対して電気機械器具への過電圧抑制効果を高めるため，SPDの施設方法を具体的に規定しています。

その考え方は以下となっています。

1．共用接地について

共用接地を行う場合と行わない場合で，負荷側に施設される電気機械器具に生じる過電圧の違いから内線規程では原則共用接地を行うこととしています。

電気機械器具に生じる過電圧の違いのイメージを図2に記載します。

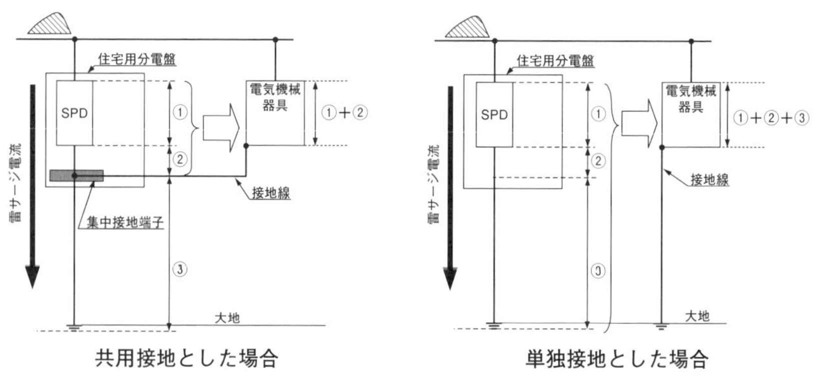


図2　電気機械器具に生じる過電圧の違い

共用接地を行う方が電気機械器具に生じる過電圧が単独接地よりも小さいことから，内線規程では共用接地を行うこととしています。

## 2．共通接地線の配置について

「低圧屋内設備の雷保護協調に関する実験的検討」（電力中央研究所報告 T01049）では，低圧需要家設備に雷電流が侵入した際に，屋内機器に発生する過電圧（過電流）の様相について検討しています。

その中で，屋内配線と共通接地線の距離（H）の影響を実験で確認しており，**図3**から**図5**の実験結果によると，距離（H）を1cmにすると，100cm離した場合に比べて，60％～75％程度末端発生電圧（V）が小さくなり，過電圧を抑制する効果があることが分かります。

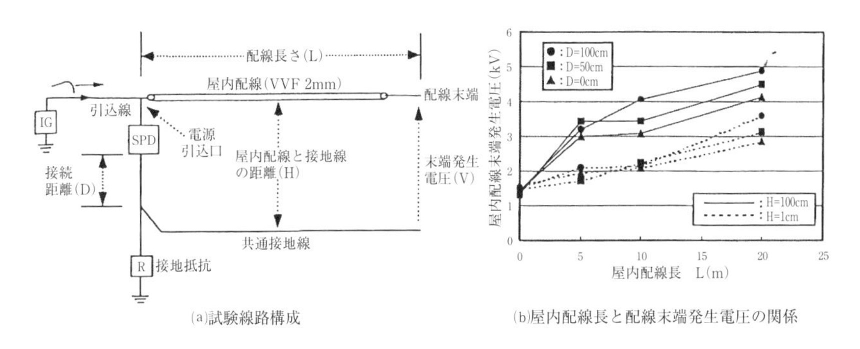


(a)試験線路構成　(b)屋内配線長と配線末端発生電圧の関係

**図3　過電圧保護に関する回路構成と実験結果**

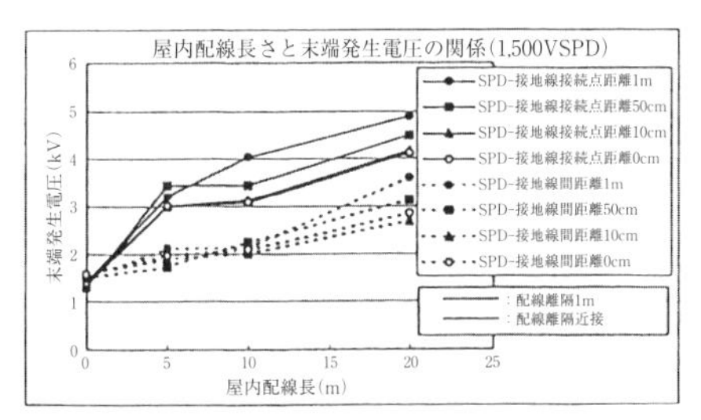


**図４　屋内配線長と末端発生電圧の関係**

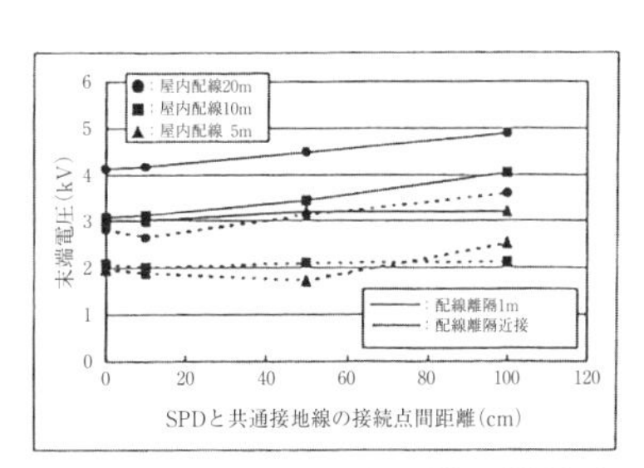


**図５　SPDと共用接地線の接続点距離と末端発生電圧との関係**

SPDと共通接地線との接続点間距離（D）の影響は，距離（H）が1mの場合には,接続点距離（D）が長くなるにしたがって末端発生電圧も大きくなっています。

距離（H）を近傍とした場合，例えば，接続点距離（D）が50cm以下の場合では過電圧抑制効果にあまり差が見られないが，接続点距離（D）が1mの場合では，抑制効果に差が出るため末端発生電圧（V）が大きくなっています。

このため内線規程1361-1図では，接地極付きコンセントや外箱に接地工事を施す機器から住宅用分電盤に至る共通接地線は，屋内配線に沿わせた配置とするため，多心ケーブルの1心を接地線として使用した配線方法を推奨しています。

一方で，分電盤内における接続点距離（D）については，実験結果より50cm以下では過電圧抑制効果にあまり差がないことから，SPDと集中接地端子を接続する接地線の長さを50cm以下としています。

### 3．接地抵抗及び接地線の太さについて

住宅用分電盤の1箇所集中接地極からの接地工事については，製造業者による推奨施工にあわせ接地線太さは5.5mm$^2$以上とし，接地抵抗値はD種接地工事としました。

接地抵抗値は，今までに出された論文内の実験においても100Ω前後の値で実験がなされており，実験結果において特に問題がないことからも妥当性のある値と考えます。

なお，内線規程では原則共用接地を行うこととしていますので，接地抵抗値を100Ωから500Ωとしても保護機器への影響は少ないと考え，SPDの電源側に施設される漏電遮断器の動作時間が0.5秒以下，定格感度電流100mA以下であればD種接地工事の接地抵抗値を500Ωとすることができることとしています。

## Q 1-29 住宅用分電盤を設置できない場所って？

**住宅用分電盤の設置場所として，内線規程の1365-1条「配電盤及び分電盤の設置場所」の注意書きで，設置できない場所が示されていますが，なぜですか。**

**設計段階から配慮するべき事項として，保守・点検面の利便性などを考慮し，不適切と思われる場所を例示したものです。**

住宅用分電盤の施設場所の条件として，内線規程では以下のとおりとなっています。

・電気回路が容易に操作できる場所
・開閉器を容易に開閉できる場所
・露出場所
・安定した場所

このような規定に対し，住宅用分電盤はトイレ内に施設することは可能であるかとの問合せがあります。

この件については内線規程では注意書きで，「トイレ内は（内側が施錠できることもあり）緊急時に容易に立ち入ることができない場所とみなされることからトイレ内に住宅用分電盤を施設してはならない」と記載されています。

意匠性から分電盤はなるべく目立たない場所に施設したいという設計者の考えも理解できます。しかし，分電盤の定期点検や改修を行う際は第三者がトイレ内に入って作業を行う必要があるので，スペースの関係で作業効率性も悪いことや，居住者にとっても第三者にそういった場所に入って作業されるのは不快と感じることが大半かと思います。

開閉器類は容易に開閉できる場所に施設することが原則なので，露出場所に施設することになりますが，分電盤は専用の箱や室などに設置することは可能ですし，台所や玄関の戸棚の内部でも分電盤用として専用スペースが確保されていればよいこととなっているので，トイレ内ではなく保守点検や改修を行う際に適した場所への施設をお願いします。

ここで，トイレ以外にも以下のような場所に住宅用分電盤を施設したいという問い合わせもありましたのでその他の事例をご紹介します。

### 事例その①　浴室に隣接する脱衣所への施設

住宅用分電盤の施設環境は内線規程の注意書きにもあるように湿気の充満する場所には施設しないこととしています。

内線規程で定義する湿気の多い場所とは，浴室や窯場のような水蒸気が充満する場所を想定しています。

浴室に隣接する脱衣所の環境は様々なので一概に言えない部分もありますが，少なくとも図1のような脱衣所で適切に換気が行われるような環境であれば，浴室や窯場のように常時蒸気が充満することは考えにくいので，住宅用分電盤の設置については問題ないと考えます。

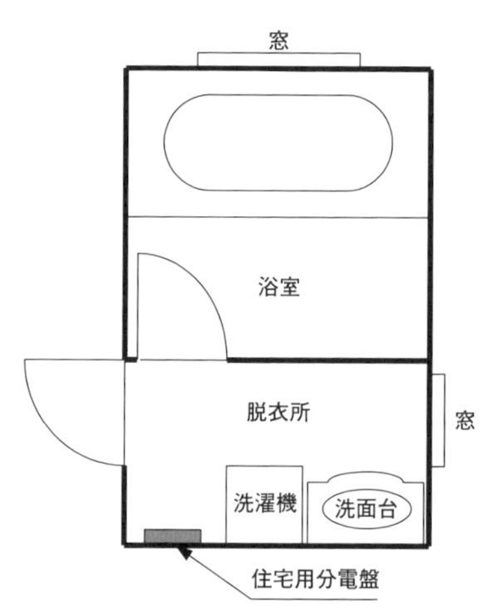


**図1　脱衣所における住宅用分電盤の設置例**

### 事例その②　階段下の物置や押し入れへの施設

通常物置として使用されるような場所に住宅用分電盤を施設するべきではありません。

普段住宅用分電盤が家のどこに施設されているか居住者はあまり意識にない場合があります。さらに，物置に施設された荷物に分電盤が隠れてしまうようなことがあると，ますます住宅用分電盤がどこに施設されているか分からなくなります。

そういった場合は緊急時に対応することが困難になりますので，そのような場所への分電盤の施設はやめるべきと考えます。

## Q 1-30 分電盤，配電盤の金属製部分に施す接地工事について教えて

**内線規程1365-7条「配電盤及び分電盤のわくなどの接地」の規定に関連して100V/200Vの単相3線式に施設される分電盤，配電盤の金属製部分に施す接地工事について教えて下さい。**

**質問のケースについては金属製部分にはD種接地工事を施す必要があります。**

漏電による感電，火災の危険性を防止するため，内線規程では人が触れるおそれのある金属製部分の必要な箇所には接地工事を施すこととしています。

100/200Vの単相3線式電路に施設される分電盤，配電盤の金属製部分には使用電圧が300V以下であることから内線規程1350-2条「機械器具の鉄台，金属製外箱及び鉄わくなどの接地」によりD種接地工事を施すことになります。

D種接地工事の接地抵抗値は100Ω以下となります。ただし，分電盤，配電盤の金属製部分が，定格感度電流100mA以下，動作時間0.5秒以下の漏電遮断器の保護範囲となる場合，接地抵抗値は500Ω以下とすることができます。

D種接地工事の接地線の太さは，内線規程の1350-3表（C種又はD種接地工

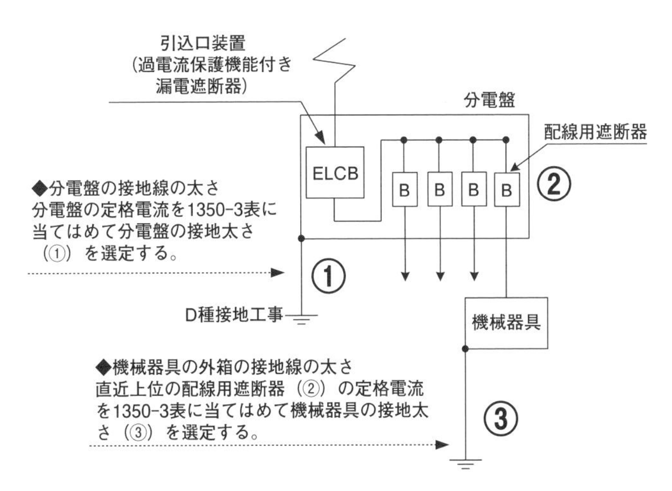


図1　分電盤の金属製部分等の接地線太さの選定例

事の接地線の太さ）により，電源側に施設される過電流遮断器の定格電流の容量に応じて選定することになっています。接地線の太さの選定については**図1**及び**図2**にて解説します。

**図1**は低圧受電における接地線太さを選定する場合の一例です。

**図1**における低圧分電盤の金属製部分の接地線太さ（①）については分電盤の定格電流を内線規程1350-3表に当てはめて接地線の太さを選定します。

ちなみに，**図1**に記載されている機械器具の金属製外枠の接地線太さ（③）は，直近上位の配線用遮断器の定格電流（②）を1350-3表に当てはめて接地線の太さを選定します。

**図2**は高圧受電における低圧配電盤の接地線太さの選定例です。

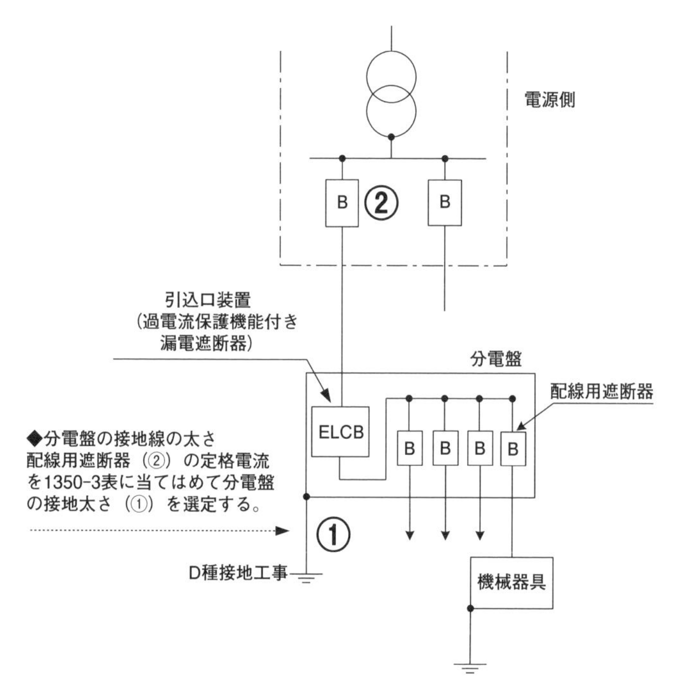


**図2　配電盤の金属製部分の接地線太さの選定例**

**図2**に示すようにこの場合における低圧分電盤の金属製部分の接地線太さ（①）については，直近上位となる電源側の配線用遮断器の定格電流（②）を内線規程1350-3表に当てはめて接地線の太さを選定します。なお，**図2**の機械器具の金属製外箱に施す接地線太さは**図1**の③の選定方法と同じになります。

## Q 1-31 住宅用分電盤に施す電圧などの表示について教えて

内線規程1365-8条「分電盤への使用電圧等の表示」では住宅用分電盤内に100V回路と200V回路の混在する場合，また，単相2線式の分岐回路に加え，単相3線式の分岐回路が施設される場合，過電流遮断器の近傍に表示を施すことと規定していますが，その理由について教えて下さい。

## A 1-31

第三者である電気工事士が保守点検・改修を行う際に，感電事故などを防止するために，明確化として表示を施すこととしています。

内線規程では，住宅用分電盤内に100V回路や200V回路が混在する場合，また，単相2線式及び単相3線式の分岐回路が施設される場合には，過電流遮断器の近い箇所に適当な表示を施すこととしています。

これは，第三者である電気工事士が保守点検・改修を行う際に，感電事故などを防止するために，明確化として適当な表示を施すこととしています。

住宅用分電盤内での100V回路と200V回路の区別は，表示なしでは容易に確認できない場合もあるので，過電流遮断器の近い箇所に表示を施すことは，事故防止という意味において非常に重要な要素と言えます。

また，単相3線式分岐回路については，Q1-8の中でも触れたように，同一分岐回路で100V，200V負荷を接続できる回路となっており，片寄せ配線など，通常の分岐回路とは異なる配線となっている場合もあるので，安全性を考慮し，**図1**の表示例によるなど，第三者である電気工事士が瞬時に確認できるようにしておくことが重要です。

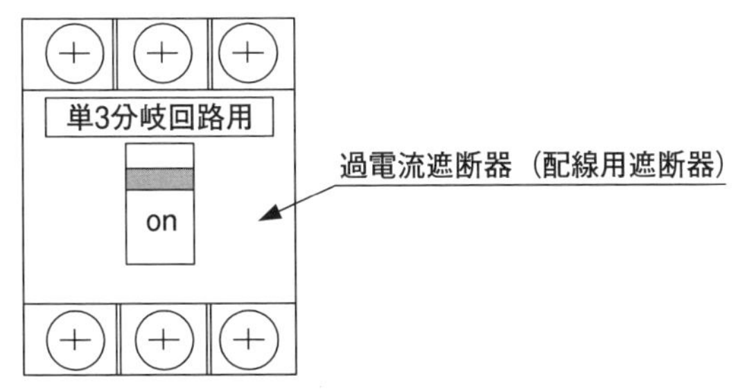


**図1　単相3線式の分岐回路の表示例**

## Q 1-32　日本配線システム工業会が推進している高機能分電盤とは？

日本配線システム工業会が推進している高機能分電盤とはどのようなものなのか教えて下さい。
また，内線規程との関連性も教えて下さい。

## A 1-32

日本配線システム工業会では住宅用分電盤の安全性の確保，品質の維持向上を主眼に，住宅用分電盤の認定が行われています。

高機能分電盤はその中で，過電流警報機能，感震機能，避雷機能等を備えた住宅用分電盤になります。

これらの一部の機能について内線規程で規定されています。

（一社）日本配線システム工業会では，住宅用分電盤の安全性の確保，品質の維持向上を主眼に住宅用分電盤の認定業務が行われています。

認定は住宅用分電盤に備えられた機能に応じて，スタンダード分電盤と高機能分電盤に分類されています。

認定に適合すれば**図1**に示す認証マークがそれぞれの住宅用分電盤の機能に応じて貼付されることとなっています。

スタンダード住宅用分電盤

高機能住宅用分電盤

**図1　住宅用分電盤の認証マーク**

内線規程でもこれら一部の機能について規定されています。

ここではスタンダード住宅用分電盤及び高機能住宅用分電盤に備えられている機能についてご紹介します。

## 1．スタンダード住宅用分電盤

スタンダード住宅用分電盤には通常の住宅用分電盤の性能に加え，「コード短絡保護用瞬時遮断機能」及び「高遮断性能」が備えられています。

### (1) コード短絡保護用瞬時遮断機能

コード短絡保護用瞬時遮断機能とは，コード短絡時に周辺可燃物への着火による火災の発生を抑えるため，コードに流れる短絡電流を瞬時に遮断する機能をいいます。

通常の配線用遮断器では検出しにくいコンセント以降の電気機械器具の側のコード部分で発生した短絡を検出して遮断する配線用遮断器で，スタンダード住宅用分電盤にはこのような機能の配線用遮断器が備えられています。

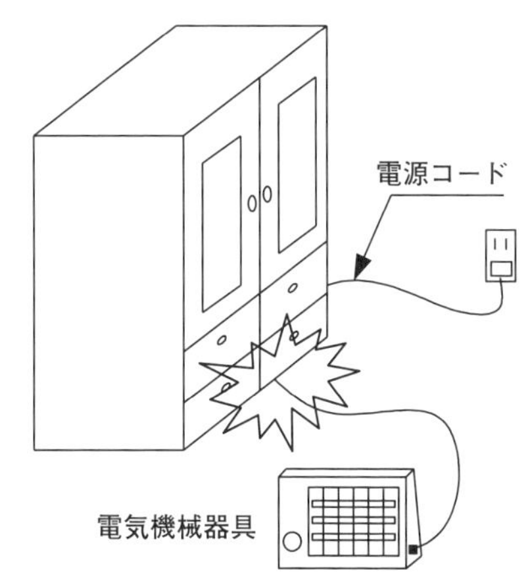


**図2　電気機械器具のコード部分での短絡のイメージ**

ちなみに内線規程では，3605-4条にコード短絡保護用瞬時遮断機能を有する配線用遮断器を施設することについて，勧告的事項として規定しています。

### (2) 高遮断性能分電盤について

定格遮断容量は，配線用遮断器が施設される箇所で生じた短絡電流を遮断できる能力としておりQ1-24で紹介しました。

この高遮断性能分電盤は，従来よりも短絡電流が増大しているという観点から，**表1**のように通常よりも大きい定格遮断容量の配線用遮断器の施設を推進した住宅用分電盤となっています。

表１　高遮断性能で要求する配線用遮断器の定格遮断容量

| 主開閉器 | | | 分岐開閉器 | |
|---|---|---|---|---|
| 定格電流 | 定格遮断容量 | | 定格遮断容量 | |
| | 従来 | 高性能 | 従来 | 高性能 |
| 30A以下 | 1,500A | 2,500A | 1,500A | 2,500A |
| 30Aを超え100A以下 | 2,500A | 5,000A | | |
| 100Aを超え150A以下 | 5,000A | 10,000A | | |

施設場所によって通常よりも短絡電流が大きいと判断される場合は高遮断性能分電盤を施設する必要があります。

## 2．高機能住宅用分電盤

高機能住宅用分電盤は通常の住宅用分電盤の性能に加え，「過電流警報装置」，「避雷機能」等が備えられています。

### (1)　過電流警報機能

電気の使用状態を表示するだけでなく，不意の停電をさけるため，あらかじめ設定した電流値を超えて負荷電流が流れた場合に報知する機能を備えた住宅用分電盤となっています。

内線規程では住宅用分電盤に関連する機能として注意書きで紹介しています。

### (2)　感震機能

震度5を超える大きな地震が発生した際に，家屋内の発熱機器転倒や電気配線断線などによる電気火災を抑制するため，地震の揺れを感知した3分後に自動的に電力供給を遮断させる感震ブレーカーが施設された住宅用分電盤になります。

内線規程の資料1-3-22に掲載されている分電盤タイプを参照ください。

表2　感震ブレーカーのはたらき

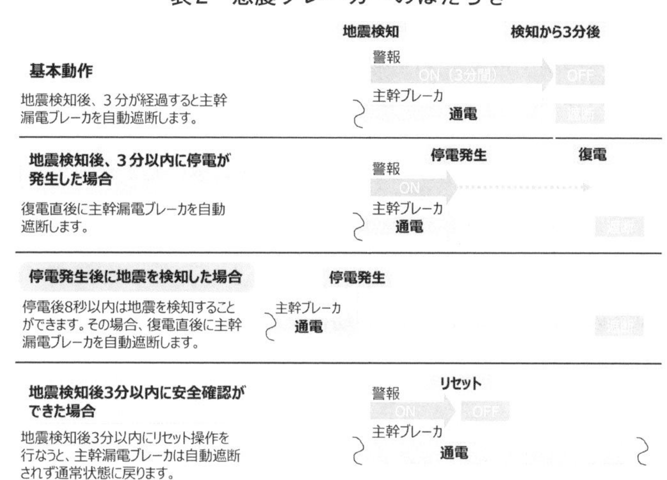


(3)　避雷機能

電気機械器具を雷サージ（誘導雷）などの過渡的な過電圧から保護するSPDが施設された住宅用分電盤になります。

Q1-27でもご紹介しましたが，内線規程で規定するSPDの仕様はこの（一社）日本配線システム工業会の規格によることとなっています。具体的な仕様については内線規程の資料1-3-16に掲載されていますので，参照下さい。

SPDの施設に当たって，避雷機能付き住宅用分電盤では電気機械器具への過電圧抑制効果を高めるため**図3**のように集中接地端子を施設することとなっています。

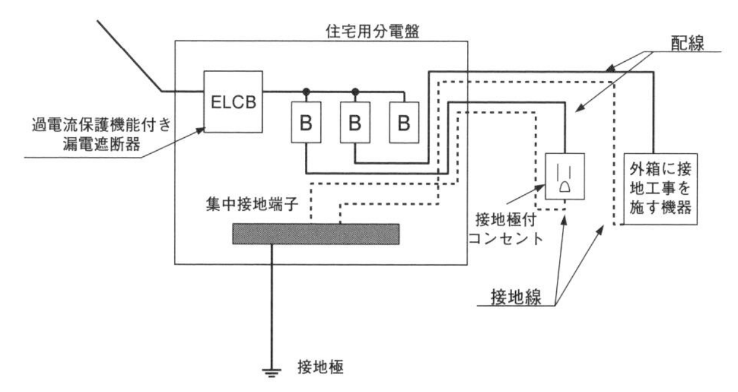


図3　住宅用分電盤に施設される集中接地端子の例

この集中接地端子について内線規程では，SPDを施設する場合以外でも住宅用分電盤には集中接地端子を施設することを推奨的事項として規定しています。

電気機械器具の外箱の接地やコンセントの接地極に施す接地を住宅用分電盤の集中接地端子に接続するのは，以下のような利点があるとされています。

・屋内配線における先行接地配線の普及が促進される。
・接地配線が計画的に設計・施工される。
・接地抵抗の測定等の保守業務が容易になる。
・漏電遮断器の動作が確実になる。

ただし，Q1-20にあるように漏電遮断器で保護されている回路と保護されていない回路は原則共用しないこととしているので，そのような回路を集中接地端子に接続する場合は注意が必要です。

集中接地端子の具体的な施設方法についても内線規程を参照下さい。

# Q 1-33 低圧架空引込線の取付点の高さについて教えて

内線規程1370-2条「引込線の取付点の高さ」は，戸建て住宅における低圧引込線の取付点の高さにも適用されると思いますが，この規定について，具体的に図を用いて解説をお願いします。

戸建て住宅の架空による低圧引込線は，直接建物に取り付けて施設する方法と引込小柱に取り付けて施設する方法がありますので，それらについて図で解説します。

内線規程では低圧引込線の取付点高さについて，1370-2条「引込線の取付点の高さ」で，**表1**に示す高さ以上であることを規定しています。

表1　低圧架空引込線の高さ

| 項目 | 区　分 | 高さ（m） |
|---|---|---|
| ① | 道路（車両の往来がまれであるもの及び歩行の用にのみ供される部分を除く。） | 路面上<br>5.0 |
| ② | 技術上やむを得ない場合において交通に支障のないとき | 路面上<br>3.0 |
| ③ | 鉄道又は軌道を横断する場合 | レール面上<br>5.5 |
| ④ | 横断歩道の上に施設する場合 | 横断歩道橋の路面上<br>3.0 |
| ⑤ | 上記以外 | 地表上<br>4.0 |
| ⑥ | 技術上やむを得ない場合において交通に支障のないとき | 地表上<br>2.5 |

この表を踏まえ，低圧引込線取付点高さの図例を示すと**図1**のとおりとなります。

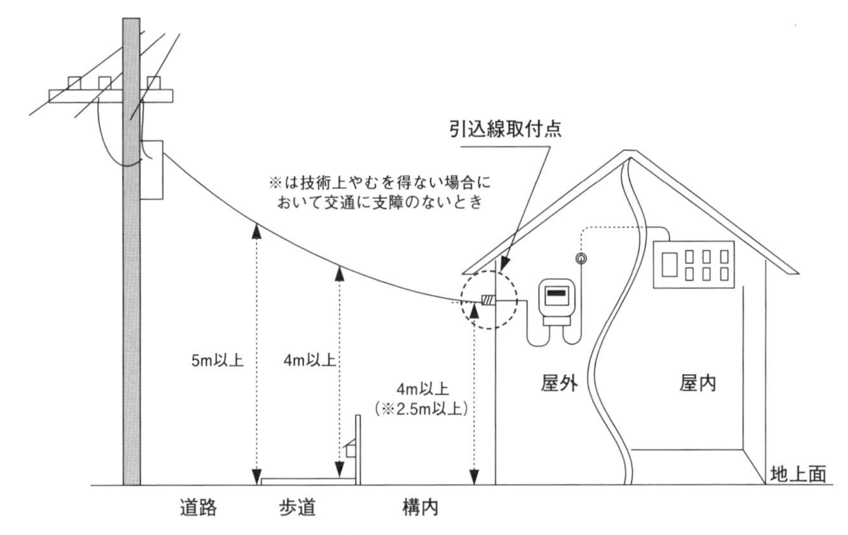


**図1　戸建て住宅における低圧引込線の高さ**

**表1**の道路とは「公道又は私道を示す」と内線規程では定義されています。

また，構内とは「へい，さく，堀などによって区切られた地域若しくは施設者及びその関係者以外の者が自由に出入りできない地域又は地形上その他社会通念上これらに準ずる地域とみなしうるところをいう」と定義されています。

**図1**の場合「道路」に該当する箇所は**表1**の項目①となり，低圧引込線の高さは路面上5m以上確保する必要があります。ここで**表1**の項目①の「車両の往来がまれであるもの及び歩行の用にのみ供される部分」については項目⑤の「上記以外」に該当し，地表上4m以上確保する必要があります。

戸建て住宅の庭は前述の「構内」に相当し，区分として道路ではなく低圧引込線の高さは**表1**の項目⑤の「上記以外」によることとなります。ただし，戸建住宅の構造上で4m以上の高さに施設することが困難な場合があり，「技術上やむを得ない場合において交通に支障のないとき」として，地表上2.5m以上まで引込線の高さを緩和することができます。

戸建て住宅の場合，引込小柱を設けて低圧引込線を施設する場合がありますが，その場合の低圧引込線の取付高さは**図2**のとおりとなります。

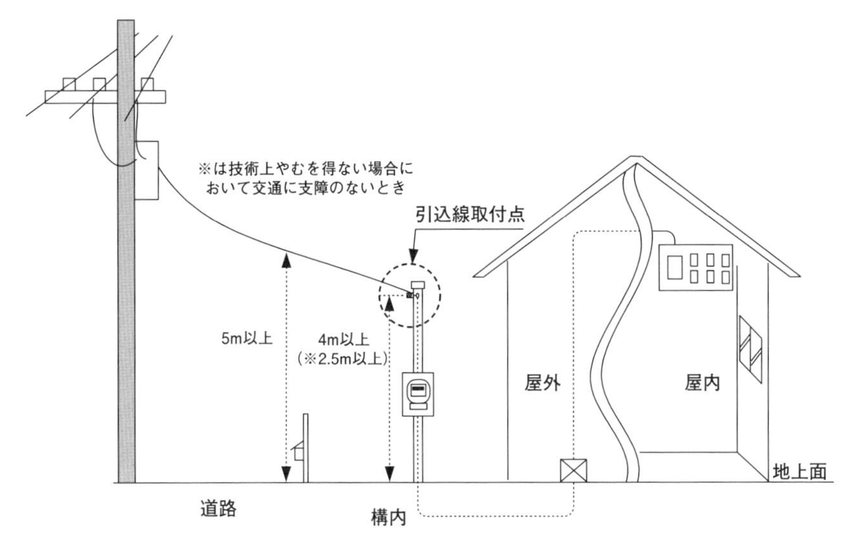


**図2　引込小柱を使用した場合の戸建て住宅における低圧引込線の高さ**

引込小柱は需要場所に設けた低圧引込線専用の支持物であり，直接建物に引込線を取り付けることが困難な場合や，景観に配慮した引込線の施設を行う場合に採用する施設方法となっています。

この場合の引込線の取付点は引込小柱の上部となり，取付点高さは**表1**の項目⑤の「上記以外」によることとなります。ただし，4m以上の高さに施設することが困難な場合があり，「技術上やむを得ない場合において交通に支障のないとき」として，地表上2.5m以上まで引込線の高さを緩和することができます。

### コラム　架空電線路の高さの検討に当たって

架空電線路の高さはその線路の電圧階級の大きさや線路の下を通過する車両や歩行者などの要素を踏まえ決定されていますが，過去にはその当時の事情から架空電線路（送電線）の高さを考慮したという記事（澁沢元治著）があります。

最終的に猪苗代送電線の架空線高さについて，記事の数値（二十三尺）が採用されたかは不明ですが，非常に興味深い内容なのでここにご紹介します。

「ここにいふ猪苗代送電線とは現時の東京電燈会社の猪苗代第一送電線であって，猪苗代第一第二の発電所等から田端の変電所まで送電している十一万五千ボルトの線である。これは大正三年に完成したのであるが…（中略）…送電線の弛度をきめるに当たって，送電線と地表面上の最小距離を幾何にするかが問題となった。当時特別高圧送電線に対する逓信省の規定では二十尺ときまっていた。ところが当該会社の社長千石博士は此の距離をきめるには，逓信省の規則ということよりも兎に角十一万五千ボルトという当時に於ては劃時代的の施設であるから充分慎重に考慮せねばならぬとし，また此の線は福島県白河方面から，栃木県を過ぎ，伊讃美ヶ原附近などを通っているので特に注意を払われた。即ちこの辺ではしばしば陸軍の演習が行われ前に陛下の行幸もあった。千石社長は若し行幸の際に畏多い事でもあってはいけないというので色々調査された。ろ簿の騎兵は槍を立てて持って行くが之が送電線の下を過ぎる時槍の穂先が感電しないよう，穂先と線とを少なくとも約六尺位は離せということとした。実際騎兵の持つ槍の穂先の高さが地上十六，七尺であったから，それから六尺離して二十三尺として鉄塔の設計をしたということを太刀川博士に聞いたことがあった。」

「電界百話」1934年4月（オーム社）

## Q 1-34 低圧引込線の取付点と責任分界点について教えて

**内線規程では引込線取付点に関連する規定がいくつかありますが，戸建て住宅における引込線取付点はどこを示していますか？**
**また，その付近に一般送配電事業者側の設備と住宅所有者側の設備を区分する責任分界点を設けているかと思いますが，具体的にどこなのか教えて下さい。**

## A 1-34

**内線規程で示す引込線取付点は，低圧引込線と住宅側配線の接続点付近となります。**

**責任分界点はその引込線取付点付近に設けられる接続点（分界チューブ等）により，一般送配電事業者側の設備と住宅所有者側の設備に分けられています。**

低圧架空引込線の主な施設方法として，建物に「直接引込む方法」と「引込小柱を用いて施設する方法」があります。

引込小柱により施設する場合については，Q2-2で触れていますのでそちらを参照下さい。

引込線取付点及び責任分界点については，低圧架空引込線を「直接引込む方法」と「引込小柱を用いて引込む方法」を例に解説します。

まず，内線規程では，引込線取付点について以下のとおり定義されています。

> 需要場所の造営物又は補助支持物（腕木，がいし取付用わく組など）に架空引込線又は連接引込線を取り付ける電線取付点のうち最も電源に近い箇所をいう。また，需要場所の構内に専用の支持物を設ける場合は，電源に最も近い支持物上の電線取付点をいう。

**図１**に低圧架空引込線を建物に直接引込む場合の施設例を掲載します。

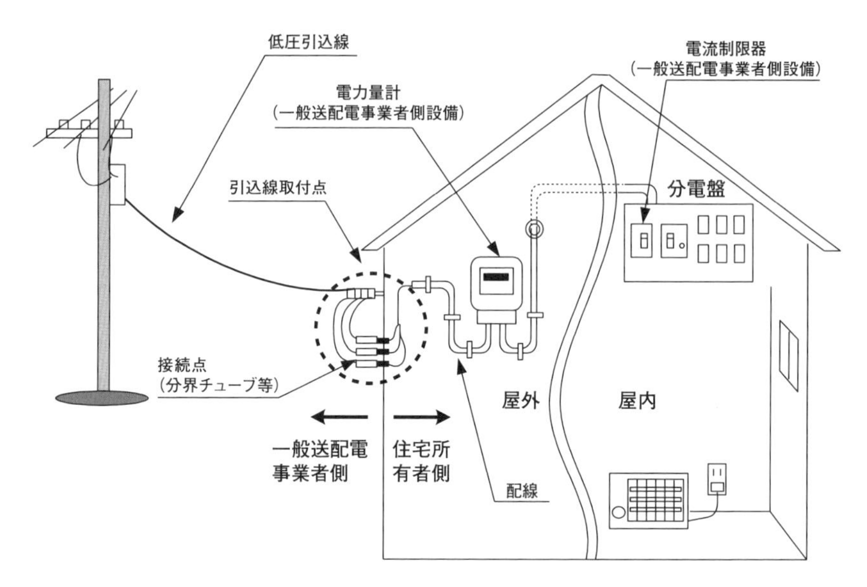


図1　戸建て住宅における低圧引込線などの施設例

**図1**の場合，内線規程で定義されている引込線取付点は低圧引込線と住宅側配線との接続点付近となります。

引込線取付点付近で，一般送配電事業者側の設備と住宅所有者側の設備が接続され，分界チューブ等が施設されています。

この接続点（分界チューブ等）の施設箇所が一般送配電事業者側と住宅所有者側の責任分界点となっています。

接続点（分界チューブ等）から住宅側の電気設備は基本的に住宅所有者側の設備となりますが，電気の契約に必要とされる電力量計及び電流制限器（電流制限器がない場合があります）は一般送配電事業者の設備となっています。

**図2**には引込小柱を使用した場合の戸建て住宅の低圧引込線の施設例を掲載します。

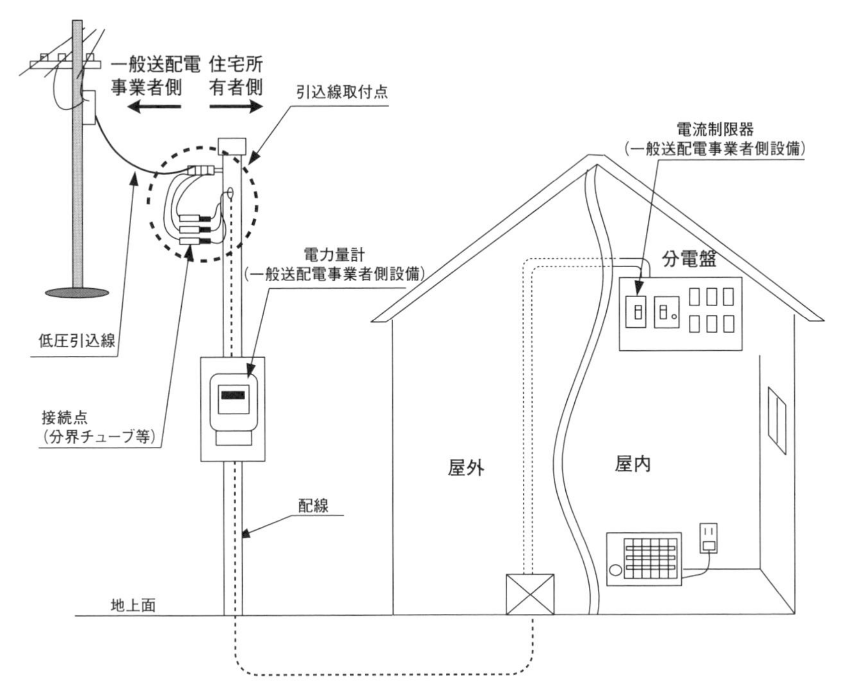


図２　引込小柱を使用した場合の戸建て住宅の低圧引込線の施設例

**図２**の場合，内線規程で定義される引込線取付点は低圧引込線と引込小柱の配線との接続点付近になります。

引込小柱の接続点付近で一般送配電事業者側の設備と住宅所有者側の設備が接続され，この接続点（分界チューブ等）が責任分界点となります。

## Q 1-35 引込線取付点から引込口配線の中途に接続点を設けない理由は？

内線規程1370-5条「低圧引込線の引込線取付点から引込口装置までの施設」では，引込線取付点から引込口装置まで原則接続点を設けないこととしていますがその理由を教えて下さい。

## A 1-35

電力量計の電源側に接続点を設け，負荷設備が接続されることで適切な計量を行えない等の不具合を防止するためです。

内線規程1370-5条「低圧引込線の引込線取付点から引込口装置までの施設」の2項では，引込線取付点から引込口装置までの間は原則接続点を設けないこととしています。

内線規程で規定する引込線取付点から引込口装置までの施設に関する施設例は図1のとおりとなります。

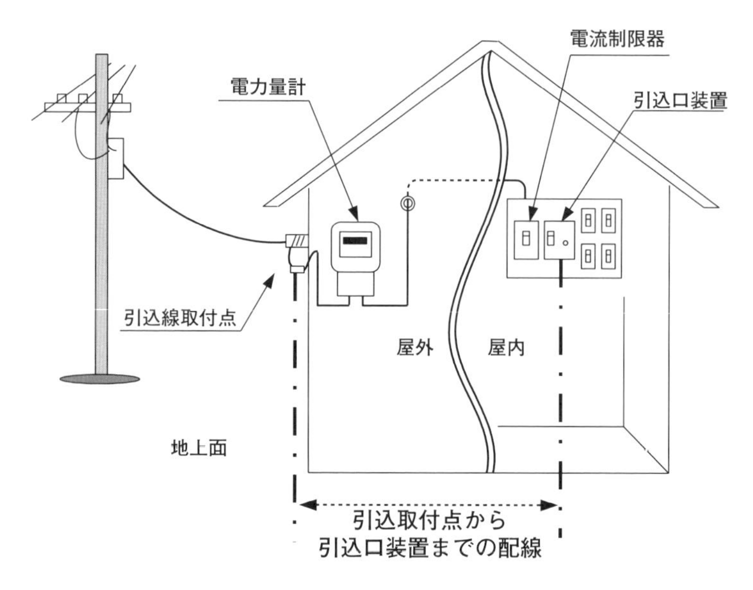


図1　引込線取付点から引込口装置までの例

接続点を設けないこととしている一つの理由としては，引込線取付点から引込口装置間には電力量計が取り付けられており，故意に電力量計の電源側に接続点を設けて負荷設備が接続されることになれば，その分の電気使用量が計量されないことになりますので，そういった不具合等を防止するためでもあります。

内線規程では，引込線取付点から引込口装置までの配線の中途に接続点を設けないとしているものの，実運用上やむを得ず接続点を設けなければならないケースもありますので，以下のとおり接続可能とするケースを限定した形で規定し，リスクを下げることとしています。

内線規程の中で接続が認められている内容は以下のとおり規定されています。

> ①アパートなどにおける各戸への分岐又は深夜電力機器などを施設する場合で，1需要家において2契約を行う場合や，3594節（系統連系型小出力太陽光発電設備の施設）に規定する太陽光発電設備の電路を接続する場合など，一般送配電事業者が別に定める規定により接続を行う場合
> ②漏電火災警報器を施設する場合で，1380節（漏電火災警報器）の規定により，操作電源用の配線を行う場合
> ③配線方式が異なる場合における配線相互の接続又は小柱を使用する場合の柱上での接続など，接続を行うことがやむを得ない場合

以下，①から③の想定例を簡単に記載します。

①は，**図2**のようなアパート等における各戸への分岐等がこれに相当します。

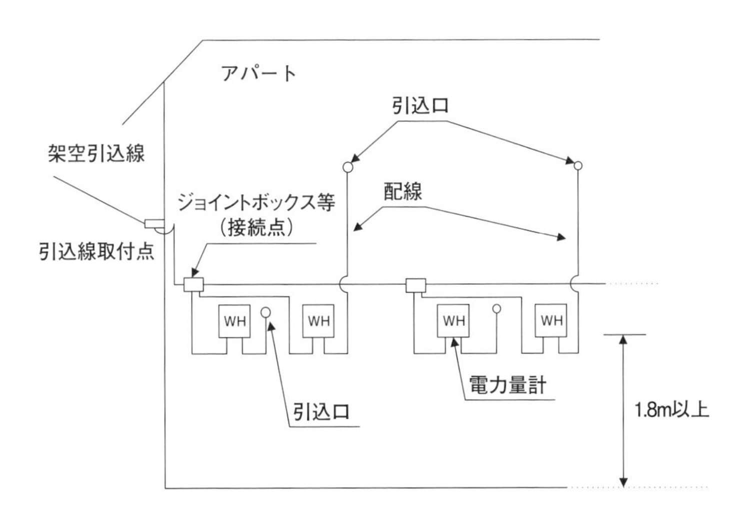


**図2　アパートにおける引込線取付点から引込口装置間に接続点を設けた例**

また，深夜電力機器を施設する場合においてもその性質上中途接続を認めており，**図3**にその施設例を掲載します。内線規程の資料3-5-4にも掲載しているのでそちらも参照下さい。

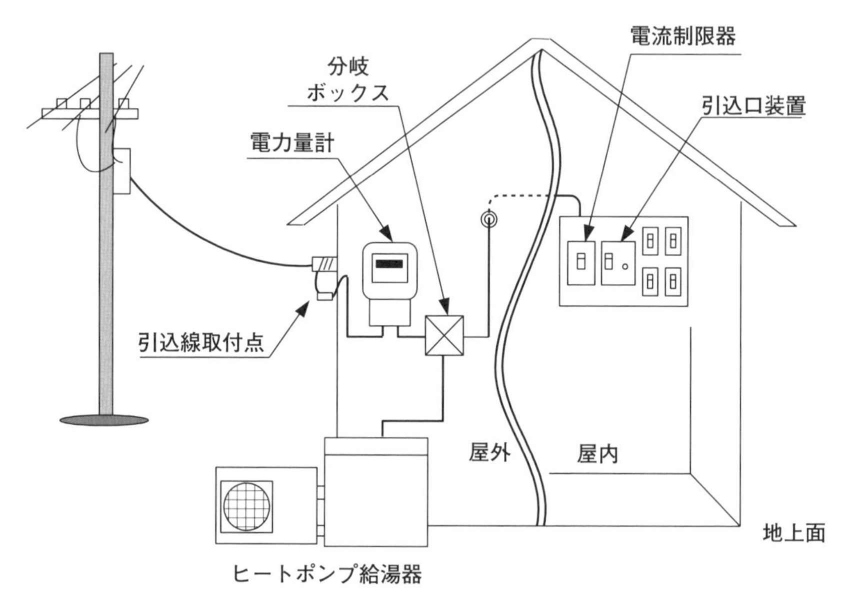


**図3　引込線取付点から引込口装置間に深夜電力機器を接続した場合の例**

②は，例として漏電火災警報器の施設を想定しています。漏電火災警報器は漏電による火災の発生を防止するための機器です。内線規程の1380-1図に施設例を掲載しています。1380-1図から分かるかと思いますが，引込口装置が遮断しても警報器に電気を供給できるよう，引込口装置の電源側から接続することを内線規程では認めています。

③は，Q1-34でもご紹介したように引込小柱等を施設した場合を想定しており，性質上，屋外への開閉器の施設や屋内配線との接続等が必要なので引込線取付点から引込口装置間の接続を認めています。

①から③以外にも施設状況によりやむを得ず引込取付点から引込口装置間に接続点を設けるケースがあるかと思いますが，その場合には一般送配電事業者にご相談いただければと思います。

## Q 1-36 引込口から引込口装置までのこう長を8m以下としている理由は？

内線規程1370-5条「低圧引込線の引込線取付点から引込口装置までの施設」では，引込線取付点から引込口装置まで原則接続点を設けないこととしていますが，その理由を教えて下さい。

## A 1-36

低圧屋内配線の保護，又は保守・点検の利便性を図るため一般的に引込口から近い箇所に引込口装置を設けることとしています。しかし「引込口に近い箇所」という表現は曖昧で，また解釈のバラツキによっては安全性が損なわれる可能性があることから，内線規程では具体的に8m以下として規定しています。

低圧屋内配線の保護，又は保守・点検の利便性を図るため一般的に引込口の近い箇所には引込口装置を設けることとしています。

引込口装置の施設について,「引込口に近い箇所」という表現だけでは曖昧で，また解釈のバラツキによっては安全性が損なわれる可能性があることから，内線規程では電線こう長を具体的に8m以下として規定しています。

ここで，引込口とは「電力量計の負荷側かつ屋外又は屋側からの電路が家屋の外壁を貫通する部分（引込線取付点から引込口装置に至る間に電力量計を介さない場合は，屋外又は屋側から電路が家屋の外壁を貫通する部分）」と内線規程で定義しています。住宅における引込口及び引込口装置の施設例を**図1**に掲載します。

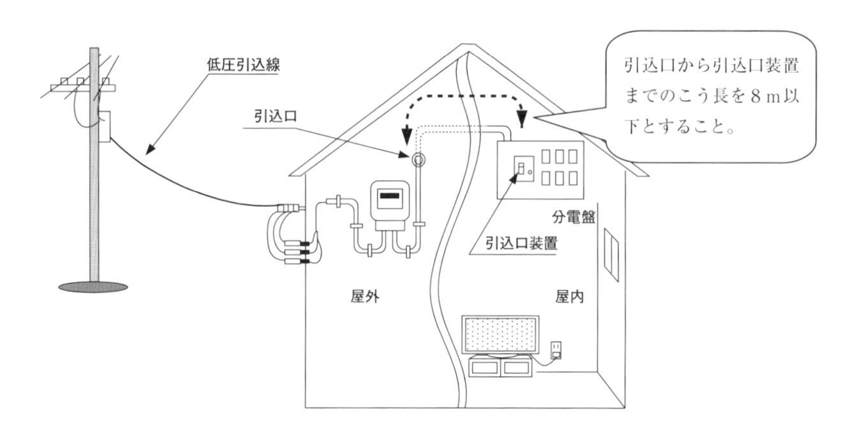


**図1　戸建て住宅における低圧引込線などの施設例**

こう長8ｍ以下という数値は，安全性に加え，施工面においても不具合のない値として決められており，さらに，内線規程の初版（1968年）から採用している実績のある値となっています。

8ｍ以下について内線規程では原則（勧告的事項）として規定しており，住宅などの構造上8ｍを多少超過しても電源側の電線に安全上問題がなければやむを得ないと考えますが，都合の良い解釈で引込口からのこう長が限りなく延長されることは問題ですので，その点は留意しておく必要があります。

また，**図2**のように引込口装置の電源側は，引込口装置の保護範囲外となることから，保護範囲に入らない配線をあまり長く引きまわしては，事故のリスクも高まる可能性があります。

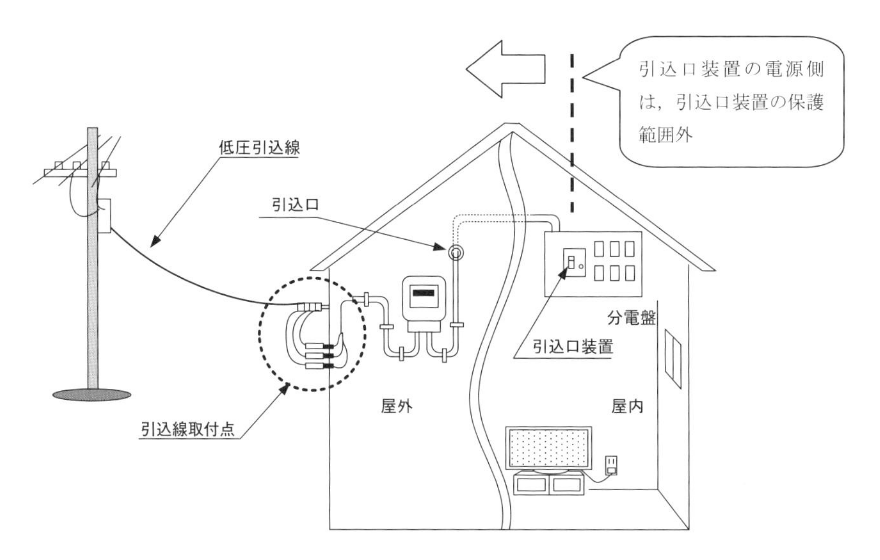


図2　引込口装置に関する保護範囲について

そのようなことも踏まえ，引込口からこう長8mを超過する可能性のある場合は，分電盤の設置位置を考慮するなどして，8m以下に引込口装置を施設できるよう対策を講じることも重要です。

## Q 1-37 専用の引込開閉器を省略できる理由について教えて

**内線規程1370-8条「引込口装置付近の配線」2.では，集合して取り付けられた開閉器の数が6個以下の場合は，専用の引込開閉器を省略できると規定されていますが，その理由について教えて下さい。**

## A 1-37

**集合して取り付けられた開閉器の数が6個以下であれば，緊急時に素早く一括して開閉器を切ることができるとの考えから，専用の引込開閉器を省略できることとしています。**

住宅などの分電盤には，**図1**のように専用の引込口装置が施設されることが一般的ですが，内線規程では集合して取り付けられた開閉器の数が6個以下の場合，専用の引込口装置を省略できることについて規定しています。

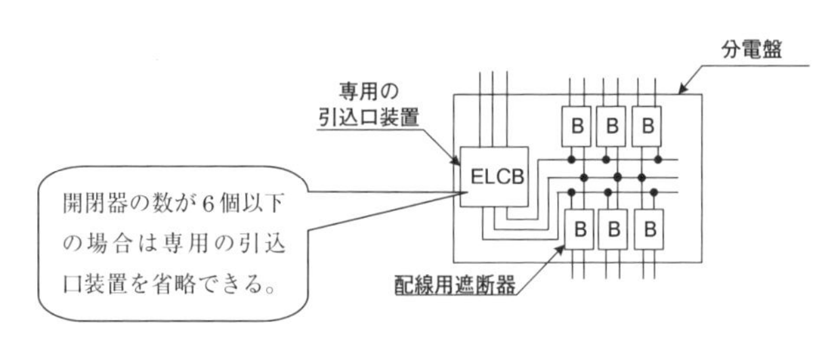


**図1　分電盤における専用の引込口装置及び配線用遮断器の施設例**

これは，集合して取り付けられている開閉器の数が6個以下であれば，緊急時に素早く一括して開閉器を切ることができるとの考えから，専用の引込口装置を省略できることを規定しています。この時，分電盤に施設されるそれぞれの開閉器が引込口装置の役割を兼ねることになります。

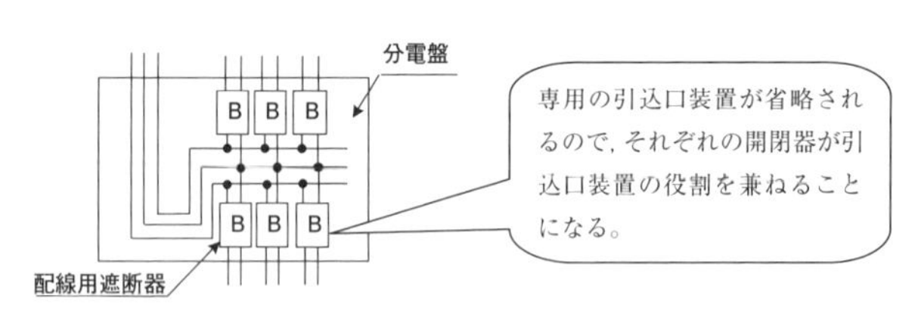


**図2　専用の引込口装置を省略した場合の施設例**

ただし，専用の引込口装置を省略することは，幹線部分の電線の保護がなされないことになりますので，省略にあっては幹線部分の電線の許容電流などを考慮する必要があります。

この規定は，内線規程の初版（1968年）から存在していますが，昔の低圧開閉器は，**図3**のような磁器製の開閉器であり，この開閉を一括して行うことができるのは現実的に6個が最大と考えられていました。

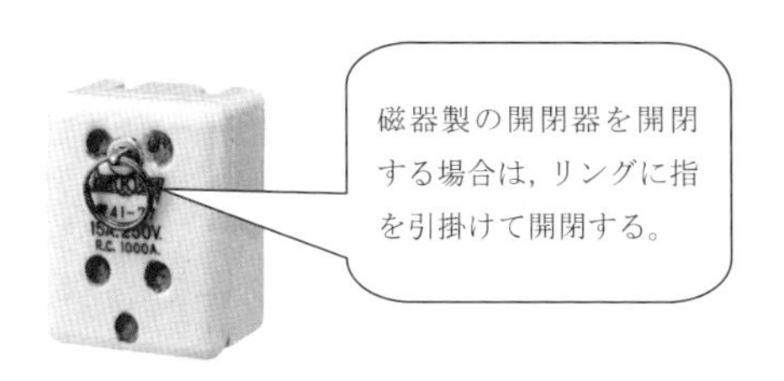


**図3　磁器製の低圧開閉器の例**

**図4　磁器製の開閉器を取り付けた分電盤の例**

現在の配線用遮断器はスリム化が進んでおり，当時の「一括して開閉を行うことができる」という観点であれば，6個を超えても専用の引込口装置を省略してもよいのではという意見もありますが，前述のように，幹線部分の電線の保護がされない形となりますので，開閉器が6個を超えた場合は専用の引込口装置を省略することは望ましい形ではありません。

現在は，一般的に専用の引込口装置には過電流保護機能付き漏電遮断器が使用され，地絡保護に加え過電流に対する保護も行うことができるので，基本的には専用の引込口装置を設ける形が望ましいと考えます。

## Q 1-38　漏電遮断器はいつから内線規程に取り入れられたか？

**内線規程1375節に「漏電遮断器など」が規定されていますが，漏電遮断器による感電，火災の防止はいつから規定されていますか？**

## A 1-38

**昭和47年（1972年）3月に内線規程に取り入れられました。**

内線規程に取り入れられるまでは，漏電遮断器などの取付けに関しては，電技解釈第36条により規定されております。

電技省令に取り入れるまでに「低圧電路の地絡保護のあり方」，「漏電遮断器の設置の技術基準の整備」について昭和44年から検討が行われ，昭和46年に「低圧電路地絡保護指針（JEAG 8101）」が制定され，昭和47年1月に漏電遮断器が電技省令に取り入れられました。このときの電技省令の改正点の解説では，“低圧用漏電遮断器のJEM規格（(一社）日本電機工業会）の制定，使用実績等により，信頼性の向上が見られるので，特別高圧及び高圧の電路と同様，原則的に地絡保護をすることとした。”と記載されています。この電技省令の規定を受け，内線規程には昭和47年3月に取り入れられました。

漏電遮断器が規定される以前は，低圧電路の地絡保護は，接地工事のみに依存する度合いが高かったのですが，感電死傷事故及び漏電火災事故を防止するには接地工事だけでは不十分（電気は流れ続けているため）で，漏電遮断器により確実に電気を止め，事故を防止すべきとの考えが広く認められました。

例えば，モルタル塗り防火構造のワイヤラス，メタルラスに5A程度の地絡電流が流れることで火災を起こしていることや，人体に20mAの電流が流れた場合，筋肉の収縮が激しく自ら離れることができなくなり，100mAが数秒流れると心室細動を引き起こすとされています。

このような危険な状態を改善するために，漏電遮断器がヨーロッパで生まれ，世界各国の豊富な経験をもとに，定格電流も決められていき，現在の規定になっています。

表1　漏電遮断器の変遷

| 和暦（西暦） | 漏電遮断器を取巻く環境及び規定の変遷内容 |
|---|---|
| 昭和 3 年(1928年) | ・電圧動作形漏電遮断器がヨーロッパで使用開始 |
| 昭和35年(1960年) | ・電流動作形漏電遮断器がヨーロッパで使用開始 |
| 昭和40年(1965年) | ○電気設備の技術基準（電技省令）制定<br>・プール用水中照明灯等の電路に漏電遮断器設置を義務づける |
| 昭和42年(1967年) | ○漏電遮断器要綱（案）（日本電設工業協会）<br>・感電防止のため漏電遮断器が必要なことの理解を目標に記述 |
| 昭和43年(1968年) | ○電技省令改正<br>・火薬庫の電路及びフロアヒーティングなどの電熱装置の電路に漏電遮断器の設置を義務づける |
| 昭和44年(1969年) | ○労働安全衛生規則改正<br>・移動用及び可搬形の電動機械器具に漏電遮断器の設置を義務づける<br>○感電防止用漏電遮断器構造基準，安全指針制定（労働省産業安全研究所）<br>・漏電遮断器の単体基準，省令の運用基準が示される |
| 昭和46年(1971年) | ○低圧電路地絡保護指針制定（JEAG 8101）（日本電気協会）<br>・通産省令の理論付けと考え方を系統的に集約<br>○漏電遮断器の規格制定（JEM 1244）（日本電機工業会）<br>・漏電遮断器単体に関する規格でJIS規格の基準となったもの |
| 昭和47年(1972年) | ○電技省令改正（漏電遮断器の設置適用範囲を次のとおり拡大）<br>・設置義務<br>60V以上の人が容易にふれる機械器具の電路<br>300Vを超える電路<br>・設置による緩和<br>第3種接地工事の抵抗値は500Ω以下に緩和<br>15mA，0.1秒の漏電遮断器の設置で第3種接地工事は不要<br>住宅屋内の2kW以上の電気機械器具の電圧は300V以下まで緩和<br>○内線規程改定<br>・漏電遮断器の施設等を規定 |
| 昭和49年(1974年) | ○漏電遮断器の規格制定（JIS C 8371）<br>・漏電遮断器単体に関する日本工業規格 |
| 昭和51年(1976年) | ○電技省令改正<br>・電気用品取締法に基づく漏電遮断器内蔵機器の電路は設置緩和 |
| 昭和55年(1980年) | ○JIS C 8371「漏電遮断器」の改正 |
| 昭和61年(1986年) | ○内線規程改定<br>・住宅などの台所などに施設するコンセント設備には設置することが望ましい。**(推奨的事項として規定)** |

| | |
|---|---|
| 平成２年(1990年) | ○内線規程改定<br>・住宅の電路には原則として設置する。**(勧告的事項として規定)**<br>・単３中性線欠相保護機能付漏電遮断器の推奨 |
| 平成７年(1995年) | ○内線規程改定<br>・漏電遮断器が引込開閉器を兼ねる場合は過電流保護機能付きを推奨 |
| 平成９年(1997年) | ○電技省令改正<br>・機能性化等に伴い全面改正［全285条から全78条へ］ |
| 平成12年(2000年) | ○内線規程改定<br>・電技省令改正に伴い全体構成の見直し |
| 平成17年(2005年) | ○内線規程改定<br>・住宅の電路への施設を義務化（一部非接地回路や漏電遮断器内蔵機器の場合の例外を規定）**(義務的事項として規定)** |

## Q 1-39 漏れ電流の測定方式について教えて

内線規程1345-2条「低圧電路の絶縁抵抗」の［注7］に「漏えい電流には，対地絶縁抵抗による電流の他に対地静電容量による電流が含まれており，漏えい電流から対地静電容量による電流を除去した値が1mA以下である場合には，本項ただし書きに適合する。」という文書が追記されましたが，具体的にどのようなことなのか教えて下さい。

## A 1-39

以下のとおりです。

近年，対地静電容量の多い機器（エアコン等のインバーター機器，パソコン等）が増え，対地静電容量による電流が多くなってきています。そのため，漏電していないにも関わらず，漏えい電流が1mAを超過することが増えたため，電技解釈14条の解説が改定されました。それに伴い，2022年版内線規程においても1345-2条「低圧電路の絶縁抵抗」［注7］に上記の文書が追加されました。

ここで，漏えい電流について，**図1**の回路で考えてみたいと思います。漏えい電流（$I_0$）は，非接地相の対地絶縁抵抗による電流（$Ir_1$）と対地静電容量による電流（$Ic_1$）のベクトル和の電流（**図2**）となります。なお，接地相の対地絶縁抵抗による電流（$Ir_2$）と対地静電容量による電流（$Ic_2$）は電圧が印加されていないので電流は流れないことになります。

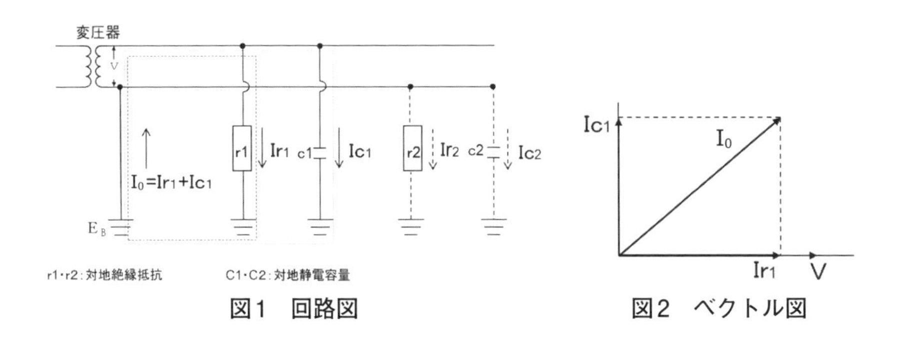


図1　回路図

図2　ベクトル図

［注7］に規定されている「漏えい電流から対地静電容量を除去した値が1mA以下である場合」というのは，**図1・図2**の対地絶縁抵抗による電流（$Ir_1$）が1mA以下であればよいということになります。

ちなみに，対地絶縁抵抗による電流（$Ir_1$）のみを測定する方式には，$I_0r$方式というものがあります。この方式は，電圧等を基準にして演算で対地絶縁抵抗による電流のみを測定するものとなります。

# Q 1-40 中性線欠相保護について教えて

内線規程1375-1条「漏電遮断器などの取付け」では中性線欠相保護機能付きの漏電遮断器や配線用遮断器を施設することとしていますが，中性線欠相保護機能とはどのようなものなのですか？

**中性線欠相保護機能付きの漏電遮断器又は配線用遮断器を施設することで，中性線欠相時に電気機器に発生する過電圧から保護することができます。**

単相3線式電路は100V及び200Vの電圧を使用できる利便性がありますが，もし，中性線端子部のねじの緩み等で中性線が欠相となった場合，**図1**のように100Vの電気機器に過電圧が加わるおそれがあります。

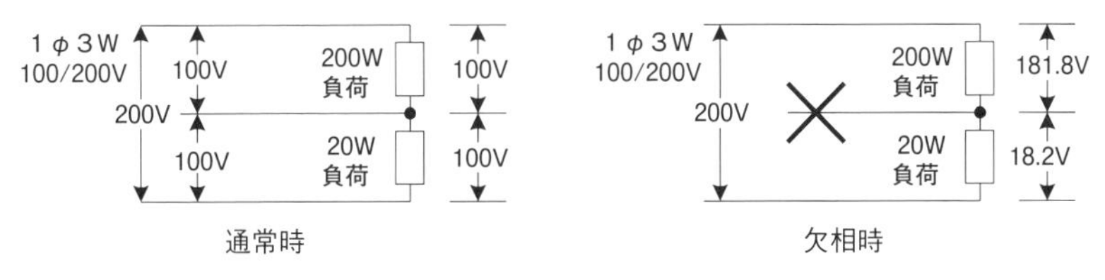


**図1　中性線が欠相した場合に生じる過電圧について**

内線規程ではこのような過電圧が100Vの電気機器に過電圧が生ずるのを防止するため，中性線欠相保護機能付きの漏電遮断器又は配線用遮断器を施設することとしています。

この中性線欠相保護機能付きのものを使用することで，欠相時に電気機器に生ずる過電圧を検知線により検出して回路を遮断する仕組みとなっています。

一般的に住宅の場合は，引込口装置として過電流保護機能付き漏電遮断器が施設されるケースが多いので，内線規程では漏電遮断器への欠相保護機能についても義務的事項として規定しています。

ここで分電盤での中性線欠相保護機能付きの漏電遮断器の施設例を**図2**に掲載します。

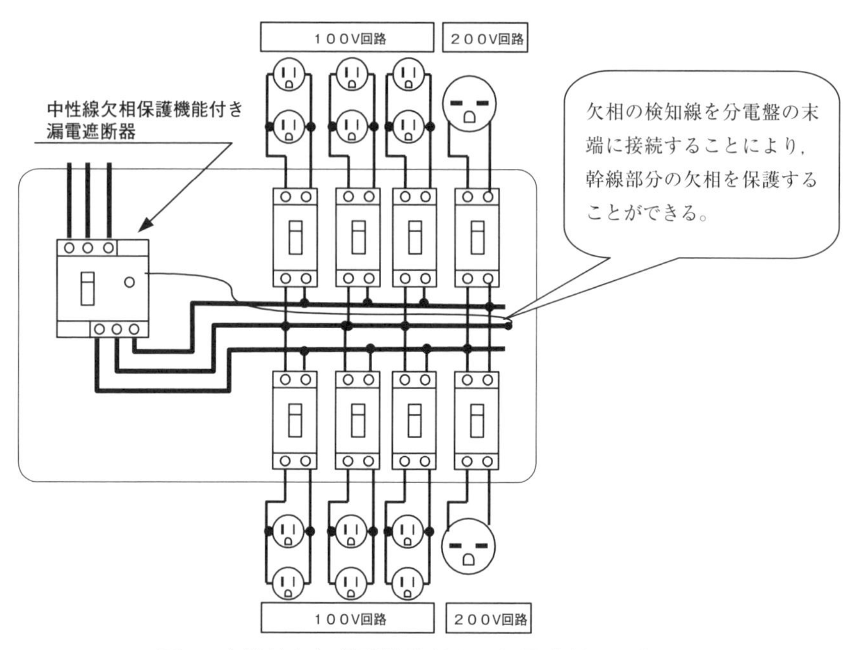


図2　中性線欠相保護機能付きの漏電遮断器の施設例

**図2**に示すように中性線欠相保護付き漏電遮断器には検知線が設けられており，これを分電盤の幹線部分の末端に接続することにより，欠相による過電圧を検出することができます。

なお，内線規程では，100Vの電気機器へ異常電圧が加わらないように中性線欠相保護機能付きの遮断器（漏電遮断器又は配線用遮断器）を負荷の近傍に施設している場合にあっては，その上位の幹線側に施設された遮断器には中性線保護機能を有するものを施設することは要しないこととしています。

# 第２章
# 構内電線路の施設に関する
# Q＆A

## Q 2-1 メッセンジャーワイヤの引張強さについて教えて

**構内の架空電線路をちょう架用線を使用してケーブルで施設する場合，メッセンジャーワイヤは，2200-23条１項③より，「引張強さが5.93kN以上のもの又は断面積22mm²以上の亜鉛めっき鉄より線」と規定していますが，規定する引張強さを満足すれば亜鉛めっき鉄より線以外のものを使用してもよいのでしょうか？**

## A 2-1

**規定する引張強さを満足すれば亜鉛めっき鉄より線以外のものも使用できます。**

電線の引張強さが併記されるようになったのは，1997年（平成9年）に電技解釈が制定された際に，「電線の材質・構造等の基準は，技術革新による新たな材料等の使用を阻害することが考えられるため」との観点から性能基準が併記された形になっています。

これを受け，内線規程においても2000年版から，引張強さが併記されるような規定になっております。

例えば，直径が2.6mmの第1種普通亜鉛めっき鋼線［単位断面積当たりの引張強さ1,230N/mm²（配電規程JEAC 7001（2022）115-12-1表より）］であれば，引張強さは$1,230 \times 1.3 \times 1.3 \times \pi = 6,530$N（6.53kN）となり，5.93kN以上なので使用できるという考え方になります。

よって，架空ケーブルの施設において使用するメッセンジャーワイヤにおいても引張強さが5.93kN以上のものであれば，亜鉛めっき鉄より線以外のものを使用することができます。

## Q 2-2 引込小柱について教えて

内線規程2205節「引込小柱などの施設」では引込小柱による施設方法が規定されていますが，この引込小柱はどのようなものなのか教えて下さい。

## A 2-2

引込小柱は，構外からの低圧引込線を取り付ける需要場所構内に設けられた専用の支持物です。

### 1．引込小柱の構造について

引込小柱は構外からの低圧引込線を取り付ける需要場所構内に設けられた専用の支持物であり，建物構造から直接引込線を建物に取り付けることが困難である場合や，景観を配慮した配線を行う場合に利用されます。

ここでは引込小柱の構造や施設方法について解説していきます。

まずは，引込小柱の施設例を**図1**に記載します。

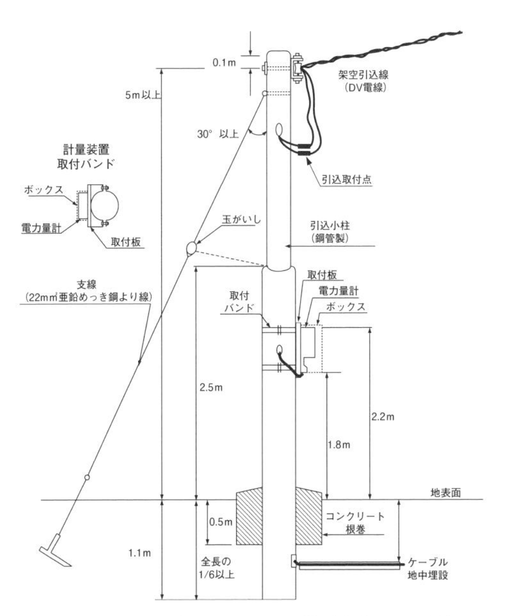


**図1　引込小柱の施設例（鋼管柱の場合）**

引込小柱にて低圧引込線と需要家側の配線が接続され，需要家側の配線は引込小柱を経由し，地中配線を経て建物側の分電盤に接続される形となります。

需要場所で施設できる引込小柱の種類及び構造について，内線規程では**表1**のとおり規定しています。

**表1　引込小柱などの種類及び構造**

| 種別 | 長さ（m） | 末口（cm） | 設計荷重（Pa） |
|---|---|---|---|
| 木柱小柱（注入柱に限る） | 6.2 以上 | 9 以上 | — |
| コンクリート柱 | 6.2 以上 | 10 以上 | 780 以上（80kg 以上） |
| 鋼管柱 | 6.2 以上 | 7.6 以上 | 780 以上（80kg 以上） |

（備考）設計荷重：構成材の垂直投影面積 $1m^2$ についての風圧（Pa）

鋼管柱については**表1**の他に容易に錆や腐食を生じないようめっき処理を施したものや防錆塗料を塗布したものを使用するよう規定しています。

## 2．引込小柱の施設

### ①　引込線の高さや他物との離隔

引込小柱は低圧引込線を取り付ける支持物であることから，低圧引込線の高さ制限や他物の離隔距離を満足するよう小柱を施設する必要があります。

低圧引込線の高さについてはQ1-33で記載しましたので，ここでは他物との離隔距離の制限について**表2**にまとめました。

**表2　引込線と他の工作物との離隔距離の制限（電技解釈116条-2表）**

| 区分 | 低圧引込線の電線の種類 | 離隔距離 |
|---|---|---|
| 造営物の上部造営材の上方 | 高圧絶縁電線，特別高圧絶縁電線又はケーブル | 0.5m |
| | 屋外用ビニル絶縁電線以外の低圧絶縁電線 | 1m |
| | その他 | 2m |
| その他 | 高圧絶縁電線，特別高圧絶縁電線又はケーブル | 0.15m |
| | その他 | 0.3m |

（備考1）「他の工作物」とは，低圧架空引込線を直接引き込んだ造営物以外の工作物で，道路，横断歩道橋，鉄道，軌道，索道，電車線及び架空電線を除く。
（備考2）低圧引込取付点付近の他物の離隔についてはJESC E2005（2002）を参照のこと。

② **引込小柱の建柱**

引込小柱は根入れを当該引込線の原則全長1/6以上とし，かつ堅固に施設することとしています。

③ **引込小柱に施設する支線**

引込小柱には以下の条件で原則支線を施設することとしています。

・22mm$^2$以上の亜鉛めっき鋼より線又は直径4mm以上の亜鉛めっき鉄線3条以上の太さのものを使用する。

・当該小柱との角度が30度以上となるように施設する。

ただし，地盤が軟弱な場所を除いて，地際をコンクリート巻きで十分に補強し堅固に施設した場合は，**表3**の低圧引込線の太さ及び径間により支線を省略できることとなっています。

**表3　支線の省略**

| 架空引込線の太さ | 径間（m） |
|---|---|
| 2.6mm－2心 | 25以下 |
| 2.6mm－3心 | 20以下 |
| 3.2mm－2心 | 20以下 |
| 3.2mm－3心 | 15以下 |
| 14mm$^2$－3心 | 10以下 |
| 22mm$^2$－3心 | 9以下 |
| 38mm$^2$－3心 | 6以下 |

（備考1）この表は，設計荷重780Pa（80kg）の引込小柱に引込線1条を施設した場合の径間を示す。
（備考2）この表は，丙種風圧荷重地区において低温季，弛度は径間の2%として計算している。
（備考3）この表は鋼管柱及びコンクリート柱に適用する。

**表3**の径間は次の(1)の計算式により算出しており，式で使用される文字記号や**表3**を算出に当たっての根拠を**表4**にまとめました。

$$S_n = \frac{\sqrt{(L \cdot H_0)^2 - M_W^2}}{\Sigma \dfrac{W_n \cdot H_n}{8k_n}} \quad \cdots\cdots\cdots\cdots\cdots(1)$$

表４　⑴式の文字記号及び表３算出に当たっての根拠

| ⑴式の文字記号 | | 表３の算出に当たっての根拠 |
|---|---|---|
| $S_n$ | 支線を省略できる径間（m） | — |
| $L$ | 引込小柱の設計荷重（kg） | 80kg（2205-2表　支線省略の備考１より） |
| $H_0$ | 引込小柱の設計荷重点の地上高（m） | 5m（資料2-2-3の引込小柱などの標準施工例図例より） |
| $M_W$ | 風圧荷重による引込小柱の柱体モーメント | 資料2-2-2の柱体モーメントの丙種風圧より |
| $k_n$ | 取付点$n$の引込線等の弛度率（$D_n/S_n$） | — |
| $D_n$ | 取付点$n$の引込線等の弛度（m） | $D_n=S_n\times DV$電線標準弛度（3%） |
| $W_n$ | 取付点$n$の引込線等の1m当たりの合成荷重（kg/m） | 資料2-2-2の合成荷重の丙種より |
| $H_n$ | 取付点$n$の引込線等の地上高（m） | 5m（資料2-2-3の引込小柱などの標準施工例図例より） |

（備考）表中にある2205-2表，資料2-2-2，資料2-2-3は，内線規程を参照のこと。

**表4**では**表3**を算出する場合の考え方について記載していますが，**表1**の引込小柱の安全率，引込線の弛度，風圧荷重等は電技解釈による他，一般送配電事業者と協議する必要があります。

### ④　鋼管柱のコンクリート根巻き

**図1**の鋼管柱による引込小柱の施設例においてコンクリート根巻きについては，**図2**のように地際部分を少し盛り上げることとしています。

これは，地際部分に水が溜まることによる鋼管柱の腐食を防止するためにこのような対策をとることとしています。

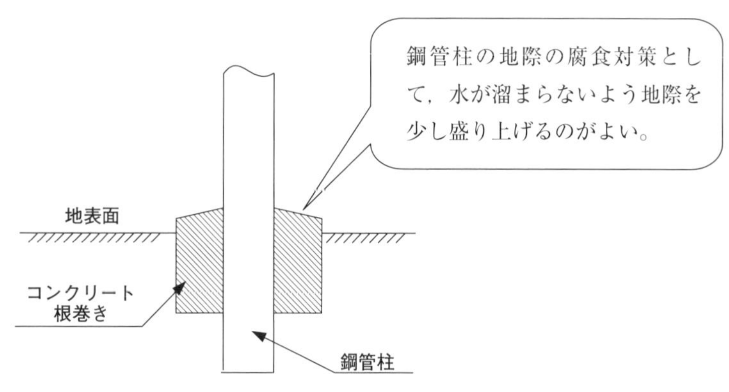


図２　地際部分のコンクリート根巻きの施設例

## Q 2-3　引込小柱の配線方法について教えて

内線規程2205-3条「配線方法」で規定する引込小柱への配線方法について教えて下さい。

## A 2-3

引込小柱に関する主な配線方法について図などを用いて解説いたします。

引込小柱に沿って配線した場合の施設例を**図1**に記載します。

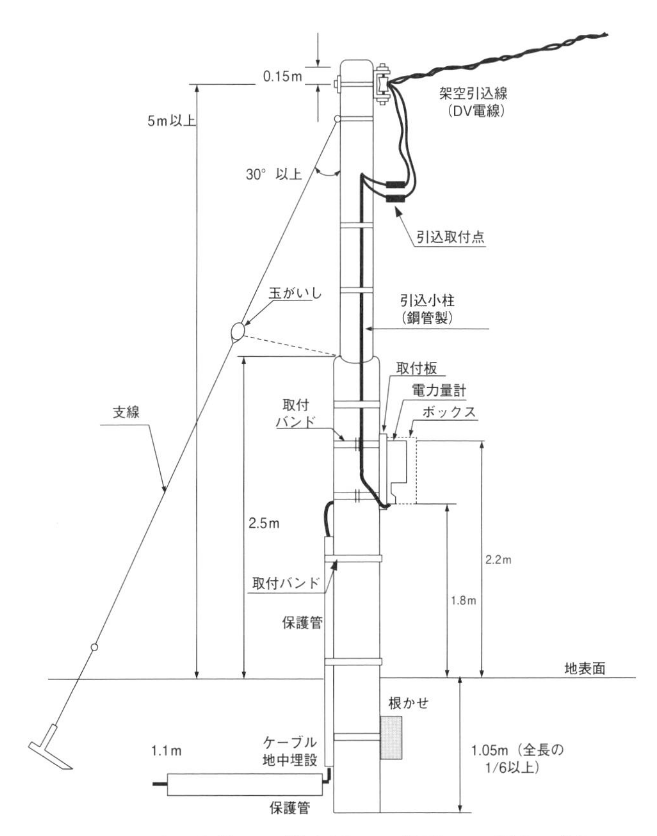


**図1　引込小柱に配線を沿って施設した場合の例**

### １．引込小柱への配線について

内線規程では，引込小柱の配線はケーブルによることとしており，引込小柱の表面に沿って施設する場合と，鋼管柱内に施設する配線方法について規定しています。

引込小柱の表面に沿って配線する場合その支持点間隔は1m以下とし，当該支持点はサドル又はステンレスバンドなどで堅固に支持することとなっています。

ここでよくある質問として，引込小柱に沿ってケーブルを支持する場合に合成樹脂製の結束バンドを使用してもよいかとの問合わせがあります。

内線規程2205-3条１項②の注書きには，「合成樹脂製のものなどであって紫外線により劣化するおそれのあるものやテープのようにケーブルの固定にふさわしくないものは使用しないこと。」と記載されています。

引込箇所の重要な箇所に使用する支持材については，内線規程で規定されているようにサドル又はステンレスバンド等の信頼性のあるものを使用して施設をお願いします。

### ２．鋼管柱に施す接地工事について

内線規程では，引込小柱が鋼管柱の場合に施す接地工事はＤ種接地工事であることを推奨的事項として規定しています。

鋼管柱の接地工事は**図2**のように柱を直接接続して施設することが望ましいですが，仮に鋼管柱と大地間の接地抵抗値が100Ω以下を確保できるのであれば接地を省略することができます。

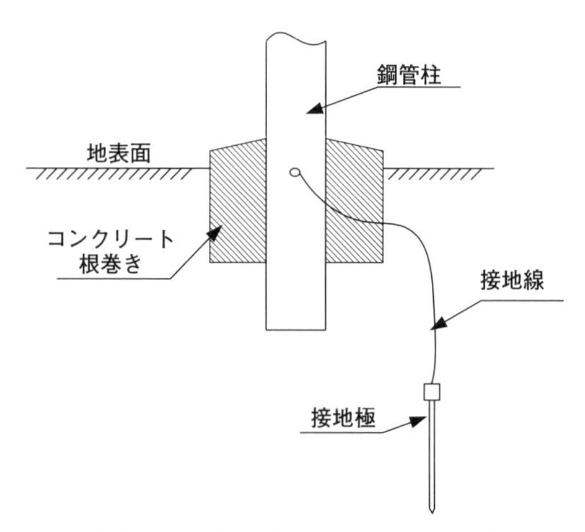


**図2　鋼管柱における接地工事の例**

### ３．引込小柱から建物までの地中配線について

引込小柱を経由して建物の分電盤に接続する場合，地中配線により施設する場合は**図3**のとおりとなります。

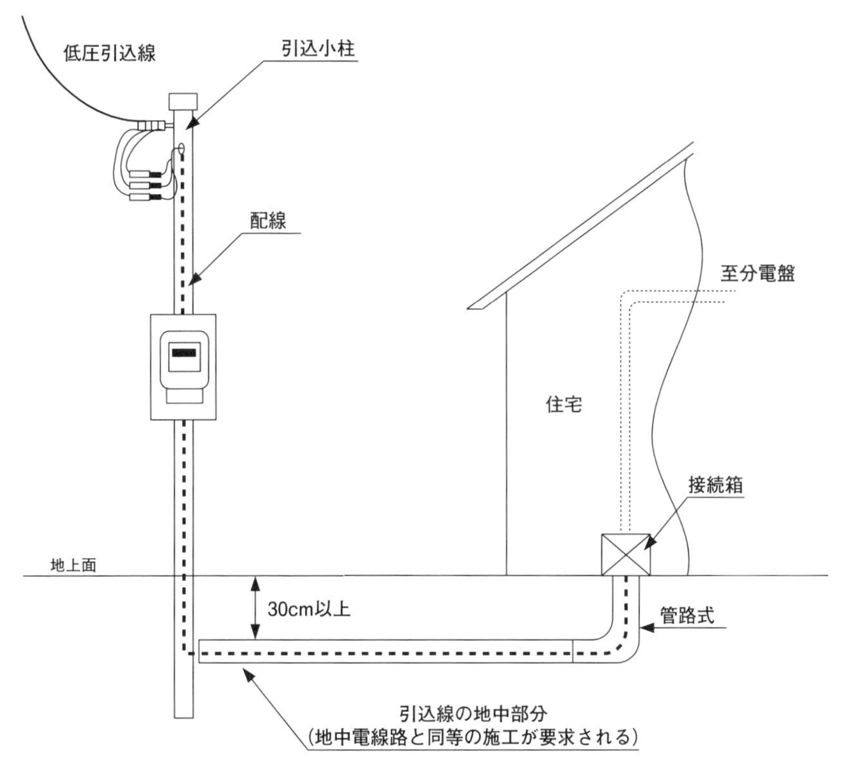


**図3　小柱を経由し建物までの地中配線の例**

引込線の地中部分は内線規程では地中電線路に準じて施設することになりますので，内線規程2400節（地中電線路）によることとなります。

**図3**は管路方式による施設例ですので，内線規程2400-1表による管を使用し埋設深さ30cm以上を確保して施設する形となります。

## Q 2-4 低圧屋上電線路のケーブルラックによる施設方法について教えて

内線規程2305-1条「低圧屋上電線路の施設」の低圧屋上電線路について，ケーブルラックによる施設方法を規定していますが，具体的にどのような場所を想定した規定になるのですか？
また，その場合のケーブルラックによる施設例についても具体的に教えて下さい。

## A 2-4

低圧屋上電線路は，ビル等の建物の屋上に施設する低圧の電線路です。その施設方法としてケーブルラックによる方法を規定しています。

電線路とは，「発電所，変電所，開閉所及びこれらに類する場所並びに電気使用場所相互間の電線（電車線，小出力回路及び出退表示灯回路の電線を除く。）並びにこれを支持し，又は保蔵する工作物」と内線規程で定義されています。

電線路は，**図1**のように電気的な単位をなす場所相互を電線等により連絡するもので，重要な線路として位置付けられています。ちなみに，**図1**の電気使用場所内で接続する線路や負荷設備に至る線路は，内線規程では「配線」として位置付けられます。

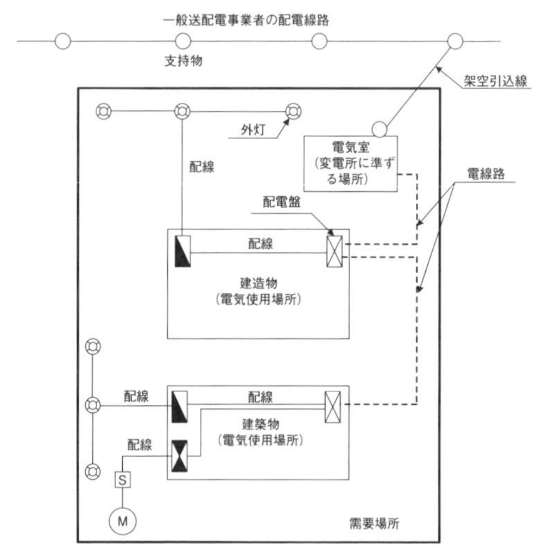


図1　需要場所における電線路，配線の施設例

内線規程で規定する電線路の種類は，「架空電線路」，「地中電線路」，「トンネル内電線路」，「橋に施設する電線路」など様々ですが，このうちの一つである低圧屋上電線路は，ビル等の建物の屋上に施設される低圧の電線路になります。

内線規程では低圧屋上電線路の施設方法の一つとして，ケーブルラック（以下，「ラック」と表現します。）を使用した施設方法を規定しています。

施設例を**図2**に掲載します。

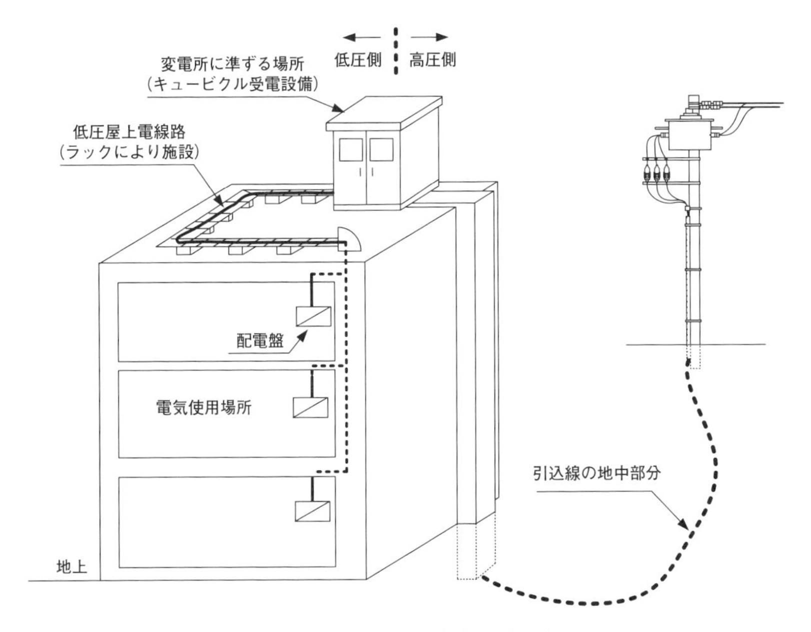


**図2　低圧屋上電線路の施設例**

**図2**は，高圧側の引込線からビルの屋上に施設されているキュービクル式受電設備で変圧し，低圧側の屋上電線路をラックで施設し，ビル内の各フロアの配電盤に接続する施設例となっています。

**図2**のキュービクル式受電設備は，内線規程で定義する「変電所に準ずる場所」であり，各フロアの配電盤が施設される場所は「電気使用場所」となるので，「電気的な単位をなす場所相互を電線等により連絡するもの」ということで，その間を接続する電路が電線路という扱いとなります。

ラックによる低圧屋上電線路は**図2**の屋上部分となります。

ここでラックとは，**図3**に示すようなケーブルを施設する際に使用するケーブルの支持台をいいます。

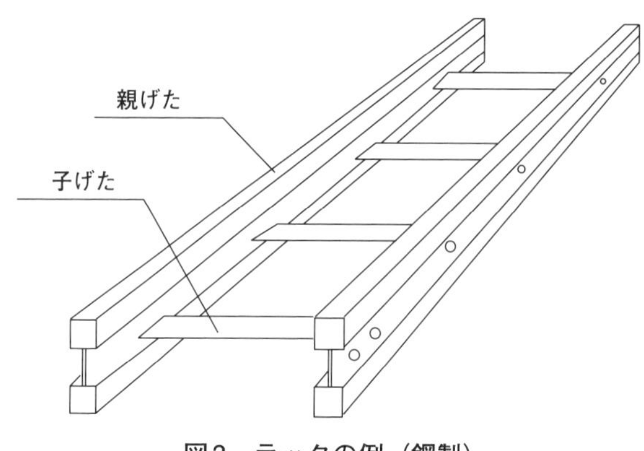


**図3　ラックの例（鋼製）**

ラックによる低圧屋上電線路の施設条件は以下のとおりとなっています。

- ・ラックはケーブルの重量に十分耐えるものであって堅固に施設すること。
- ・ラックに施設するケーブルは移動しないように施設すること。
- ・ケーブルには簡易接触防護措置を施すこと。
- ・ラックに施設するケーブルに重量物の圧力又は著しい機械的衝撃を受けるおそれのある場合は鋼板製のカバーを設けるなど適当な防護措置を設けること。（2305-1条2.②c.［注］より）
- ・ラックの金属製部分には接地を施すこと。
- ・他の工作物と適当な離隔距離を設けること。

ここからは，ラックの施設条件の中からラックに性能及び「簡易接触防護措置」等について触れたいと思います。

### 1．ラックの性能について

内線規程ではラックの性能について，「ケーブルの重量に十分耐えるもの」と規定していますが，具体的な性能としては「電気設備工事監理指針（公共建築協会）」，「公共建築設備工事標準図（公共建築協会）」に掲載されている内容が一つの目安となります。詳細は，電気設備工事監理指針等をご確認下さい。

### 2．簡易接触防護措置について

ラックによる施設条件としてケーブルには「簡易接触防護措置」を施すこととなっています。

簡易接触防護措置とは，従来の「人が容易に触れるおそれがないこと」に対して2011年版内線規程で改定された新たな表現で，次のいずれかにより施設することを条件としています。

| ・設備を屋内にあっては床上1.8m以上，屋外にあっては地表上2m以上の高さに，かつ，人が通る場所から容易に触れることのない範囲に施設すること。<br>・設備に人が接近又は接触しないよう，さく，へい等を設け，又は設備を金属管に収める等の防護措置を施すこと。 |
|---|

この「簡易接触防護措置」を満足する低圧屋上電線路の具体的な施設例を以下に記載します。

### ①　取扱者以外の屋上への立ち入りを禁止とする方法

低圧屋上電線路の施設において簡易接触防護措置で規定する「人」とは「取扱者以外の者」を想定しています。

取扱者以外の者が屋上に立ち入らないよう，屋上への出入りを立入禁止とする方法は簡易接触防護措置を満足する一つの例となります。

### ②　電線路の施設箇所を柵や塀で区切り，取扱者以外の者が電線に触れないようにとする方法

前述の屋上への人の立ち入りを禁止することが困難な場合は，ラックに取扱者以外の者が触れないよう電線路を施設する当該箇所を**図4**のように柵やへいで区切る方法も，簡易接触防護措置を満足する一つの例となります。

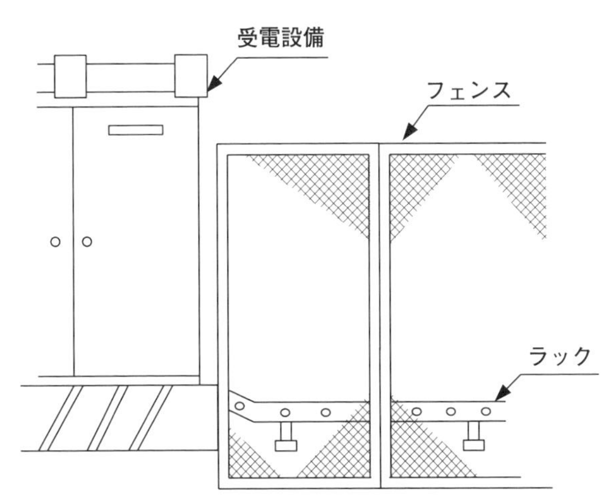


**図4　ラックの施設箇所にフェンスを施設した場合の例**

**③　人がケーブルに直接触れないよう，ケーブルの周囲を鉄板等で覆う方法**

**図5**のようにラックに施設するケーブルに取扱者以外の者が直接触れないよう鉄板等でラックを覆う方法も簡易接触防護措置を満足する有効な手段となります。ただし，カバー自体が金属製のものである場合は，原則接地工事を施す必要があります。

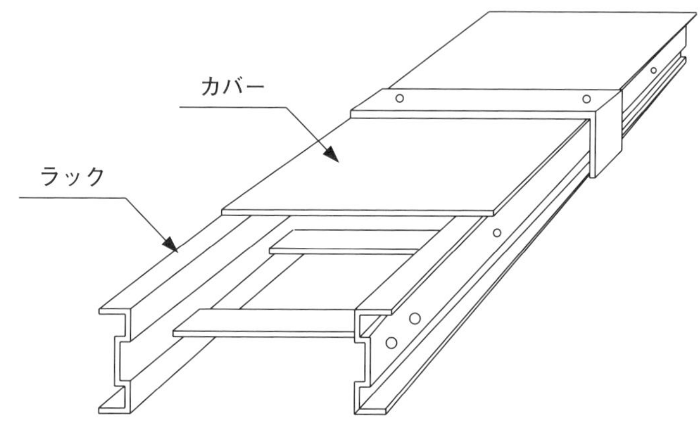


**図5　ラックにカバーを設けた場合の例**

## 3．適当な防護措置について

ラックによる施設条件で，ケーブルに機械的衝撃が加わるおそれのある箇所は鉄板等を使用し適当な防護措置を設け，ケーブルを保護する必要があります。ラックに設ける防護措置は施設環境によりますが，例えば，厚さ1.2mm程度の鉄板等を使用するのも一つの方法と考えます。

なお，前述の「簡易接触防護措置」として人がケーブルに直接接触しないようカバーを設けた場合，そのカバー自身が適当な強度を有し，ケーブルの防護措置としても適当なものであれば，「簡易接触防護措置」に「適当な防護措置」の機能を兼ねることも可能です。

## Q 2-5　地中電線路の施設方法について教えて

**内線規程2400節では「地中電線路」の施設方法について規定されていますが，その内容について具体的に教えて下さい。**

## A 2-5

**内線規程は，需要場所の構内に施設する地中電線路の施設方法について規定しています。**

**施設方法の種類としては，大きく分けて，管路式，暗きょ式，直接埋設式の3つの方法があります。これらの施設方法について具体的に解説します。**

内線規程は，需要場所の構内に施設する地中電線路について規定しています。

需要場所とは，「電気使用場所を含み，電気を使用する構内全体をいう。」と定義しており，例として**図1**のような需要場所（構内）での施設を想定した地中電線路について規定しています。

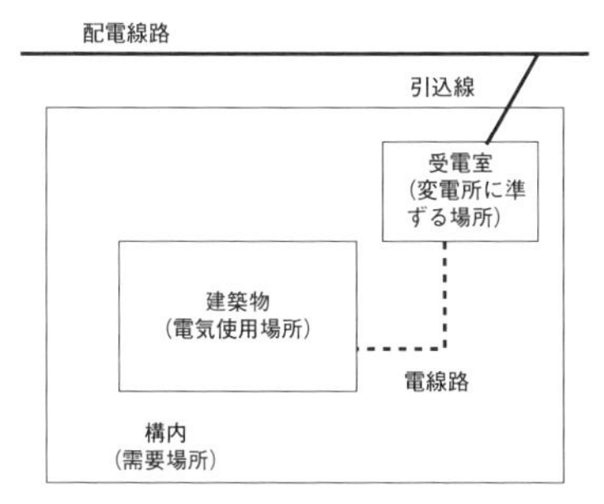


**図1　需要場所，電気使用場所などの施設例**

内線規程で規定する地中電線路の施設方法としては大きく分けて3つの方法があり，管路式，暗きょ式，直接埋設式となっています。最初に管路式について記載します。

管路式は，あらかじめ地中に管路を施設し，土の掘削を伴わずにケーブルの引き入れ及び引き抜きができる方式で，施設例は**図2**のとおりとなります。

内線規程では，「電線を収める管は，これに加わる車両その他の重量物の圧力に耐えるもの」と規定し，その具体的な施設方法として，管径が200mm以下の**表1**に示す管を使用する場合には地表面（舗装のある場合は舗装下面）から30cm以上の深さに埋設することで，**図3**のように施設することも可能となっています。

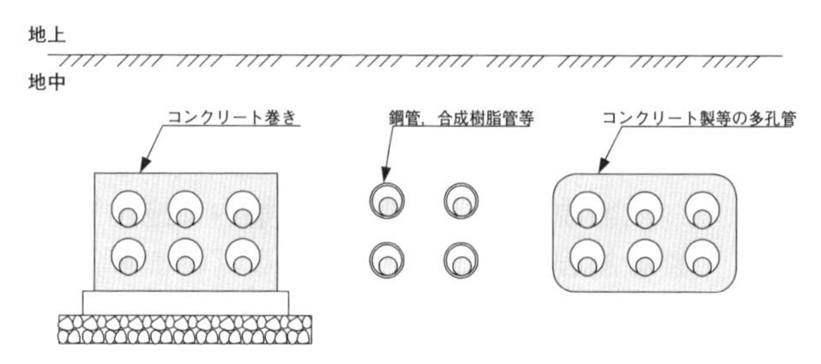


**図2　管路式による施設例**

**表1　需要場所の地中に施設する管**

| 区分 | 種類 |
|---|---|
| 鋼管 | JIS G 3452（2019）（配管用炭素鋼鋼管）に規定する鋼管に防食テープ巻き，ライニングなどの防食処理を施したもの |
| | JIS G 3469（2010）／追補1（2013）／追補2（2016）「ポリエチレン被覆鋼管」に規定するもの |
| | JIS C 8305（2019）（鋼製電線管）に規定する厚鋼電線管に防食テープ巻き，ライニングなどの防食処理を施したもの |
| | JIS C 8380（2009）（ケーブル保護用合成樹脂被覆鋼管）に規定するG形のもの |
| コンクリート管 | JIS A 5372（2016）（プレキャスト鉄筋コンクリート製品）の附属書Cの推奨仕様C-2に規定するもの |
| 合成樹脂管 | JIS C 8430（2019）（硬質ビニル電線管）に規定するもの（VE） |
| | JIS K 6741（2016）（硬質塩化ビニル管）に規定する種類がVPのもの |
| | JIS C 3653（2004）（電力用ケーブルの地中埋設の施工方法）附属書1に規定する波付き硬質合成樹脂管（FEP） |
| 陶管 | JIS C 3653（2004）（電力用ケーブルの地中埋設の施工方法）附属書2に規定する多孔陶管 |

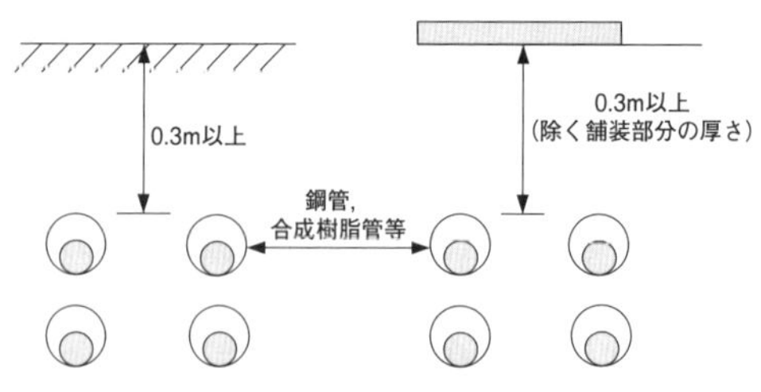


**図3　管路式の埋設深さ**

**図3**はJIS C 3653（2004）に基づいた施設方法となっています。

地中に埋設した管には，埋戻し土による土圧と車両などの活荷重による土圧が分布荷重としてかかるとされていますが，JISでは，この考え方に基づき**表1**に記載した管について検証を行い，埋設深さを30cm以上とすれば20tトラックによる土圧に十分に耐え得るものであることを確認しています。

ちなみに，**図3**にある埋設深さについて舗装がある場合はその舗装下面からの深さとなっています。これは舗装工事の際，舗装施工前に行われる転圧などの圧力にも埋設管は耐える必要があるからです。舗装施工実施後は，車両などの圧力は埋設管に対しより分散されることから，簡易な舗装でもより安全側となります。

なお，この埋設深さは一般性状の土を想定しており，寒冷地の凍土による影響は別途考慮する必要があるとされています。

詳細は，JIS C 3653（2004）をご確認下さい。

直接埋設式は，地中にケーブルを直接埋設する方式，又は，防護材に収めて施設する方式となります。ただし，自家用電気工作物の構内において施設する低圧地中電線路を日本電気技術規格委員会規格JESC E6007（2021）「直接埋設式（砂巻き）による低圧地中電線の施設」の「3. 技術的規定」により施設することができます。ケーブルの引抜きを行う場合は土の掘削が必要となります。**図4**にその施設例を掲載します。

直接埋設式による埋設深さについては原則**表2**のとおりとなっています。

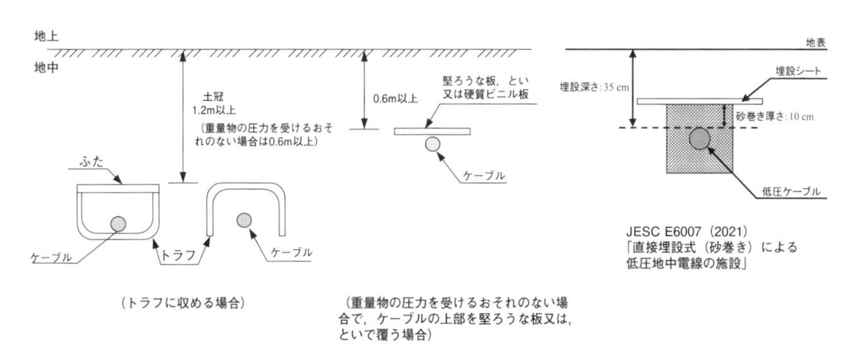


**図4　直接埋設式による施設例**

表2　直接埋設方式の埋設深さ

| 埋設場所 | 埋設深さ(m) |
|---|---|
| 車両その他重量物の圧力を受けるおそれがある場所 | 1.2m以上 |
| その他の場所 | 0.6m以下 |

埋設深さは原則**表2**による必要があります。ただし，使用するケーブルの種類，施設条件を考慮し，これに加わる圧力に耐えるよう施設する場合は，**表2**の深さによらないで施設することができます。

もう一つの地中電線路の施設方法が暗きょ式と呼ばれる方式です。暗きょ式は，地中にケーブル用の洞道をコンクリートなどで建造するもので，洞道の構造により，洞道式，ピット式，共同溝方式などに分類されます。工費は高いですが，施設後のケーブルの増設，交換，事故時の対応にすぐれています。

埋設深さの規定は特にありませんが，暗きょは，これに加わる車両その他の重量物の圧力に耐えるものを使用することが必要です。**図5**に暗きょ式による施設例を掲載します。

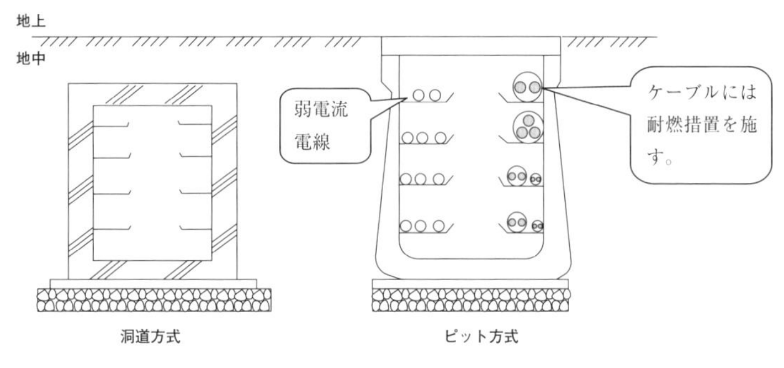


**図5　暗きょ式による施設例**

暗きょ式により施設する場合には，地中電線に耐燃措置を施し，また暗きょ内に自動消火設備を施設する必要があります。

最後に埋設表示方法について記載します。

高圧の地中電線路については，2m間隔で物件の名称，管理者名，電圧，埋設年を表示することとしています。一方で，最近の掘削はほとんどパワーシャベルなど，機械で行われることが多いことから，低圧の地中電線路でも埋設表示を行うことで，事故を未然に防ぐ対策の一つとして考えられています。

## Q 2-6 直接埋設式によるJESC規格について教えて

2022年版の内線規程で追加された直接埋設式（砂巻き）によるJESC規格の内容について教えて下さい。

## A 2-6

無電柱化の整備促進に向け，令和3年10月26日の日本電気技術規格委員会（JESC）の承認を受け，JESC E6007「直接埋設式（砂巻き）による低圧地中電線の施設」が新たに制定されました。当該JESC規格は，2022年版の内線規程にも追加されましたので，その内容について解説します。

### 1．JESC E6007の制定背景

地中電線路は架空電線路と比較し工事費が割高であることから，コスト低減の一方策として直接埋設式の実用性等について，調査研究等が実施されてきました。調査は平成26年度～令和元年度にわたり国の委託事業等によって行われ，使用するケーブルの種類，施設条件により，車両等による重量物の影響が軽減される場合は，低圧ケーブルの浅層化が可能であることが確認されました。これを踏まえ，令和2年度の「地中電線路に係る直接埋設式の埋設深さ及び施設等の妥当性調査委員会」においてJESC E6007の規格案が作成され，（一社）日本電気協会の配電専門部会，JESCでの審議を経て，JESC E6007が制定されました。

令和4年度に電技解釈第120条の一部改正が行われ，JESC E6007が電技解釈に引用されました。

### 2．JESC E6007の規定概要

地中電線路は，電技解釈第120条（地中電線路の施設）にて「管路式」,「暗きょ式」,「直接埋設式」の3つの方式が主に示されています。JESC E6007は，「直接埋設式」において浅層埋設による新たな工法となっています。以下に規格に規定されている技術的規定の概要を示します。

・ケーブル周囲10cm以上を最大粒径5mmの砂で巻いて施設すること。
・施設場所は，車両その他の重量物の圧力が交通量の少ない生活道路相当以下とする。（ただし，一般用電気工作物である需要場所及び私道を除く。）
・使用電線はJISに規定するケーブルに外装厚さは0.5mmを加えた厚さとする。

・地中電線の上部を堅ろうな板又はといで覆うこと。
・概ね2m間隔で適切な表示を行うこと。
・地中電線の埋設深さは0.35m以上とすること。
　この内容をイメージ図にすると**図1**のとおりとなる。

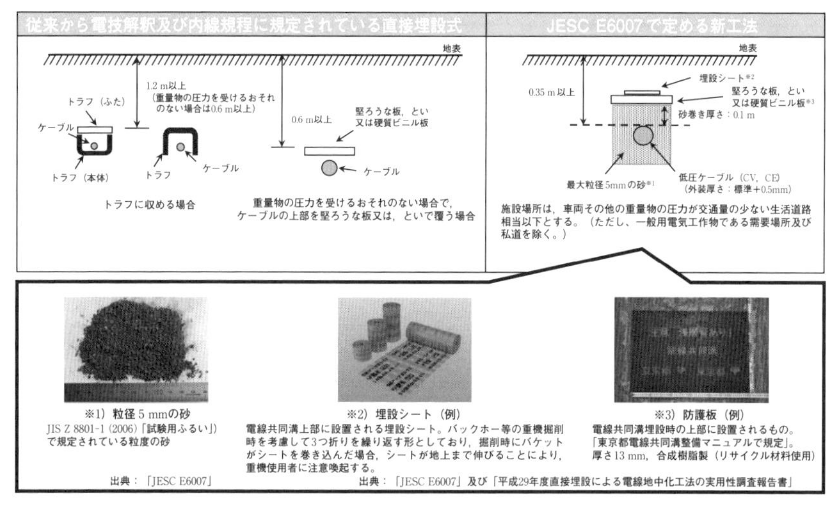


**図1　電技解釈第120条及び内線規程で規定するJESC E6007の工法**

　具体的な施工方法，その制定根拠等は，日本電気技術規格委員会（JESC）のホームページに公開されているJESC E6007の規格に記載しておりますので，参照ください。

# 第３章
# 電気使用場所等の施設に関する
# Q＆A

## Q 3-1 内線規程で規定している配線方法の種類及び特徴について教えて

**内線規程3102-1条「施設場所と施設方法」では，様々な配線方法について規定していますが，この低圧配線方法の種類及び特徴について教えて下さい。**

## A 3-1

内線規程では，低圧の一般的な電気使用場所において施設可能とされているすべての配線方法について規定しています。

内線規程で規定している低圧配線方法及びその特徴は**表1**のとおりとなります。

**表1　内線規程で規定する低圧配線方法及び特徴**

| 節 | 配線方法 | 特徴 |
|---|---|---|
| 3105節 | がいし引き配線 | ・電線はがいしに固定して施設する。<br>・衝撃に対する防護はされていない。 |
| 3110節 | 金属管配線 | ・衝撃に対する機械的強度に優れる。 |
| 3115節 | 合成樹脂管配線 | ・著しい機械的衝撃，重量物の圧力を受ける場所を避ける必要あり。<br>・熱的影響を受けやすい。温度変化による収縮が大きい。 |
| 3120節 | 金属製可とう電線管配線 | ・外傷を受けるおそれがある場所を避ける必要あり。<br>・電動機への配線や建物のエキスパンション部分で採用される。 |
| 3125節 | 金属線ぴ配線 | ・コンクリート壁面での点滅器への引下げ等で採用される。(一種)<br>・工場や倉庫等のライン照明に採用される。(二種) |
| 3130節 | 合成樹脂線ぴ配線 | ・建物の周りぶち，さおぶち等に使用される。<br>・熱的影響を受けやすい。 |
| 3135節 | フロアダクト配線 | ・コンクリート床内に埋め込まれて施設。<br>・事務室等で，電話線，信号線等の弱電流電線等と併設される場合等に採用される。 |
| 3140節 | セルラダクト配線 | ・建物の床材として使用される波形デッキプレートを配線ダクトとして使用。 |
| 3145節 | 金属ダクト配線 | ・工場，ビルなど多数の電線を収める必要がある箇所に採用される。 |
| 3150節 | ライティングダクト配線 | ・主に店舗用照明等で採用される。<br>・照明の取り付け位置を自在に変更できる。 |
| 3155節 | バスダクト配線 | ・大電流を通ずる幹線に採用される。 |
| 3160節<br>3161節<br>3162節 | 平形保護層配線 | ・事務所ビル等のフロアに施設。<br>・住宅の天井面・壁面に施設。 |
| 3165節 | ケーブル配線 | ・著しい機械的衝撃，重量物の圧力を避ける必要あり。その場合防護が必要。 |

なお，前記配線方法には，施設場所や使用電圧により適用できる場所が異なりますので詳細は内線規程の3102-1表，3102-2表を参照下さい。

ここで**表1**の低圧配線方法を大きく分けると以下の4つの配線方法に分類されます。

・がいしによる配線方法
・管や線ぴ，ダクトによる配線方法
・ケーブルによる配線方法
・その他の配線方法

内線規程で規定されている低圧配線方法をこの4つの分類に分けて解説いたします。

## 1．がいしによる配線方法について

ここではがいし引き配線が該当します。

がいし引き配線は，造営材に固定したがいしに絶縁電線をバインド線により施設する配線方法です。がいし引き配線の施設例は**図1**，**図2**のとおりです。

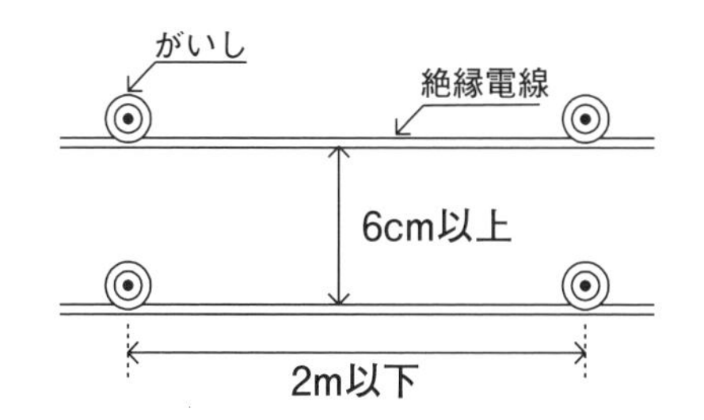


※電線支持点間は1.5m程度とするのがよい。

**図1　がいし引き配線の例（平面図）**

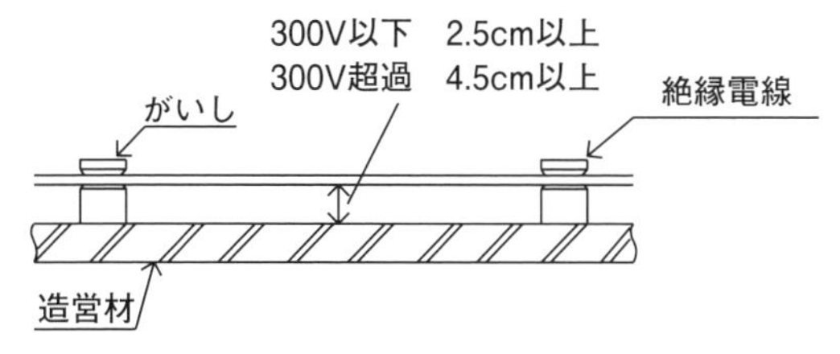


**図2　がいし引き配線の例（側面図）**

がいし引き配線における電気的絶縁は絶縁電線及びがいしにより担保されます。

電線は露出していますので，衝撃をうけるおそれのある場所への施設は適していません。

人からの接触に対しては，「簡易接触防護措置」（使用電圧が300V超過の場合は「接触防護措置」）を施すこととしています。

「簡易接触防護措置」，「接触防護措置」とはいわゆる人が配線に直接接触することを防止する措置で，ある一定の高さを設けて当該配線を施設する場合や，当該配線に接触しないように柵や塀を設ける場合などがあります。

具体的には内線規程1100節の用語で定義されていますのでそちらを参照下さい。

### ２．管や線ぴ，ダクトによる配線方法について

ここでは以下の配線方法が該当します。

・金属管配線

・合成樹脂管配線

・金属製可とう電線管配線

・金属線ぴ配線

・合成樹脂線ぴ配線

・フロアダクト配線

・セルラダクト配線

・金属ダクト配線

これらの配線方法は絶縁電線を管や線ぴ，ダクトに収めて施設する配線方法です。前述のがいし引き配線と異なり，人が管や線ぴ，ダクトに収められた電線には直接触れるおそれがないことから「簡易接触防護措置」や「接触防護措置」によらなくてもよいことになっています。

ただし，管，線ぴ，ダクトが金属製の場合は地絡時に人が触れると感電のおそれがありますので，接地を施すなどの対策が必要になります。

また，配線方法によっては機械的衝撃を受けるおそれのある場所に施設する場合は適当な防護措置を施す必要があるので，詳細は内線規程を確認下さい。

ここで絶縁電線を金属ダクトに収めた金属ダクト配線の施設例を**図3**に掲載します。

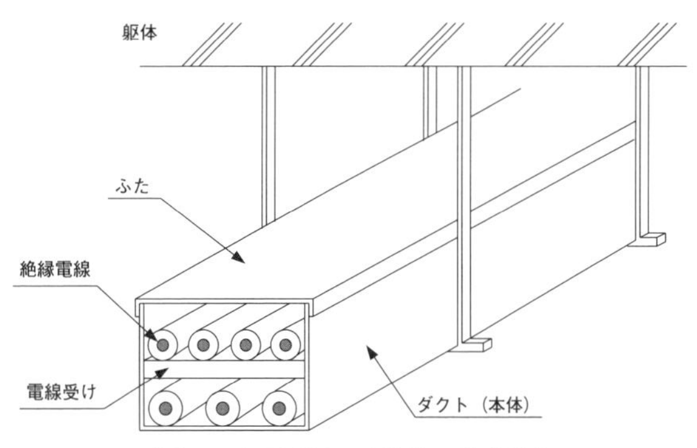


図3　金属ダクト配線の施設例

## 3．ケーブルによる配線方法

ここではケーブル配線が該当します。

ケーブルの構造は図4のとおりです。電線の絶縁性能は絶縁被覆により担保し，人の接触に対しては外装（シース）により担保されています。前述の管，線ぴ，ダクトによる配線方法も，絶縁性能は絶縁電線，人の接触は管，線ぴ，ダクトにより担保しているので，ケーブル配線には同じ要素が備わっているということになります。

ケーブルの外装（シース）には人が直接触れても問題ありませんが，ケーブルに重量物の圧力や著しい機械的衝撃を受けるおそれがある場所に施設する場合は，適当な防護措置を設けてケーブルを保護する必要があります。仮に防護措置が金属製のものであれば，感電保護として原則接地が必要となります。

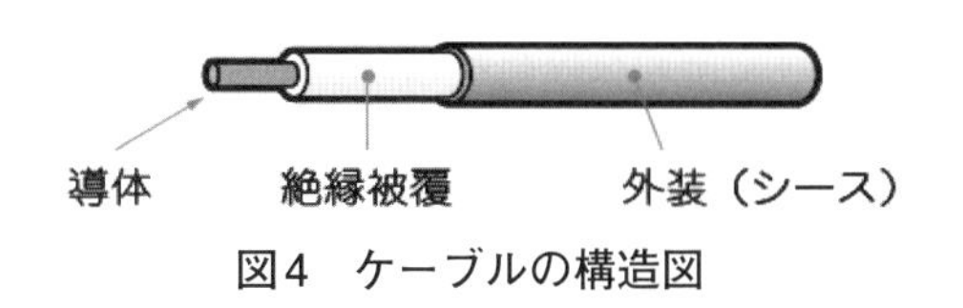


図4　ケーブルの構造図

## 4．その他の配線方法

ここでは以下の配線方法が該当します。

・ライティングダクト配線

・バスダクト配線

・平形保護層配線

これらの配線方法については，それぞれQ3-12～14で触れています。そちらを参照下さい。

## Q 3-2 配線に用いる電線の最低太さを規定している理由は？

**内線規程3102-4条「配線に用いる電線の太さ」では，低圧配線に用いる電線太さについて，直径1.6mm以上の軟銅線を使用することと規定していますが，低圧配線に用いる電線の最低太さを規定している理由を教えて下さい。**

## A 3-2

**施工上問題のない強度を有するものとして，直径1.6mm以上の軟銅線を使用することとしています。**

内線規程では低圧配線に用いる電線太さについて，直径1.6mm以上の軟銅線を使用することと規定しています。これは施工上問題のない強度を有するものとして，直径1.6mm以上の軟銅線を使用することとしています。

一般に屋内配線には導電率，可とう性，強度等の観点から軟銅線が使用されています。

電線に使用される銅線の種類として軟銅線の他に硬銅線があります。硬銅線は，IV電線（絶縁電線）やOW電線（屋外用絶縁電線）等にも使用されますが，軟銅線と硬銅線との違いはその引張強さにあります。

「電気設備の技術基準（省令及び解釈）の解説」（日本電気協会発行）に掲載している，電気設備の技術基準の解釈の別表第1に銅線の引張強さ，導電率，伸びが掲載されています。その抜粋を**表1**に掲載します。

**表1　銅線の種類及び引張強さについて**

| 銅線の種類 | 導体の直径（mm） | 引張強さ（$N/mm^2$） |
|---|---|---|
| 硬銅線 | 0.4 以上　1.8 以下 | (462－10.8d) 以上 |
| | 1.8 を超え　12.0 以下 | |
| 軟銅線 | 0.10以上　0.28以下 | 196以上<br>(462－10.8d) 未満 |
| | 0.28を超え　0.29以下 | |
| | 0.29を超え　0.45以下 | |
| | 0.45を超え　0.70以下 | |
| | 0.70を超え　1.6 以下 | |
| | 1.6 を超え　7.0 以下 | |
| | 7.0 を超え　16.0 以下 | |

（備考）dは，導体の直径

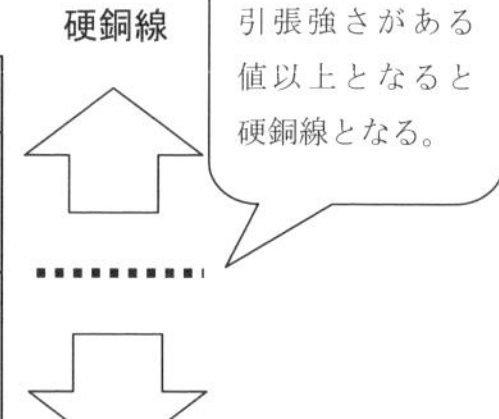

**表1**のように，ある一定の引張強さ〔(462−10.8d) N/mm$^2$以上（dは導体の直径)〕を超えれば硬銅線となり，軟銅線も196N/mm$^2$の以上の引張強さが必要ということが確認できるかと思います。

低圧配線に用いる電線太さに話を戻しますが，制御回路などに使用する電線は1.2mm以上の軟銅線に緩和されています。施工条件として，合成樹脂管等に収めることとしていますので，外傷保護は管などで担保し，施工面で最低限必要な強度として，1.2mm以上の軟銅線を使用できるという考え方になっています。

### コラム　配線に使用する電線太さの変遷について

内線規程は，電気設備の技術基準及びその解釈を満足する民間自主規格であるため，電気設備の技術基準の解釈第146条に内線規程と同じように，配線に使用することができる電線の最小太さについて規定しています。現在の電気設備の技術基準の前身に相当する規程などは明治時代からとなっていますので，**表2**に低圧配線に使用できる電線の最小太さに関する変遷をまとめました。

**表2　電線太さについてまとめた変遷**

| 制・改定の年月日 | 規則・規程の名称 | 配線に使用する電線太さの変遷 |
|---|---|---|
| 明治35年8月22日 | 電気事業取締規則 | ・直径5厘（≒1.6mm）の円形の積以上の切断面積を有する銅線 |
| 明治44年9月5日 | 電気工事規程 | ・直径5厘の円形の銅線以上 |
| 大正3年1月4日 | 電気工事規程 | ・B. S14番（≒1.6mm）の銅線以上 |
| 大正8年10月13日 | 電気工作物規程 | ・B. S14番の軟銅線以上 |
| 大正14年11月13日 | 電気工作物規程 | ・1.6粍（ミリ）の軟銅線以上 |
| 昭和7年11月21日 | 電気工作物規程 | ・1.6mmの軟銅線以上 |
| 昭和14年1月19日 | 電気工作物臨時特例 | ・1.2mm以上の軟銅線以上 |
| 昭和29年4月1日 | 電気工作物規程 | ・直径1.6mmの軟銅線以上 |

規則や規程類における最小太さの表現は時代により様々ですが，現在は電線太さを直径（単線の場合）で示されているのに対して，線番により電線サイズを規定している時代もありました。それが，**表2**の大正時代にあるBS線番（Brown and Sharp Wiring Gauge）というもので，現在は米国で，AWG（American Wiring Gauge）として知られています。

その他，昭和14年には低圧配線に使用される電線太さが1.2mm以上に緩和されています。これは，戦時中の資材不足に伴う対応によるものとなっています。しかし，電線の接続等において折れやすいという欠点もあったようで，昭和29年の「電気工作物規程」(今の電気設備の技術基準（省令及び解釈）の前身）で現在の配線太さと同じ直径1.6mm以上に改められています。

## Q 3-3 ケーブルと断熱材は接触してはいけないの？

**内線規程3102-3条「配線に用いる電線」の注意書きで，「可塑剤を含むIV電線，VVケーブルなどの電線は断熱材の種類によっては接触すると絶縁性能が劣化するおそれがあるので注意を要する」とありますが，ケーブルと断熱材は接触して施設してはいけないということでしょうか？**

## A 3-3

**ビニル（ポリ塩化ビニル混合物）系のIV電線やVVケーブルと発泡ポリウレタン（電線の温度が高温時），断熱防湿紙付グラスウール，ポリスチレンフォーム断熱材と直接接触して施設した場合，化学的反応により特性低下が起こる可能性があります。**

断熱材とビニル（ポリ塩化ビニル混合物）系の被覆を有するVVケーブル（ビニル絶縁ビニル外装ケーブル）との接触による化学的影響については，内線規程の資料3-1-1の4. で記載されています。

内線規程の資料3-1-1の4. は，（一社）日本電線工業会の技術資料　技資121号A「各種断熱材による電線・ケーブルへの影響及び対策」を踏まえ作成されたものとなっています。

（一社）日本電線工業会の技術資料の中ではVVFケーブル（ビニル絶縁ビニルシースケーブル平形）が発泡ポリウレタン（電線の温度が高温の時），断熱防湿紙付グラスウール，ポリスチレンフォーム断熱材と直接接触した場合，化学的影響により被覆の性能が低下する可能性があることがまとめられています。

以下にその概要についてご紹介します。

### 1．VVFケーブルと発泡ポリウレタンとの接触による化学的影響

VVFケーブル（3×1.6mm）と発泡ポリウレタンを接触させた状態で加熱し，ケーブルの絶縁抵抗がどのように変化するか促進実験を行っています。

#### (1)　加熱温度120℃における促進実験

**図1**のようにVVFケーブルと発砲ポリウレタンを接触させ加熱した結果，**表1**のとおり接触によるケーブルの絶縁抵抗に影響があるとされています。

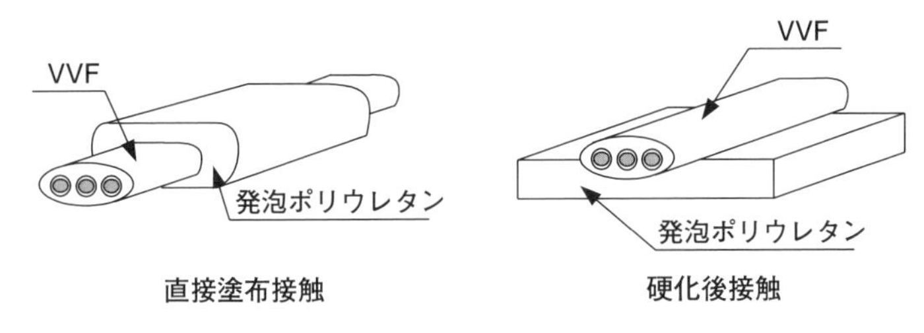


図1　120℃における促進実験の試験状態

表1　VVFケーブルと発泡ポリウレタンとの接触による絶縁抵抗への影響

| | 加熱温度及び時間 | 発泡ポリウレタンとの接触 | | |
|---|---|---|---|---|
| | | 直接塗布接触 | 硬化後接触 | 接触なし |
| 絶縁抵抗 | 120℃×48時間 | × | × | ○ |
| | 120℃×96時間 | × | × | ○ |
| | 120℃×144時間 | × | × | ○ |

（備考）○：絶縁抵抗の低下なし　×：絶縁抵抗の低下あり

(2)　加熱温度60℃～100℃における促進実験

**図2**のようにVVFケーブルと発砲ポリウレタンを塗布し加熱した結果，**表2**のとおり高温時において接触によるケーブルの絶縁抵抗への影響があるとされています。なお，試験ではケーブルと発泡ポリウレタンが直接接触しないようケーブルにPETテープを巻いた場合についても確認していますがこの場合による絶縁抵抗の低下を防ぐ効果はないとされています。

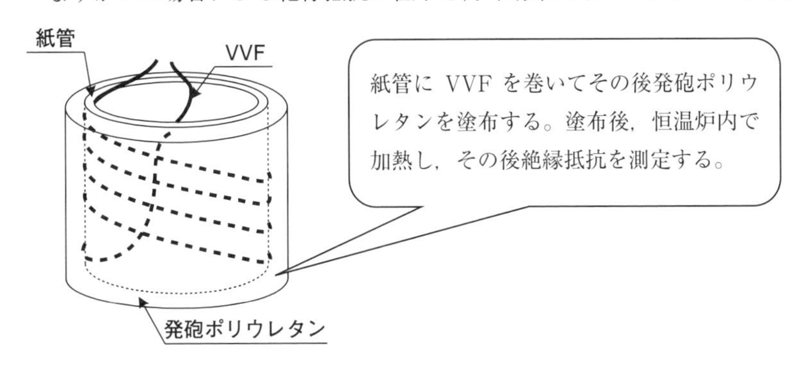


図2　試験状態

表2　VVFケーブルと発泡ポリウレタンとの接触による絶縁抵抗への影響

| | 加熱温度及び日数 | 発泡ポリウレタンとの接触 | | |
|---|---|---|---|---|
| | | 接触あり | PETセパレータ | 接触なし |
| 絶縁抵抗 | 60℃ × 120日間 | ○ | ○ | ○ |
| | 70℃ × 300日間 | ○ | ○ | ○ |
| | 80℃ × 300日間 | × | × | ○ |
| | 100℃ × 150日間 | × | × | ○ |

（備考）○：絶縁抵抗の低下なし　×：絶縁抵抗の低下あり

### 2．断熱防湿紙付きグラスウールによる化学的影響

断熱防湿紙付グラスウールには，**図3**のとおり防湿紙の裏面にアスファルト系塗料がコーティングされている例があります。そのため，VVFケーブルが断熱防湿紙付グラスウールと接触するとビニルに含まれる可塑剤が一時的にアスファルト系塗料に移行し，アスファルト系塗料に溶解します。

そしてアスファルト系塗料がビニル中に逆に拡散・浸透することで，絶縁抵抗の低下や絶縁体・シースの機械的特性の低下を引き起こすこととされています。

このようなことから，技術資料ではVVFケーブル（3×1.6mm）とアスファルト系塗料を接触させて加熱し，絶縁抵抗の変化を確認しています。

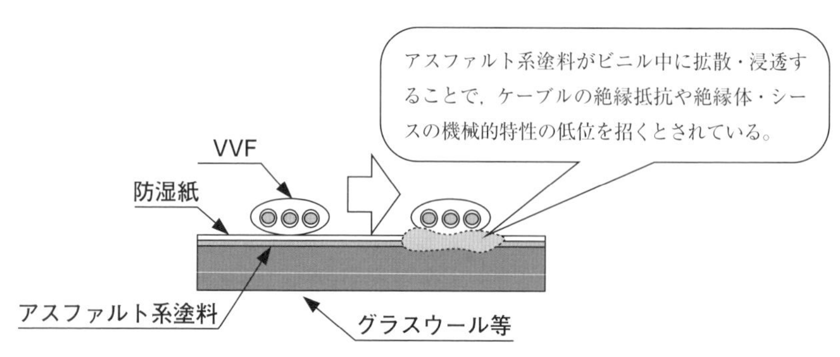


図3　VVFケーブルと断熱防湿紙付グラスウール化学的影響イメージ

試験結果は**表3**のとおりケーブルの絶縁抵抗の低下が確認されています。

表3　VVFケーブルとアスファルト系塗料と接触による絶縁抵抗への影響

| | 絶縁抵抗 |
|---|---|
| 塗料浸漬前 | ○ |
| 塗料浸漬後（加熱温度及び時間：90℃ × 192時間） | × |

（備考）○：絶縁抵抗の低下なし　×：絶縁抵抗の低下あり

### 3．ポリスチレンフォームによる化学的影響

VVFケーブル等のシース材に使用されているビニルには，可塑剤として一般的に「フタル酸エステル（DOP等）」を含有しており，使用環境や使用条件により異なりますが，フタル酸エステルは時間とともに揮散現象を生じます。

この揮散の程度はごくわずかであり問題になることはありませんが，ポリスチレンと接触している場合はこれが促進され，可塑剤がポリスチレンフォームに移行して，ポリスチレンフォームを溶解・浸食する形となります。

その結果，ケーブルが断熱材の中にめり込む形となり，熱放散が妨げられるとともにビニル中の可塑剤が減少することによるケーブルの諸特性の低下が懸念されます。

技術資料ではVVFケーブルをポリスチレンフォーム断熱材で挟んだ状態で加熱試験を行い，その結果ポリスチレンフォームが侵食を受けていることを確認しています。

なお，両者の間にセパレータ（ポリエチレンテープ）を施したものには変化が見られないとされています。

### 4．断熱材との接触による化学的影響への対策について

以上のように，断熱防湿付グラスウール（アスファルト系塗料コーティング），ポリスチレンフォーム断熱材は，VVFケーブルとの接触により影響が確認されたことから，セパレータ（ポリエチレンテープ，PETテープなど）を設けるなどして直接接触を避ける必要があるとされています。

発泡ポリウレタン断熱材については，加熱試験の結果からVVFケーブルの許容温度以下に抑えられている場合は，直接接触していても実用上問題ないとされていますが，許容温度を超えて使用する場合はケーブルの絶縁抵抗にも影響がでるので注意が必要とされています。

### 5．断熱材に覆われた状況にある場合の許容電流の考え方

断熱材は，熱を外部に逃がさないために使われます。電線・ケーブルは，通電により熱を発生しますが，断熱材に覆われた状況では熱が放散されません。（一社）日本電線工業会技術資料121号Aによると，許容電流は，気中・暗きょ１条布設時の実験によるデータでは，許容電流は大きく低下します。

参考までに海外の文献等の調査結果では，0.5m以上断熱材に覆われる（一条布設）場合は，許容電流を気中布設時の半分にするよう規定されています。なお，多条布設された場合の実験データはありません。

## Q 3-4 低圧配線と弱電流電線を離隔する理由について教えて

内線規程3102-7条「配線と他の配線又は弱電流電線，光ファイバケーブル，金属製水管，ガス管などとの離隔」で低圧配線と弱電流電線を離隔する理由について教えて下さい。また，ケーブル配線の防護管が弱電流電線に直接接触している場合は，内線規程の「直接接触しないように施設する」に適合するのでしょうか？

低圧配線の地絡時に低圧配線と弱電流電線の接触による混触を防止するためです。

また，ケーブル配線と弱電流電線が直接接触しないよう防護管により離隔する場合がありますが，この場合防護管と弱電流電線が直接接触しても問題ありません。ただし，この場合に使用する防護管は絶縁性のある合成樹脂製のもの等を使用する必要があります。

内線規程3102-5表では低圧配線と他の低圧配線，弱電流電線，光ファイバケーブル，水管，ガス管と離隔することについて規定しています。

低圧配線の周囲には電話線，水道管，ガス管などが施設されており，これらに漏電した場合には種々の障害を引き起こす可能性があります。

例えば質問の中の弱電流電線には電話線がありますが，低圧配線側の地絡により電話線との混触が発生した場合には，過電圧が加わり電話機器の損傷若しくは感電のおそれがあります。

その他，金属製の水道管と混触した場合，水道管自体が大地と良好な接続状態を保っていることから**図1**のように変圧器の電圧側→屋内配線→水道管を通過して変圧器のB種接地工事の接地極へと地絡電流が流れ，接地極付近に電位傾度が現れ感電をおこすことも考えられます。

これらのような障害等による不具合を防止するため，内線規程3102-5表では低圧配線と他の配線などとの離隔を規定しています。

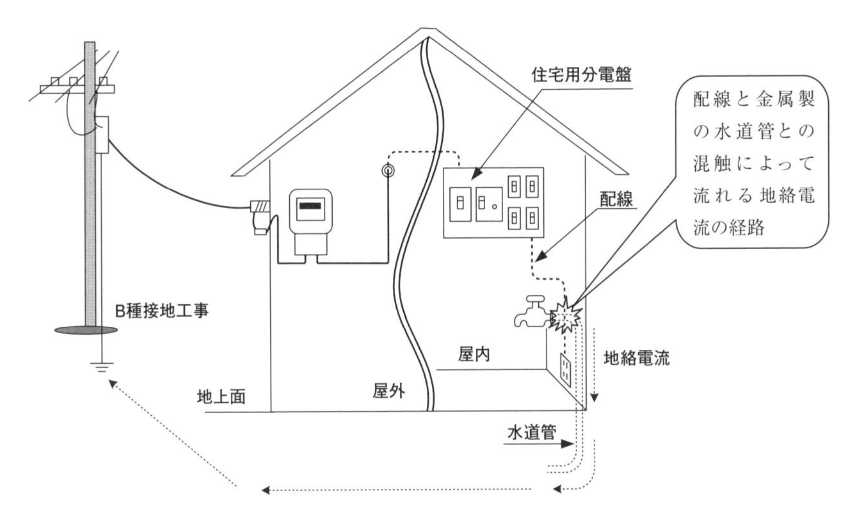


**図1　水道管を経由して流れる地絡電流の例**

ちなみに内線規程の3102-5表で「がいし引き配線以外の配線」と光ファイバケーブルの離隔については斜線が記載されていますが，これは「がいし引き配線以外の配線」と接触しても問題ないことを示しています。光ファイバケーブルは絶縁物なので，前述のような混触による危険性はないと考えられているためです。

ただし光ファイバケーブル自体に金属製の保護管等の防護措置を施している場合は他の配線との離隔は必要となります。

3102-5表ではケーブル配線と弱電流電線との離隔は「直接接触しないこと」としていますが，ケーブル配線に防護管を設けこの防護管と弱電流電線が接触している場合は離隔の条件を満足するかとの問い合わせがあります。

3102-5表に示す「直接接触しないこと」とは厳密にはケーブルの外装Q3-1（3. **図4**参照）と弱電流電線が直接接触しないことということですので，**図2**のようにケーブルの防護管を介して弱電流電線と接触している場合は，「直接接触しない」を満足する形となります。

このとき弱電流電線との混触防止が目的ですので，使用する防護管は絶縁性のある合成樹脂製のもの等を使用する必要があります。

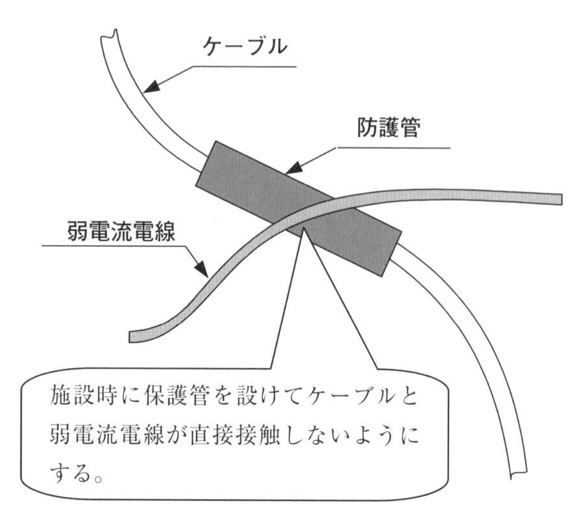


図2　ケーブルに保護管を設けた場合の弱電流電線との接触について

その他，内線規程で規定する「がいし引き配線以外の配線」と弱電流電線との施設方法についていくつかご紹介します。

### 1．埋込型コンセントボックスによる施設の場合

埋込型コンセントを収める金属製又は難燃性絶縁物のボックス内にケーブルと弱電流電線を施設する場合に直接接触しないよう図3のように隔壁を設けることを内線規程では推奨しています。

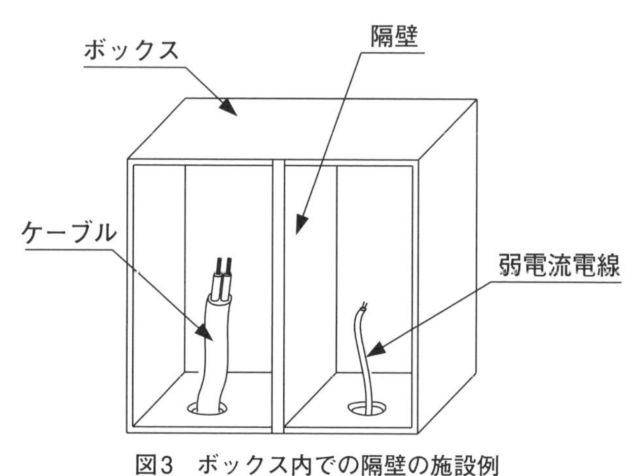


図3　ボックス内での隔壁の施設例

一般的にボックス内では配線器具との接続のため余長を設ける場合がありますので，その際にケーブルとの直接接触を避けるため，隔壁を設けることとしています。

## 2．金属ダクト配線等による施設の場合

金属ダクト配線，フロアダクト配線，セルラダクト配線による場合は，電線と弱電流電線との間に堅ろうな隔壁を設け，金属製部分にC種接地工事を施すことで，ダクト又はボックス内に電線と弱電流電線を収めて施設することが可能です。金属ダクト配線による施設例を**図4**に掲載します。

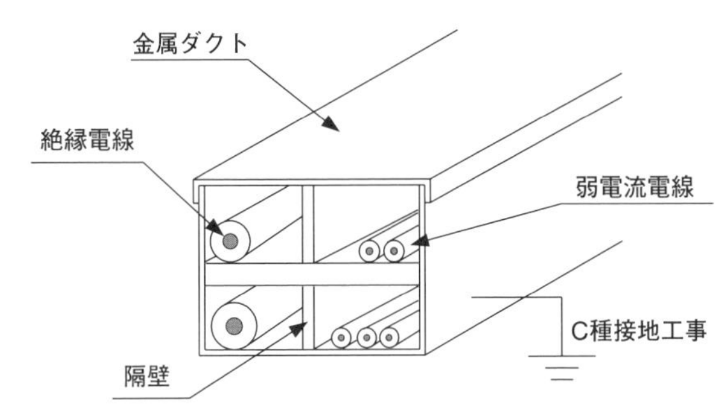


**図4　金属ダクト配線と弱電流電線との施設例**

## 3．管や線ぴによる配線と弱電流電線の施設方法について

電線と弱電流電線を同一の管又は線ぴなどに施設する方法も内線規程では規定されています。**図5**にその一例を記載します。

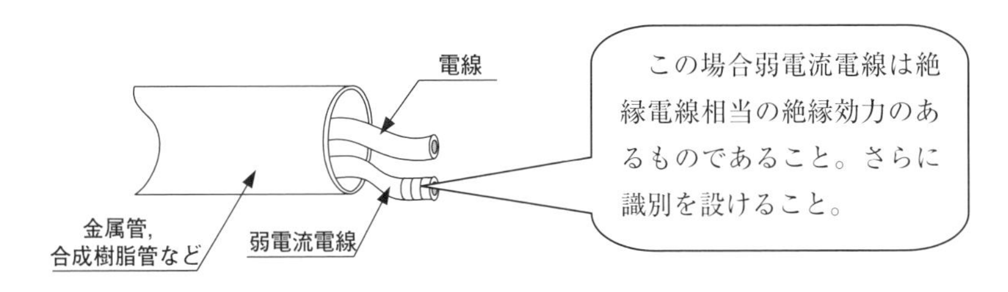


**図5　電線と弱電流電線を同一の管に収めた場合の施設例**

ただし，弱電流電線は，リモコンスイッチ用の弱電流電線や保護継電器用の弱電流電線で電話線やインターホーン用弱電流電線は含まれません。この弱電流電線には識別を施し，電線の性能は絶縁電線と同等以上の絶縁性能を有するものを使用する必要があります。

## Q 3-5 メタルラス張り等との絶縁について教えて

**内線規程3102-8条「メタルラス張りなどとの絶縁」では，メタルラス張り，ワイヤラス張り又は金属板張りの木造の造営材の施設において，金属製配線器具等と絶縁することが規定されています。絶縁が必要な理由と具体的な絶縁方法について教えて下さい。**

## A 3-5

**メタルラス張り等から金属製配線器具等を絶縁する理由は，配線器具等からの漏電による電気火災を防止するためです。絶縁方法については具体例を挙げて解説します。**

内線規程ではメタルラス張り，ワイヤラス張り，金属板張り（以下，「メタルラス張り等」と言います。）と配線や配線器具等の金属製部分と絶縁することを規定しています。

これは，**図1**のような地絡が生じた際，金属管とメタルラス張り等が絶縁されていないことで地絡経路となり，接触抵抗によりメタルラス張り等が加熱され電気火災に至る可能性があるとされているためです。

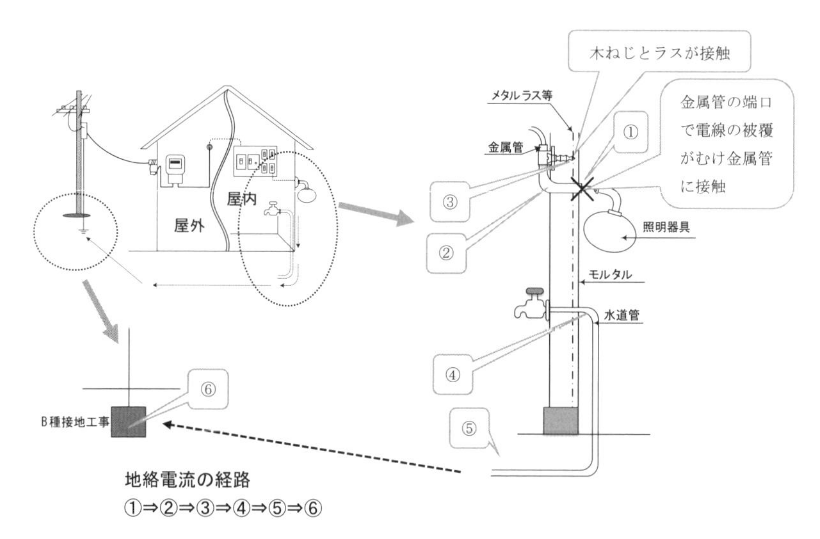


**図1　メタルラス張り等との接触による地絡の例**

過去には外灯の取付け木ねじがワイヤラスと絶縁されていなかったため，**図1**のように地絡電流の経路が形成され，ワイヤラスが加熱したことよって火災が発生し裁判にまで至ったケースもあります。

このようにメタルラス張り等と配線器具等との絶縁は，感電や火災保護において非常に重要であることから，内線規程でもその方法について具体的に規定しています。

ここからは事例を掲げて，メタルラス張り等との絶縁方法について解説します。

### 事例その①　照明器具を施設する場合のメタルラス張り等との絶縁について

照明器具をメタルラス張り等の造営材に施設する場合は，**図2**のように木台を取付け，照明器具の金属製部分とメタルラス張り等が電気的に接続されないように施設する必要があります。

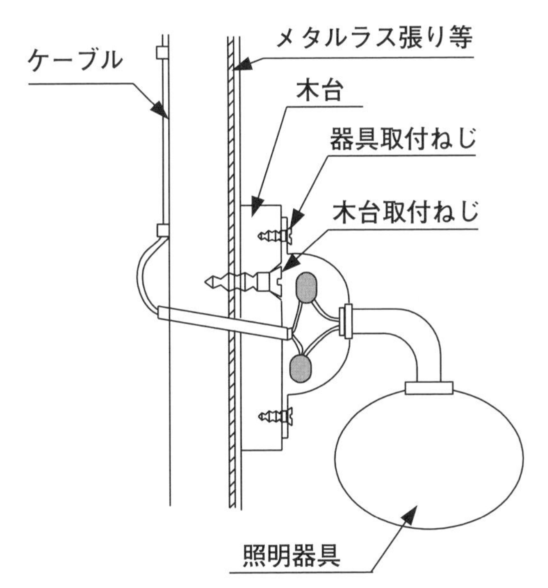


**図2　メタルラス張り等の造営材への照明器具の施設例（適切な例）**

一方，**図3**のようにメタルラス張り等との絶縁を意識し木台を取付けても，木台の取付けねじと照明器具の取付けねじが接触していては，仮に照明器具の電線接続部において地絡が生じると地絡経路が形成され，メタルラス張り等の加熱による火災が発生するおそれがあることから，**図2**のように器具取付けねじと木台取付けねじを十分に離隔して取付けることが重要となります。

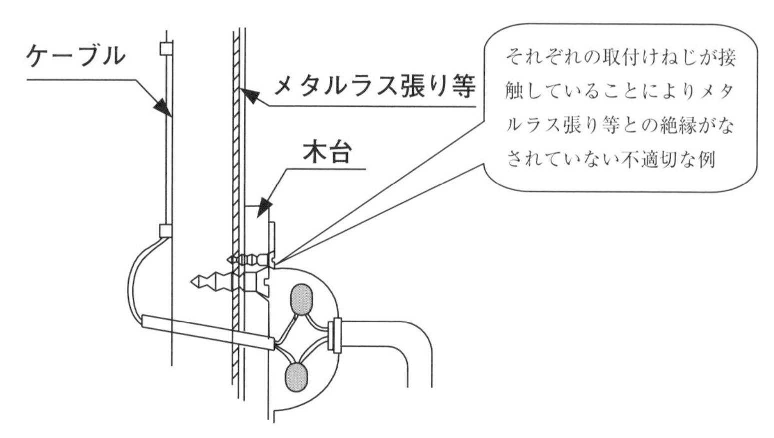


**図3　メタルラス張り等の造営材への照明器具の施設例（不適切な例）**

### 事例その②　換気扇及びレンジフードを施設する場合のメタルラス張り等との絶縁について

換気扇及びレンジフードをメタルラス張り等の造営材に施設する場合も，これまでと同様メタルラス張り等と絶縁を考慮して施設する必要があります。

システムキッチン等に施設される換気扇及びレンジフードは，換気扇とレンジフードが一体型のものとそうでないものに分類されます。

換気扇とレンジフードが一体型の場合の例として**図4**のようになります。

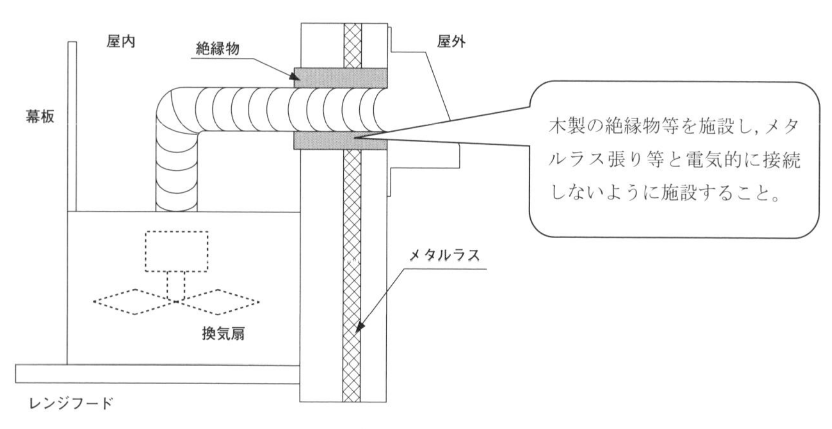


**図4　換気扇とレンジフードが一体型の場合の施設例**

また，換気扇とレンジフードが一体型でない施設例を**図5**に掲載します。

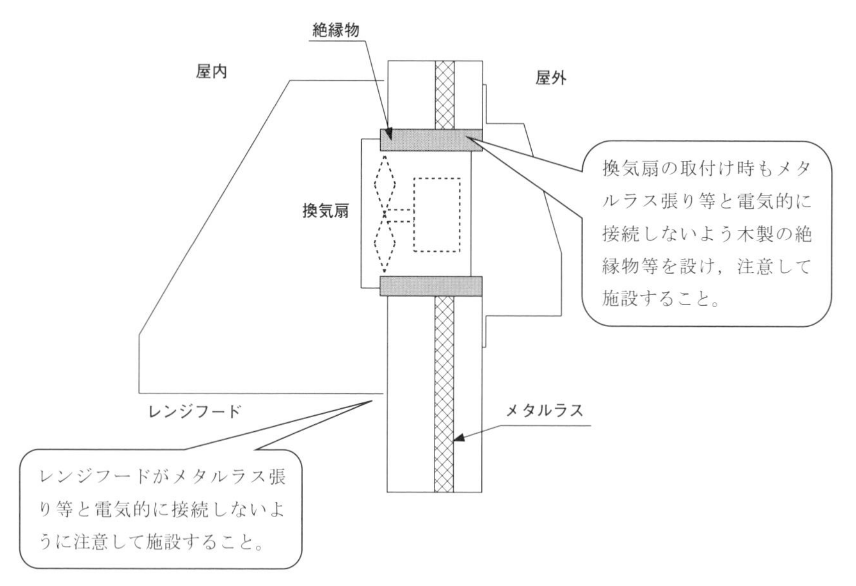


**図5　換気扇とレンジフードが一体型でない場合の施設例**

レンジフードの取付けにおいてもメタルラス張り等と絶縁を意識することは重要ですが，換気扇の取付けも**図5**のように絶縁物を取付けメタルラス張り等と電気的に接続しないよう，安全性を考慮して取付けを行う必要があります。

**コラム　メタルラスとワイヤラスとの違いについて**

メタルラスとワイヤラスの形状は同じ格子状となっていますが，その違いは制作方法にあります。

メタルラス　⇒　金属製の薄板に，一定の間隔のスリットを入れ伸ばしたもの

ワイヤラス　⇒　鉄線を編んだ金網状のもの

## Q 3-6 電線管に電線を収める場合の制限について教えて

**金属管や合成樹脂管に絶縁電線を収める場合、電線の断面積の総和（電線被覆含む）を管の内断面積の総和32%もしくは48%に制限している理由を教えて下さい。**

## A 3-6

**過去の経験に基づき、電線管に絶縁電線を引き入れる際の容易性や経済性を考慮して規定しています。使用する管の材料が金属製、合成樹脂製であっても適用できるよう比率（%）で定められています。**

### 1．内線規程で規定されている背景

電線管のサイズを選定する上で，管の太さが細すぎると電線を引き入れにくくなってしまいます。無理に引き入れようとしてしまうと電線が延びてしまい，導体が細くなったり切れてしまったりするおそれがあり非常に危険です。一方，管が太すぎると不経済になります。内線規程では電線を引き入れる際の容易性や過去の経験に基づき，比率（%）で勧告的事項として定めています。【関連条文　3110節（金属管配線），3115節（合成樹脂管配線），3120節（金属製可とう電線管配線）】

### 2．32% 以下の場合

異なる太さの電線を同一管内に収める場合，管の太さを所定の表（金属管配線の場合，3110-7表から3110-11表）から選定し，電線の被覆絶縁物を含む断面積総和が管の内断面積の32% 以下になるよう制限がされております。**（例①）**

### 3．48% 以下の場合

管に収める電線が同一太さのものであり，管の屈曲が少なく，容易に電線を引き入れや引き替えができる場合※においては，標準的な選定表（金属管配線の場合，3110-2表から3110-5表）によらずとも，緩和要件による表（金属管配線の場合において，断面積が8mm$^2$以下にあっては3110-6表，その他にあっては3110-7表から3110-11表）により，電線の被覆絶縁物を含む断面積総和が管の内断面積の48% 以下とすることができます。**（例②）**

※Q3-8「管の内径と外径について教えて」にて，電線の引き入れを困難にする原因について詳しく解説されております。

**例①）2.0mm（3本），8mm²（3本）を収める場合の電線管サイズ**

電線管

導体サイズ：2.0mm（3本）
断面積10mm²
（被覆絶縁物を含む。）

導体サイズ：8mm²（3本）
断面積28mm²
（被覆絶縁物を含む。）

占有率32%のイメージ図

断面積 10mm²×本数 3 = 30mm²
30mm²×補正係数 2.0 = 60mm²
断面積 28mm²×本数 3 = 84mm²
84mm²×補正係数 1.2 = 100.8mm²・・・≒101mm²
60mm²＋101mm²＝161mm²
161mm²を内断面積の32%とする適正な電線管サイズは下表の通りである。

電線管の最小太さ（呼び径）

| 種類 | 占有率制限（32％） |
|---|---|
| 厚鋼電線管 | 28 |
| 薄鋼電線管 | 31 |
| ねじなし電線管 | E31 |

**例②）14mm²（3本）を収める場合の電線管サイズ**

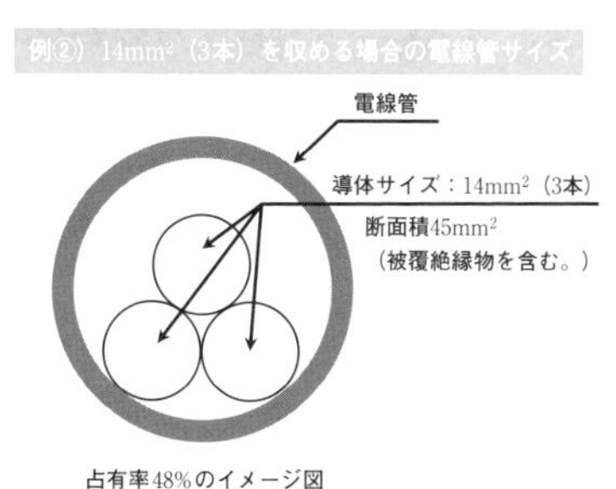


占有率48%のイメージ図

断面積 45mm²×本数 3＝135mm²
135mm²×補正係数 1.0＝135mm²
135mm²に対する適正な電線管サイズは下表の通りである。

電線管の最小太さ（呼び径）

| 種類 | 標準選定 | 緩和要件の適用（48％） |
|---|---|---|
| 厚鋼電線管 | 28 | 22 |
| 薄鋼電線管 | 31 | 25 |
| ねじなし電線管 | E31 | E25 |

サイズダウンが可能

## Q 3-7　雨線外に施設する金属管配線について教えて

内線規程3110-15条「雨線外の配管」では金属管配線を雨線外に施設する場合について規定されています。規定中「内部に水が浸入し難いようにすること」や「内部に水が溜まらないように施設し，かつ，必要に応じて水抜きの手段を講ずること」とありますが，具体例を教えて下さい。

## A 3-7

「内部に水が浸入し難いようにすること」については，ボックスその他の附属品はねじ込み形のものを使用し，耐水防食塗料等を使用し対策を講じます。

「内部に水が溜まらないように施設し，かつ，必要に応じて水抜きの手段を講ずること」については，エルボやアウトレットボックスのふたに適当なすき間を設けて水を排水させる方法があります。

---

雨線外とは，内線規程では「屋外及び屋側において雨線内以外の場所（雨のかかる場所）」と定義されています。

つまり，雨線外は雨のかかる環境なので金属管配線を行う場合は，雨線内や屋内での通常施設方法に加え，以下により施設する必要があります。

①内部に水が浸入し難いようにすること。
②内部に水が溜まらないように施設し，かつ，必要に応じて水抜きの手段を講ずること。
③雨線外における垂直配管の上端には，エントランスキャップを使用すること。
④雨線外における水平配管の末端には，ターミナルキャップ又はエントランスキャップを使用すること。

このうち③及び④にある雨線外の垂直配管及び水平配管に使用するターミナルキャップやエントランスキャップについては内線規程の3110-6図で施設例が掲載されていますので，ここでは①及び②の施設方法の具体例について記載します。

### 1.「内部に水が浸入し難いように施設すること」の具体例について

この対策について，内線規程3110-15条では以下の注意書きが記載されています。

① ボックスその他の附属品はねじ込み形のものか，又は施設場所に応じ，雨水などの浸入を防止する構造のものを使用し，かつ必要に応じてパッキンなどを取り付けること。

② 管相互の接続部は，ねじ切りのカップリングを使用する場合は，油性などの耐水防食塗料をあらかじめ塗布し，ねじなしのカップリングを使用する場合は，パテなどの耐水防食シール材をすきまに充填して接続すること。

②施設例として，管相互の接続は雨水の浸入を防ぐためにねじ切りのカップリングを使用し，管とカップリングのねじ切り部分に防水防食塗料を塗るか，**図1**のように管のねじ切り部分にシールテープを巻き堅固に接続します。

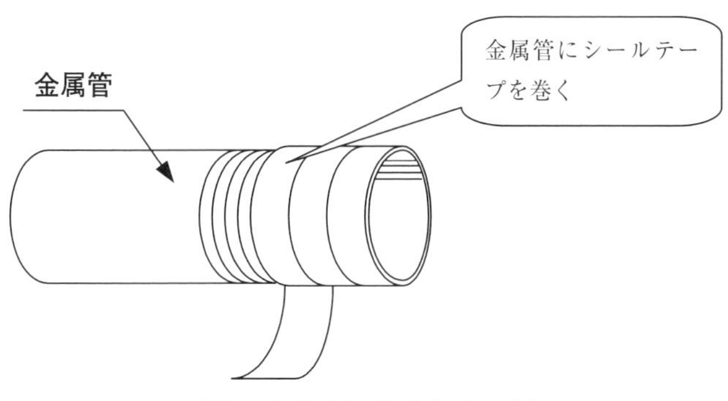


**図1　ねじ部の防水処理の例**

①の施設例として，**図2**のようにボックス類はねじ接続用のハブ付きの物を使用し，ふたなどのすき間にはパッキンを入れて内部に水が入らないようにする。

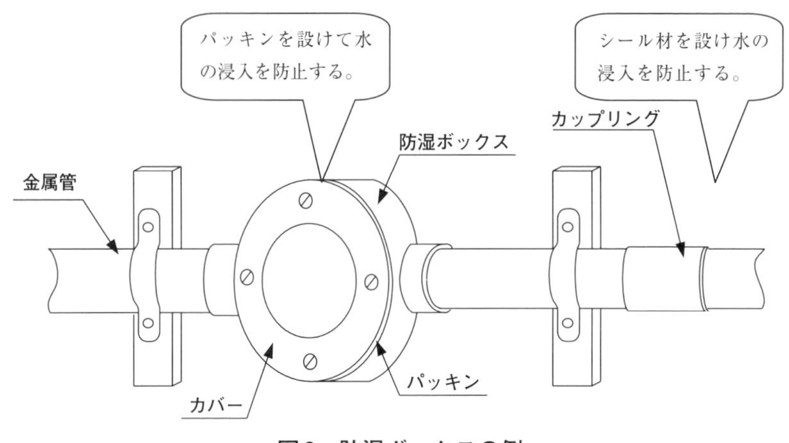


**図2　防湿ボックスの例**

2.「内部に水が溜まらないように施設し，かつ，必要に応じて水抜きの手段を講ずること」について

この施設方法について内線規程3110-15条では，以下のとおり注意書きが記載されています。

① 水が抜ける道のないU字形配管は，その最低部に水が溜まるおそれがあることからなるべく避けること。
② 水抜き口を設ける場合は，配管中のいかなる部分よりも低くし，かつ水抜きに適した位置とすること。
③ 水抜きには種々の方法があるが，垂直配管の最下端についてはふた付きエルボなどを，水平配管の途中又は終端においては，アウトレットボックス等を使用し，これらのふたに適当なすき間を設けて，その箇所から排水させるのは，その一例である。

①のU字形配管による場合，最低部に水が溜まるおそれがあることからなるべく避けることとしています。

やむを得ずU字配管を行う場合には，②に記載しているように他の配管よりも低い位置に施設し**図3**のようにユニバーサルなどを用い，水抜き口を設けそこから排水するようにします。

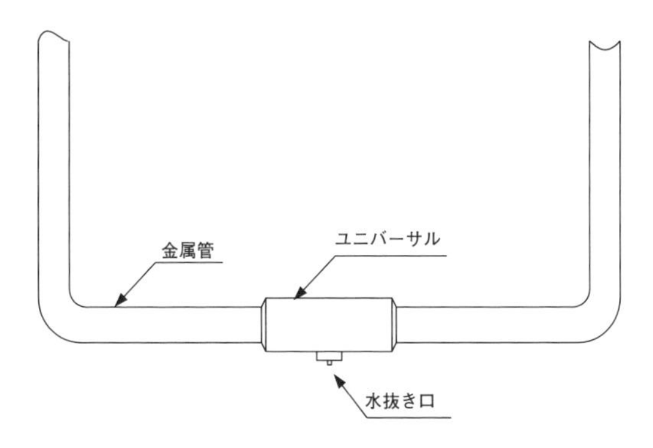


図3　U字形配管の水抜き処理

また，③による水抜き方法については図4又は図5のようにふたに排水用のすき間を設けます。

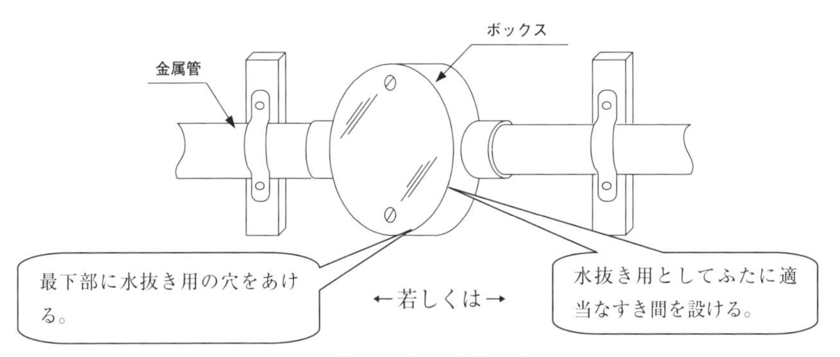


図4　水平配管の水抜き処理

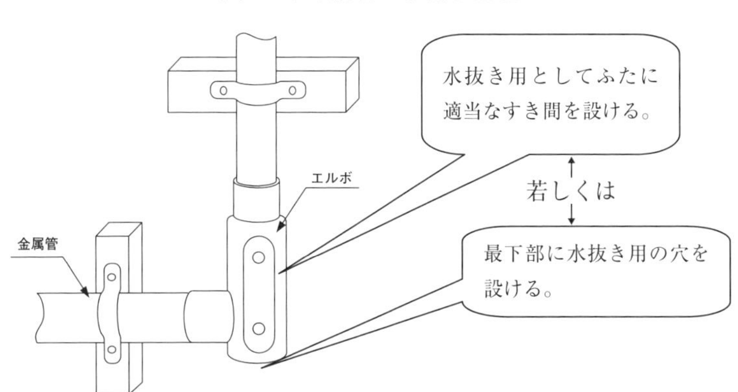


図5　垂直配管の水抜き処理

## Q 3-8 管の内径と外径について教えて

**内線規程3110節「金属管配線」や3115節「合成樹脂管配線」の規定で，管の内径若しくは外径という用語が使用されていますが，この内径と外径について具体的に教えて下さい。**

## A 3-8

**内径とは，管の厚さを除いた内面の直径をいい，外径とは，管の厚さを含めた管の外面までの直径をいいます。**

金属管及び合成樹脂管の施設にあって，内線規程では管の内径，外径という表現が使用されています。管の内径及び外径を図示すると**図1**のとおりとなります。

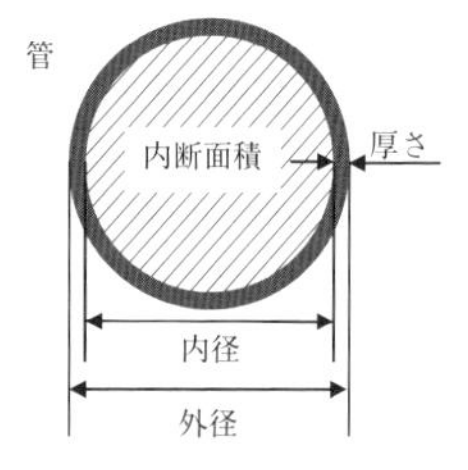


**図1　管の内径及び外径について**

これら用語に関連する規定を例として掲げると，金属管を曲げる際，内線規程3110-8条「管の屈曲」で，「管の内側の半径は管内径の6倍以上とすること。」と規定があります。これを図示すると**図2**のとおりとなります。

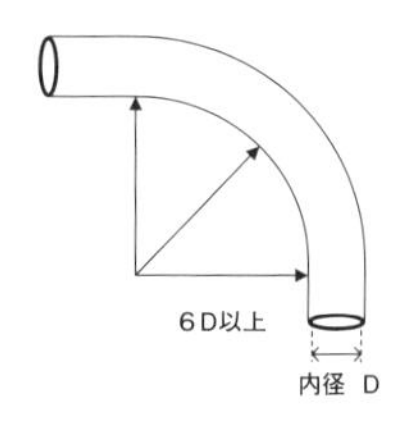


**図2　管の屈曲の例**

### コラム　プルボックスの役割について

プルボックスとは，金属管配線や合成樹脂管配線の際に，配管への電線引き入れ（通線）を容易にするために設けるためのボックスとなっています。

適切に行われた配管において，電線の引き入れを困難にする原因は主に以下の内容と考えられています。

・配管が長すぎる場合

・配管の屈曲箇所が多い場所

① 配管が長すぎる場合の施設例

電線の通線作業については電線の引き入れ口と引き出し口があります。それは，アウトレットボックスやキャビネットなどが該当しますが，引き入れ口と引き出し口の間が長すぎると，通線が困難になり易いので，途中にプルボックスを設けて，通線を2段階に分けて行うことがあります。

配管がまっすぐの場合は長い配管でも通線は楽ですが，少しでも曲がりがある場合，およそ30mを超える配管については，中途にプルボックスを設け通線を行い易くする必要があります。

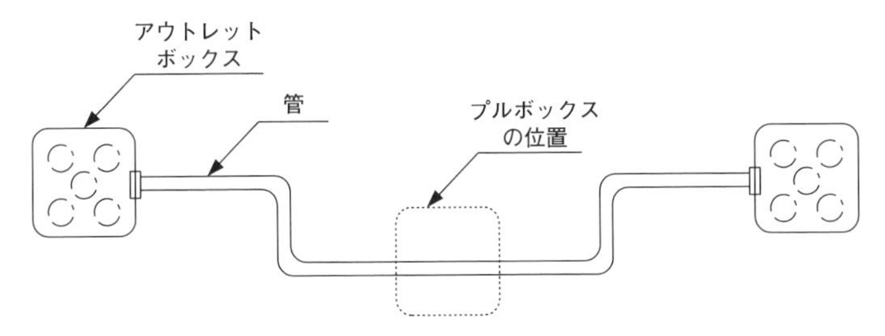


図3　配管が長い場合のプルボックスの施設例

② 配管の屈曲箇所が大きい場合の施設例

電線の引き入れ口と引き出し口の間で直角の屈曲箇所が3を超える場合などは，通線が困難になります。

そのような不具合を防止するため，図4のように配管の途中にプルボックスを設けることで通線を容易にすることができます。

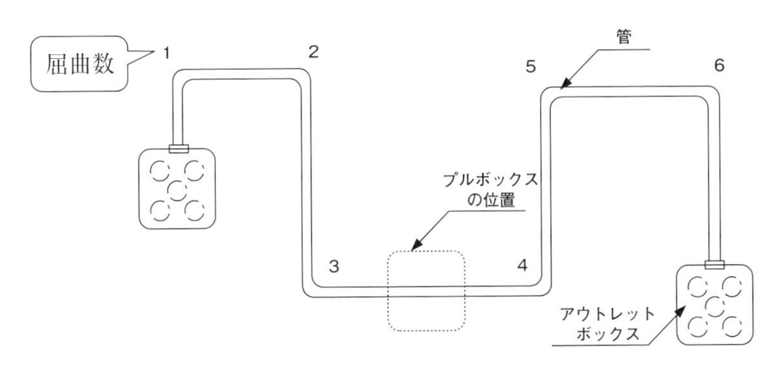


図4　配管の中途に屈曲が多い場合の例

## Q 3-9 合成樹脂管配線に使用できる合成樹脂管の種類について教えて

内線規程3115節では，合成樹脂管配線について規定していますが，合成樹脂管の種類について教えて下さい。また合成樹脂管の特徴についても教えて下さい。

## A 3-9

合成樹脂管配線に使用できる合成樹脂管の種類は，硬質ビニル管（VE管），合成樹脂製可とう管（PF管），CD管となります。

PF管とCD管は可とう性があるので配管時には容易に曲げて施工することができます。

合成樹脂管配線は図1のように合成樹脂管に絶縁電線を収めて施設する低圧配線方法です。

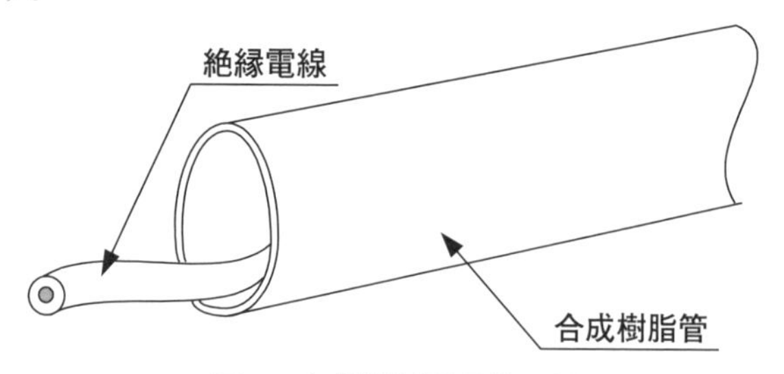


図1　合成樹脂管配線の例

合成樹脂管配線に関する特徴は以下のとおりです。

・管が絶縁性で漏電などの危険性が少ない。
・管が腐食しにくいので，湿気のある場所などに適する。
・管が軽量のため，取り扱いが容易である。
・管の単価が安く，加工が容易であるので工事費も安くなる。
・管が非磁性なので，交流回路で管に電線1本を入れても支障は起こらない。

しかし，金属管の場合と比較して機械的強度は劣るので，重量物の圧力や著しい機械的衝撃を受けるおそれのある場所には施設できないこととなっています。仮にそのような場所に施設する場合は，合成樹脂管に適当な防護措置を施す必要があります。

合成樹脂管配線に使用される合成樹脂管の種類を大きく分けると以下のとおりとなります。

・硬質ビニル管（VE管）
・合成樹脂製可とう管（以下，「PF管」と言います。）
・CD管

硬質ビニル管はPF管やCD管と異なり可とう性がありませんので，曲げ加工を行う場合，トーチランプや専用の管加熱工具を使用し管を加熱して軟化させ，型枠，所定のカーブに曲げたパイプなどに合わせて曲げるなどの対応が必要になります。

ただし，作業性から管を曲げて施設する場合は**図2**のようにノーマルベンドを使用して施設するケースが一般的です。

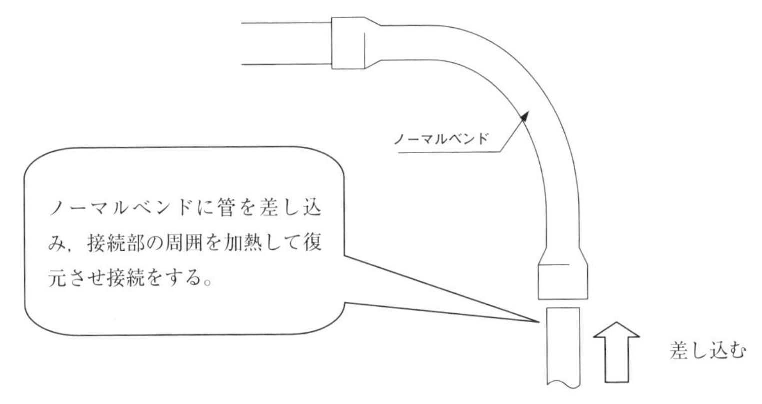


**図2　ノーマルベンドを使用した曲げ加工の例**

PF管とCD管は硬質ビニル管と異なり，可とう性にすぐれ，長尺巻きであり，軽く運搬性にすぐれ，通線が容易である等の長所があります。

しかし，短所としてはコンクリート打設時に倒れ，つぶれへの配慮が必要なことと鉄筋などへの結束が多いことなどがあげられます。

硬質ビニル管，PF管，CD管に要求される性能は，内径が120mm以下のものは電気用品安全法の適用を受けますので電気用品の技術基準の解釈別表第二の規定によることとなります。

施設できる場所や環境については，使用する合成樹脂管の種類により異なります。

硬質ビニル管及びPF管を使用する場合は，内線規程3102-1表，3102-2表に規定するすべての施設場所に施設することができます。

CD管を使用する場合，直接コンクリートに埋込んで施設する場合か気中に施設する場合は，不燃性又は自消性のある難燃性の管等に収めて施設する必要があります。

これはCD管が非耐燃性（自己消火性なし）の材料を使用しているため，このような施設制限となっています。

ちなみにPF管は耐燃性（自己消火性）があるので，CD管のような施設制限はありません。なお，ここでいう耐燃性（自己消火）はブンゼンバーナーを取り去ってから，30秒以内に消火する性質を言います。

CD管とPF管の構造例は**図3**のとおりとなっています。

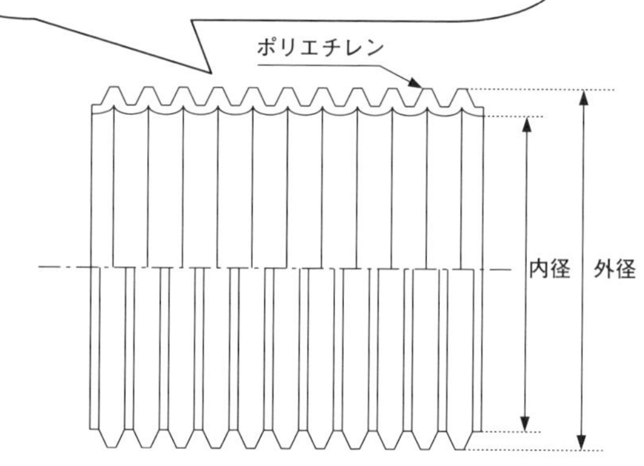


**図3　PF管（単層管）とCD管の構造例**

PF管とCD管を区別は見た目では分かりにくいので，CD管はオレンジ色で識別することがJISで規定されています。

ここで，**図4**にPF管及びCD管による合成樹脂管配線の施設例を掲載します。

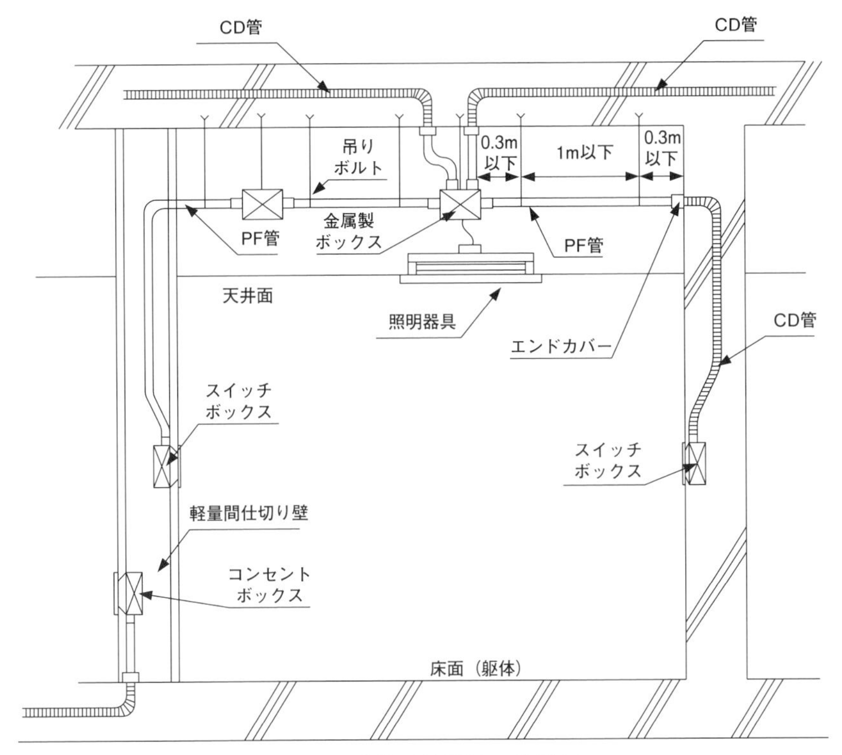


図4　合成樹脂管配線の施設例

合成樹脂管配線は前述のとおり，重量物の圧力又は著しい機械的衝撃を受ける場所に施設しないこととしておりますが，コンクリート内へ埋込んで配管する場合はそのような場所とみなされていません。

ただし，コンクリート内に配管する場合に集中配管して建物の強度を減少させないようにする等の配慮が必要になります。

詳細は内線規程を確認下さい。

## Q 3-10 金属製可とう電線管の種類及び特徴について教えて

内線規程3120節「金属製可とう電線管」について，金属製可とう電線管配線に使用される金属製可とう電線管の種類及び特徴について教えて下さい。

## A 3-10

金属製可とう電線管配線に使用できる電線管は，一種金属製可とう電線管と二種金属製可とう電線管の2種類あり，一種金属製可とう電線管は施設場所や使用電圧により施設制限があります。

金属製可とう電線管配線は**図1**のように可とう性のある金属製の管に絶縁電線を収めた低圧配線方法になります。

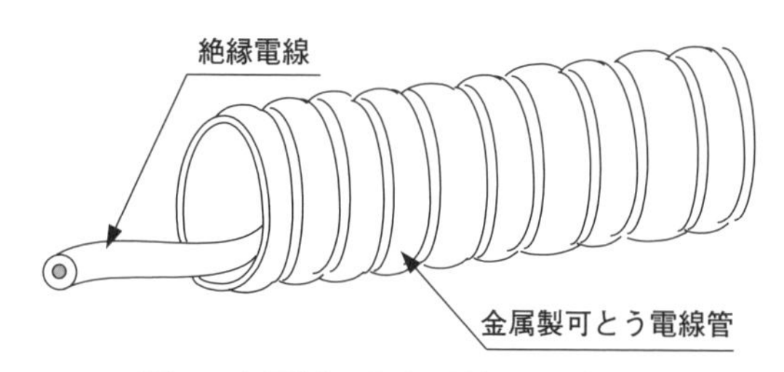


**図1　金属製可とう電線管配線の例**

この金属製可とう電線管の種類としては，一種金属製可とう電線管と二種金属製可とう電線管に分けられて，両方とも手で自由に屈曲することができます。

一種金属製可とう電線管はフレキシブルコンジット，二種金属製可とう電線管はプライアブルコンジットとも呼ばれます。

一種金属製可とう電線管と二種金属製可とう電線管は，内線規程の3102-1表，3102-2表に規定されているように使用電圧や環境により施設場所が異なっています。

一種金属製可とう電線管については防湿性がないことから，主として**図2**のように電動機，空調機，コンプレッサなどの震動する機器への配線用として，金属管と接続する短小な部分に使用されています。

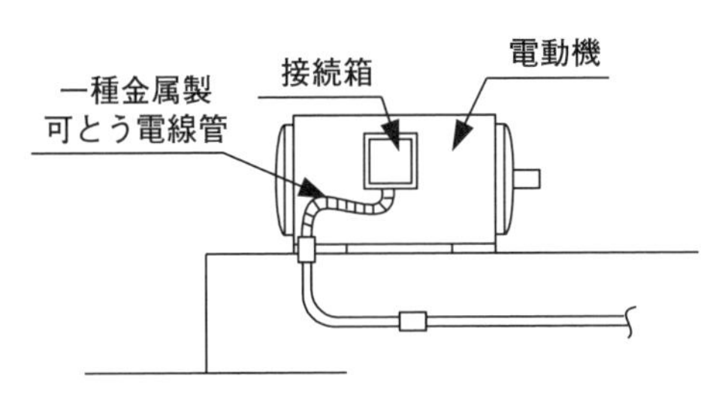


図2　一種金属製可とう電線管配線の施工例

また一種金属製可とう電線管は金属管と比べて電気抵抗が大きく，かつ，屈曲等による電気抵抗の変化も著しいことから，**図3**のように裸軟銅線を全長に渡り添加して電気的に接続する方法（管の長さが4m以下の場合を除く。）で施設する必要があるのも特徴の一つです。

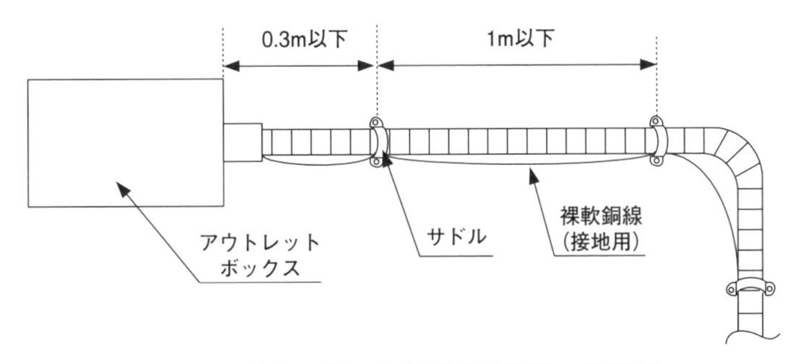


図3　一種金属製可とう電線管配線の施設例

一方，二種金属製可とう電線管は**図4**に示すように三層構造となっていることから，金属管配線と同じように内線規程3102-1表，3102-2表で規定しているすべての場所に施設することができるのが特徴です。

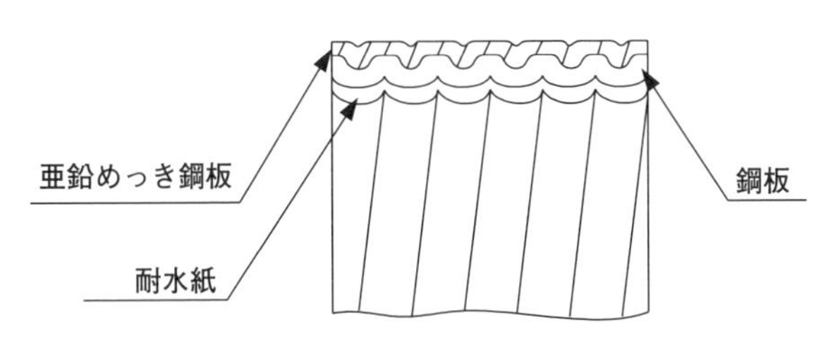


図4　二種金属製可とう電線管の断面図

ただし，重量物等の機械的衝撃を受けるおそれのある箇所に施設する場合は，適当な防護措置を設ける必要があります。

## Q 3-11 金属線ぴと金属ダクトの区分について

内線規程では，3125節に「金属線ぴ配線」，3145節に「金属ダクト配線」が規定されていますが，この「金属線ぴ」と「金属ダクト」の違いとして幅による区分けがあると聞いたことがあるのですが。

## A 3-11

形状による違いもありますが，それぞれの区別を明確にするため，金属線ぴは幅が5cm以下のもの，金属ダクトは幅が5cmを超えるものという考え方があります。

金属線ぴ配線は，一種金属線ぴ配線と二種金属線ぴ配線に分けられます。一種金属線ぴはメタルモールやメタルモールジングと呼ばれ，事務所，学校などの露出配線に使用されています。二種金属線ぴ配線はレースウェイとも呼ばれ，工場，ビル，倉庫，駅などのライン照明に使用されています。

一方，金属ダクト配線は，主に中規模のビル建築の電気室内配電盤から各階の配線室内の分電盤への配線として，金属ダクトが使用されています。

金属線ぴと金属ダクトの違いとしては，形状による違いもありますが，それぞれの区別を明確にするため，金属線ぴは幅（外形）が5cm以下のもの，金属ダクトは幅（外形）が5cm超過のもの，という考え方があります。

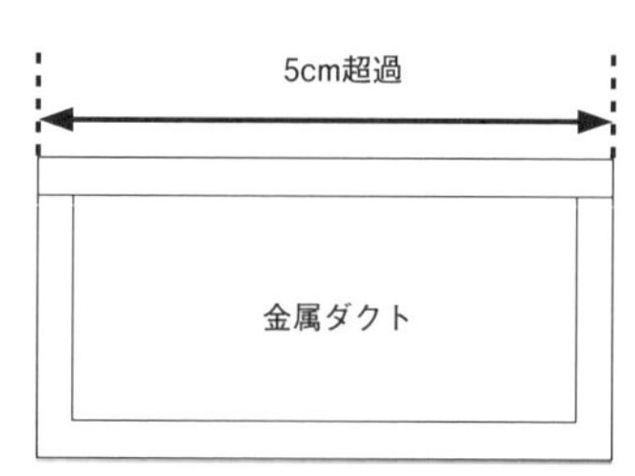


図1　金属ダクトのイメージ図

## Q 3-12　ライティングダクト配線について教えて

内線規程3150節「ライティングダクト配線」で規定されているライティングダクト配線はどのようなものなのか教えて下さい。

## A 3-12

ライティングダクト配線は，商店やショールームなどで店内の意匠性に応じて，照明器具やコンセント等をダクト間の任意の箇所に設置することができる配線方法です。

ライティングダクトは，照明器具や小形電気機器へプラグを介して電源を供給する装置で，プラグをライティングダクトの任意の箇所に設置（着脱，増設，移動）できる構造のものです。

頻繁に模様替えを行う商店やデパート，間仕切り変更の多い事務所ビル，あるいは小形機器を多用する工場等に施設されます。

ライティングダクトの施設例を**図1**に掲載します。

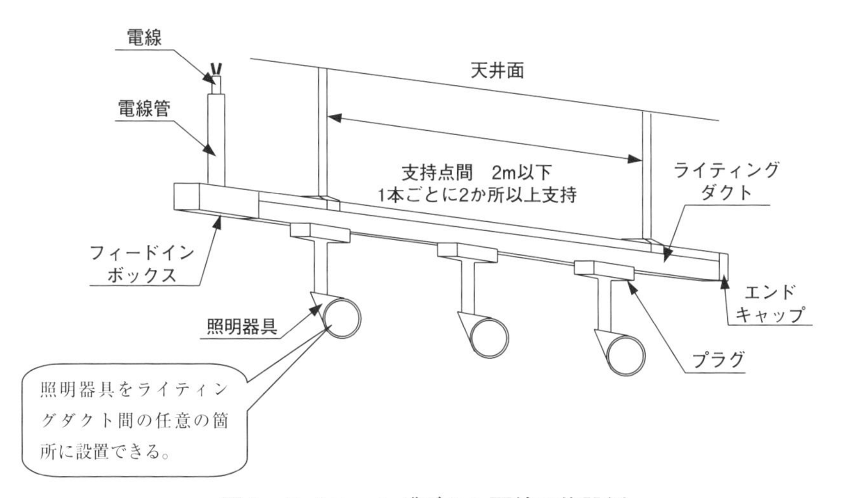


**図1　ライティングダクト配線の施設例**

ライティングダクトには開口部がありその中に導体が設けられていることから，安全上，乾燥した場所で露出場所や点検できる隠ぺい場所に施設することとしています。

ただし，造営材（壁，床，天井等）を貫通して施設することができないので，施設に当たって注意が必要です。

ライティングダクトの種類は**図2**のように大きく分けて固定Ⅰ形と固定Ⅱ形となります。

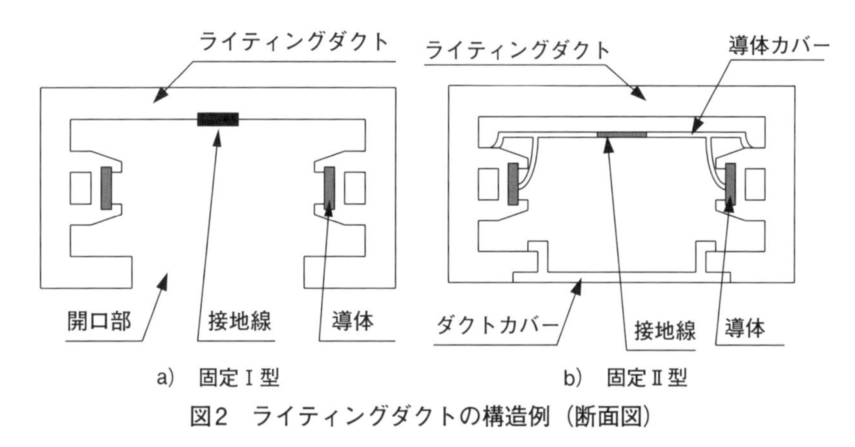


**図2　ライティングダクトの構造例（断面図）**

ライティングダクトの固定Ⅰ型については，原則**図1**のように開口部を下向きにして施設する必要があります。

ただし，**図3**のようにダクト内部にじんあいが侵入しないようダクトカバー設け，かつ，**人が直接ダクトに触れないように施設した場合（簡易接触防護措置を施した場合）は，固定Ⅰ形であっても横向きに施設することが可能です。**

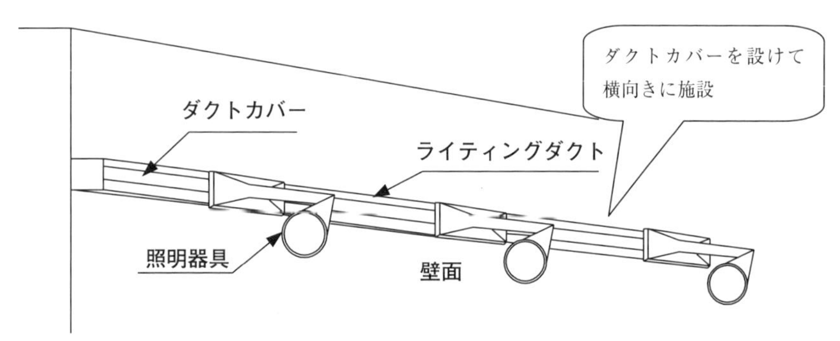


**図3　固定Ⅰ型のライティングダクトを横向きに施設した場合の例**

固定Ⅱ形については，もともとダクトカバー及び導体カバーが取り付けられていることから，簡易接触防護措置を施す必要なく開口部を**図3**のように横向きに施設することが可能となっています。

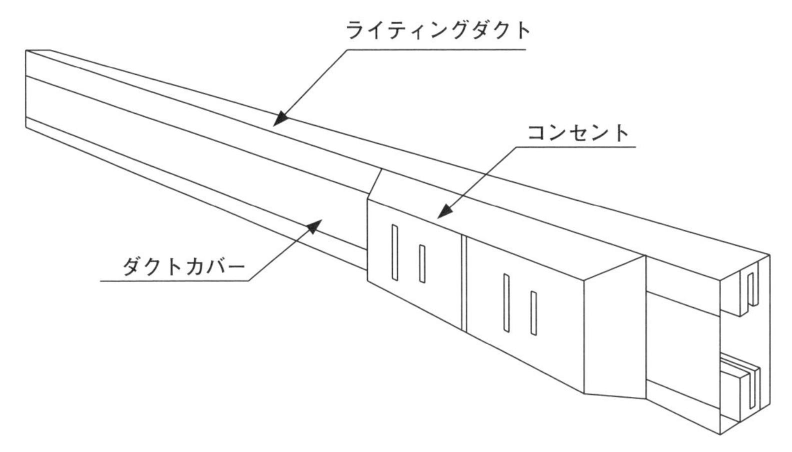


**図4　ライティングダクトの横向きによる施設例**

**図4**の横向きによるライティングダクトの施設は，家具等の配置によって電源を移動したい場合に適しています。

その他，ライティングダクトに必要な性能及び具体的な施設方法については内線規程を参照下さい。

## コラム　接触防護措置，簡易接触防護措置について

2011年版の内線規程から以下の用語の見直しが行われました。

| 改定前 | 改定後 |
|---|---|
| 人が容易に触れるおそれがある場所 | 簡易接触防護措置 |
| 人が触れるおそれがある場所 | 接触防護措置 |

### ○内線規程の定義

| 用語 | 定義 |
|---|---|
| 簡易接触防護措置 | 次のいずれかに適合するように施設することをいう。<br>a．設備を，屋内にあっては床上1.8 m 以上，屋外にあっては地表上2m 以上の高さに，かつ，人が通る場所から容易に触れることのない範囲に施設すること。<br>b．設備に人が接近又は接触しないよう，さく，へい等を設け，又は設備を金属管に収める等の防護措置を施すこと。 |
| 接触防護措置 | 次のいずれかに適合するように施設することをいう。<br>a．設備を，屋内にあっては低圧の場合は床上2.3 m（高圧の場合は，2.5 m）以上，屋外にあっては地表上2.5 m 以上の高さに，かつ，人が通る場所から手を伸ばしても触れることのない範囲に施設すること。<br>b．設備に人が接近又は接触しないよう，さく，へい等を設け，又は設備を金属管に収める等の防護措置を施すこと。 |

### ○接触防護措置，簡易接触防護措置の図例

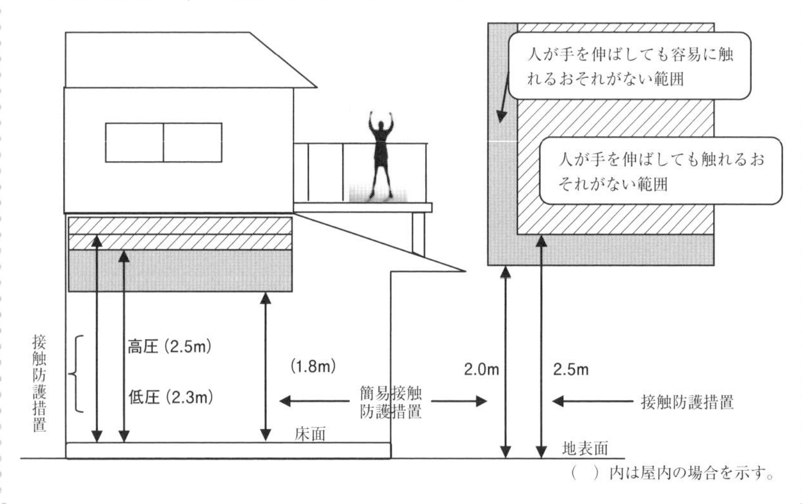

## Q 3-13 バスダクト配線の特徴を教えて

内線規程3155節「バスダクト配線」で規定されているバスダクト配線の特徴について教えて下さい。

## A 3-13

バスダクト配線には，工場，ビルディング等において大電流容量の幹線を施設する場合に採用される配線方法です。

バスダクト配線は，工場，ビルディング等において大電流容量の幹線を施設する場合に採用されています。

例として，キュービクルから配電盤に接続する幹線としてバスダクトを使用しているケースを**図1**に掲載します。

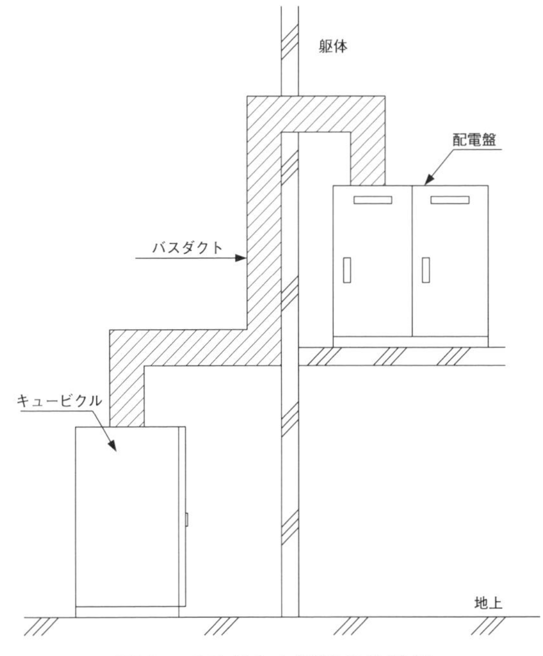


**図1　バスダクト配線の施設例**

バスダクト配線による主な特徴は**表1**のとおりです。

表1　バスダクト配線の主な特徴

| 主な特徴 | 内容 |
| --- | --- |
| 配線経路を簡素化できる | ・幹線容量を大きく設定できるため，系統数が少なくなり配線経路が分かり易い。 |
| 負荷調整ができる | ・バスダクトの幹線容量を超えない限り，特定場所に負荷が集中しても軽負荷の場所から電力を融通できる。 |
| 電子機器に影響を与えない | ・バスダクトは漏洩磁束がほとんどなく，弱電流電線等に電磁誘導障害を与える心配がない。 |
| 災害による影響が少ない配線 | ・バスダクトは全周を鋼板で覆われていることから火災の延焼による二次災害の影響が少ない。 |

ビル設備における幹線はケーブル配線により施設するケースもありますが，**図2**のようにバスダクト配線により幹線を形成した方が，配線経路の簡素化やスペースの省略化などで有利な場合もあります。

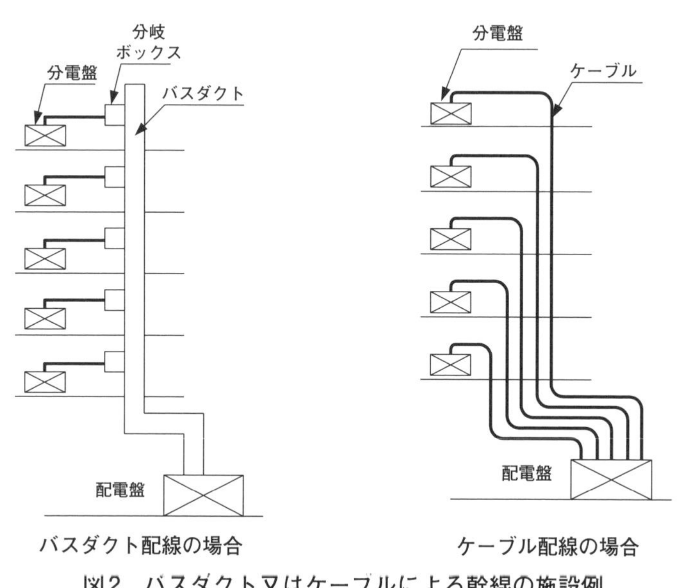


図2　バスダクト又はケーブルによる幹線の施設例

バスダクトの構造は，ハウジング（ケース）と呼ばれる金属製のダクトに導体を絶縁して収めたものを言います。導体にはアルミニウム及び銅などが使用され，ハウジング（ケース）には鋼板製やアルミニウム製などが使用されます。

ここでは,「空気絶縁バスダクト」,「絶縁導体バスダクト」,「耐火バスダクト」のそれぞれの特徴について触れたいと思います。

## 1．空気絶縁バスダクト

空気絶縁バスダクトの構造図は図3のとおりです。

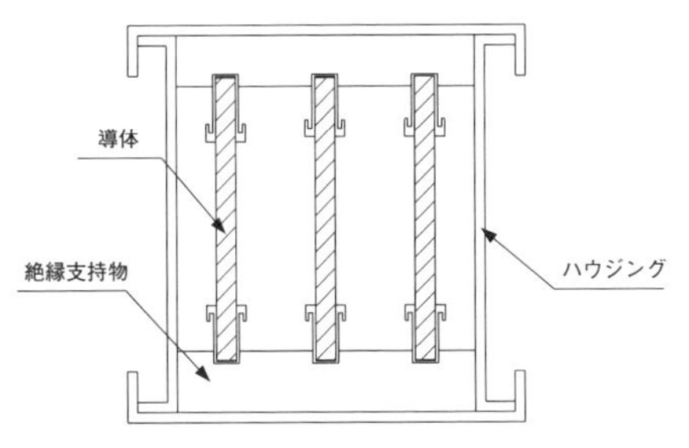


図3　空気絶縁バスダクト

空気絶縁バスダクトは，裸導体を絶縁支持物で支持し，ハウジングに収納したもので導体相互間，導体ハウジング間を空気により絶縁したバスダクトとなっています。

内部に空気層があることから過酷な条件でも絶縁劣化を起こしにくい特徴がある一方，裸導体のため極間距離を狭くすることができず，リアクタンスが大きくなります。そのため，絶縁バスダクトと比較して電圧降下が大きくなる傾向があります。

## 2．絶縁バスダクト

絶縁バスダクトの構造図は図4のとおりです。

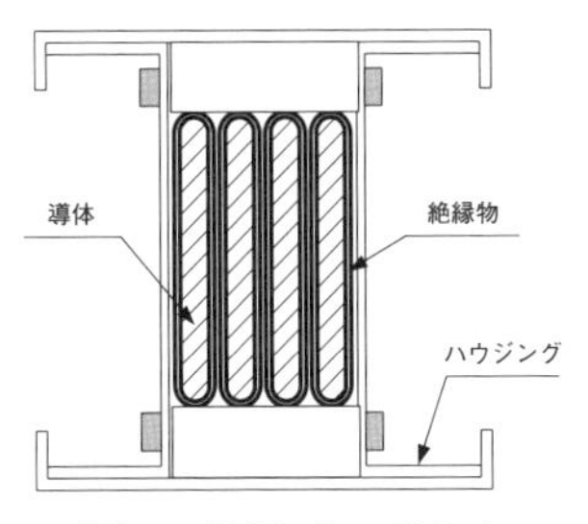


図4　絶縁バスダクト

絶縁バスダクトは，導体を絶縁物で被覆しそれぞれの被覆導体を密着させて鋼板製（又はアルミニウム製）ハウジングに収納し，堅ろうに締め付けたバスダクトです。現在ではこの絶縁バスダクトが主流となっており，空気絶縁バスダクトと比較して軽量，小形，低リアクタンスなのが，大きな特徴となっています。

3．耐火バスダクト

耐火バスダクトの構造図は**図5**のとおりです。

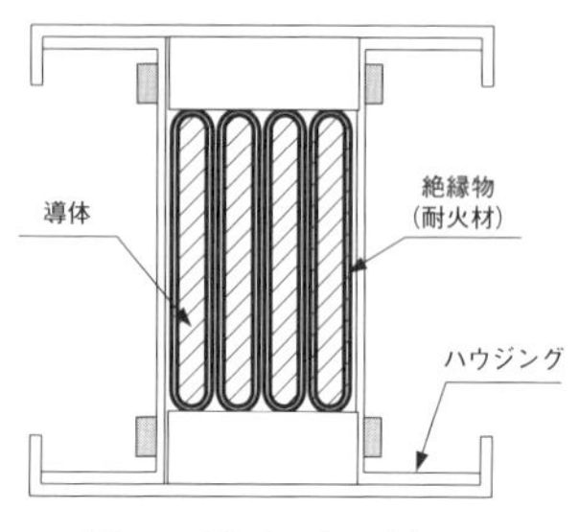


**図5　耐火バスダクト**

耐火バスダクトは，ビル設備に施設された消防用のスプリンクラ，排煙設備等に電気を供給する際に施設されるバスダクトになります。

耐火バスダクトの性能は総務省消防庁告示10号に適合するもので，耐火バスダクトによる施設の場合は，1時間耐火以上の耐火被覆板で覆う必要はありません。

一般用バスダクトと耐火バスダクトの施設例を**図6**に掲載します。

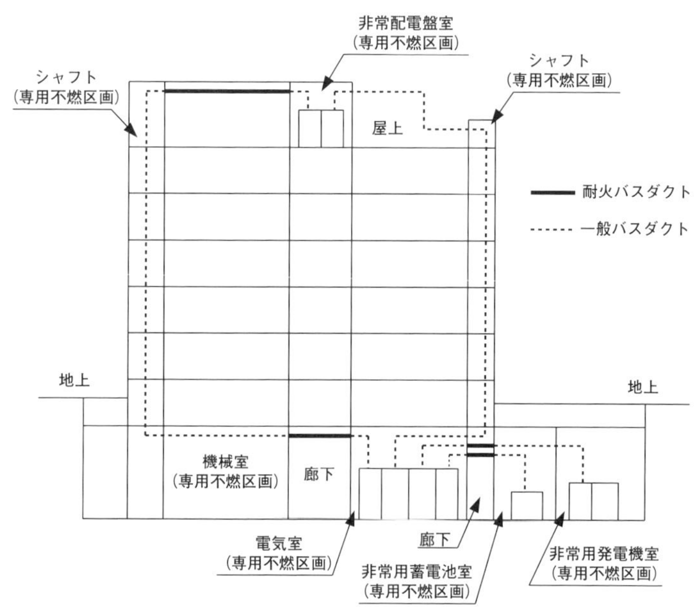


**図6　耐火バスダクトの施設例**

## Q 3-14　平形保護層配線について教えて

内線規程の3160節から3162節では3種類の平形保護層配線について規定していますが，それぞれの違いについて教えて下さい。

## A 3-14

内線規程では,「床面に施設する平形保護層配線」,「コンクリート直天井面に施設する平形保護層配線」,「石膏ボード等の天井面・壁面に施設する平形保護層配線」の3種類の平形保護層配線について規定しています。

このうちの「コンクリート直天井面に施設する平形保護層配線」及び「石膏ボード等の天井面・壁面に施設する平形保護層配線」は，昨今のSI工法住宅への施設を想定した平形保護層配線となります。

「床面に施設する平形保護層配線」は主に事務所内のタイルカーペットの下に施設される配線方法で，事務所の机や端末機器等のレイアウト変更があっても容易に変更工事ができる特徴を持っています。

図1に床面に施設する平形保護装置配線の施設例を掲載します。

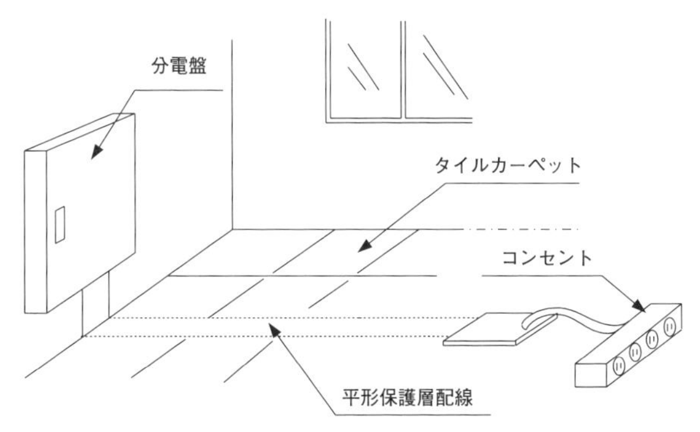


図1　床面に施設する平形保護層配線の施設例

一方最近では住宅の長寿命化，高耐久性の観点から構造体（スケルトン）と内装・設備（インフィル）を分離した施工を行う（SI工法）が注目され，このようなニーズに関連して内線規程に反映されたのが，住宅の直天井や石膏ボート等に施設できる平形保護層配線となります。

コンクリート直天井面に施設する平形保護層配線は住宅の天井の躯体に直接施設する配線方法になります。施設例を**図2**に掲載します。

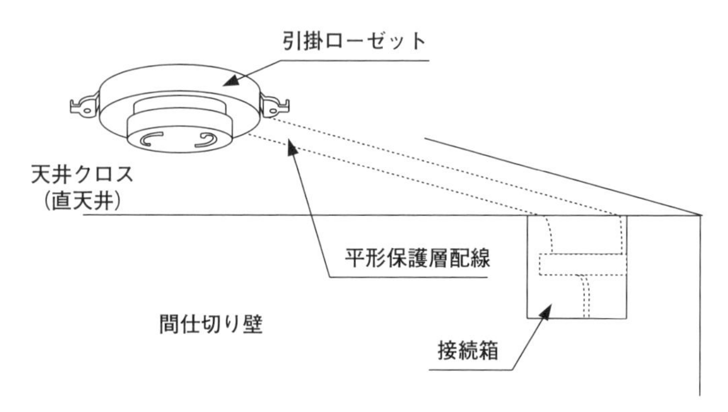


**図2　コンクリート直天井面に施設する平形保護層配線の施設例**

石膏ボード等の天井面・壁面に施設する平形保護層配線は，住宅の石膏ボード等に平形保護層配線を施設します。

ここで石膏ボート等には，石膏ボード，木材，集合材・合板等の木質材質，コンクリートも含まれます。施設例を**図3**に掲載します。

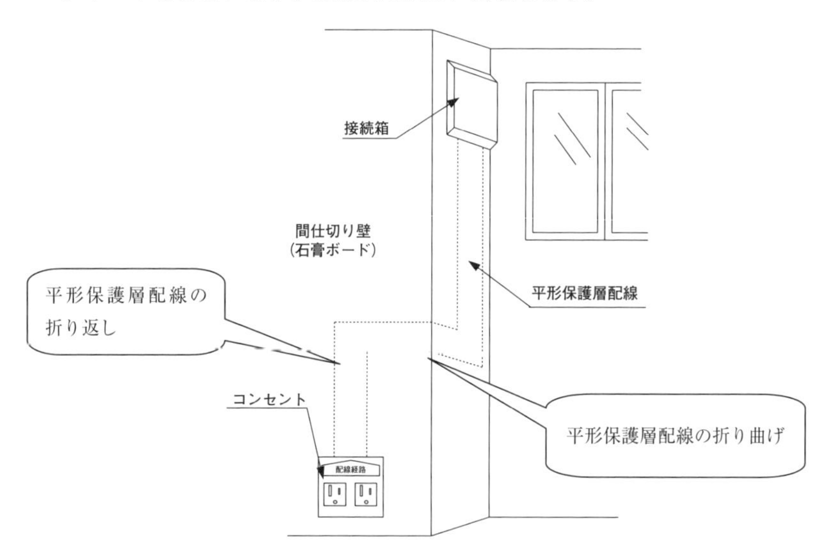


**図3　天井面・壁面に施設する平形保護層配線の施設例**

この3種類の平形保護装置配線の構造例をまとめると**表1**のとおりとなります。

**表1　平形保護層配線の種類及び構造例について**

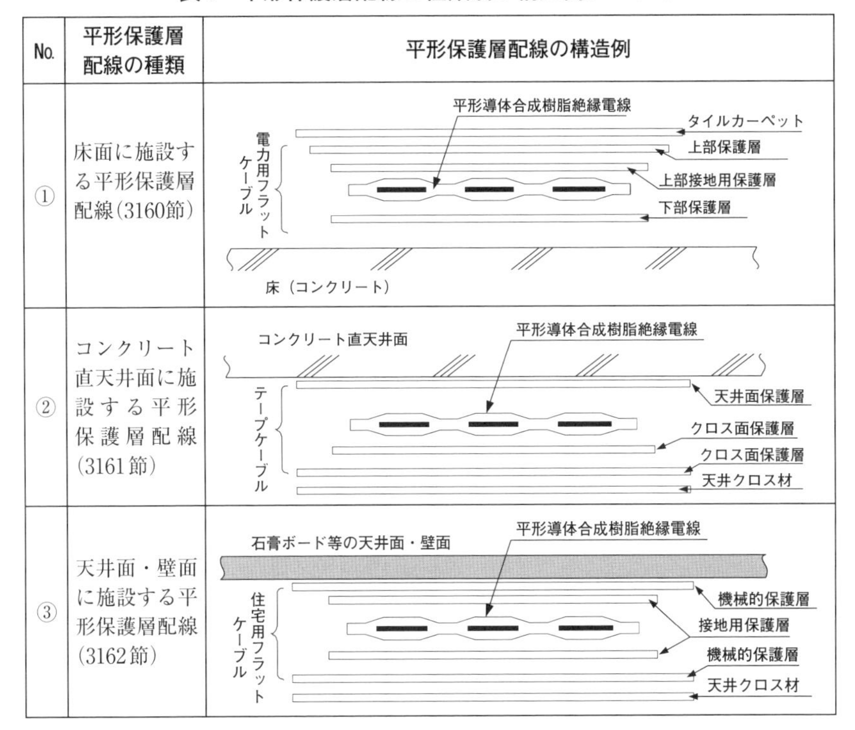

| No. | 平形保護層配線の種類 | 平形保護層配線の構造例 |
|---|---|---|
| ① | 床面に施設する平形保護層配線（3160節） | 平形導体合成樹脂絶縁電線／タイルカーペット／上部保護層／上部接地用保護層／下部保護層／電力用フラットケーブル／床（コンクリート） |
| ② | コンクリート直天井面に施設する平形保護層配線（3161節） | コンクリート直天井面／平形導体合成樹脂絶縁電線／天井面保護層／クロス面保護層／クロス面保護層／天井クロス材／テープケーブル |
| ③ | 天井面・壁面に施設する平形保護層配線（3162節） | 石膏ボード等の天井面・壁面／平形導体合成樹脂絶縁電線／機械的保護層／接地用保護層／機械的保護層／天井クロス材／住宅用フラットケーブル |

**表1**の①の平形保護層配線は，主に事務所等のタイルカーペット等の下に施設する場合を想定していることから，機械的衝撃については上部からの衝撃を考慮し，平形導体合成樹脂絶縁電線を上部保護層により保護する形となっています。

また電気的保護は上部から衝撃を考慮し，上部接地用保護層と平形導体合成樹脂絶縁電線が電気的に接続した場合に漏電遮断器により保護する形となっています。

**表1**の②の平形保護層配線は天井面への施設で機械的衝撃は天井クロス面側からの衝撃を想定しています。そのため，天井クロス面側にはクロス面保護層とクロス面接地用保護層が設けられています。

**表1**の③の平形保護層配線は，**図4**のように間仕切り壁等に施設した場合，

表面（施設面）及び裏面からの機械的衝撃が想定されることから，平形導体合成樹脂絶縁電線を挟むように機械的保護層が設けられています。

これに合わせて電気的保護も両面からの衝撃を想定し，接地用保護層を平形導体合成樹脂絶縁電線の両面に施設した構造となっています。

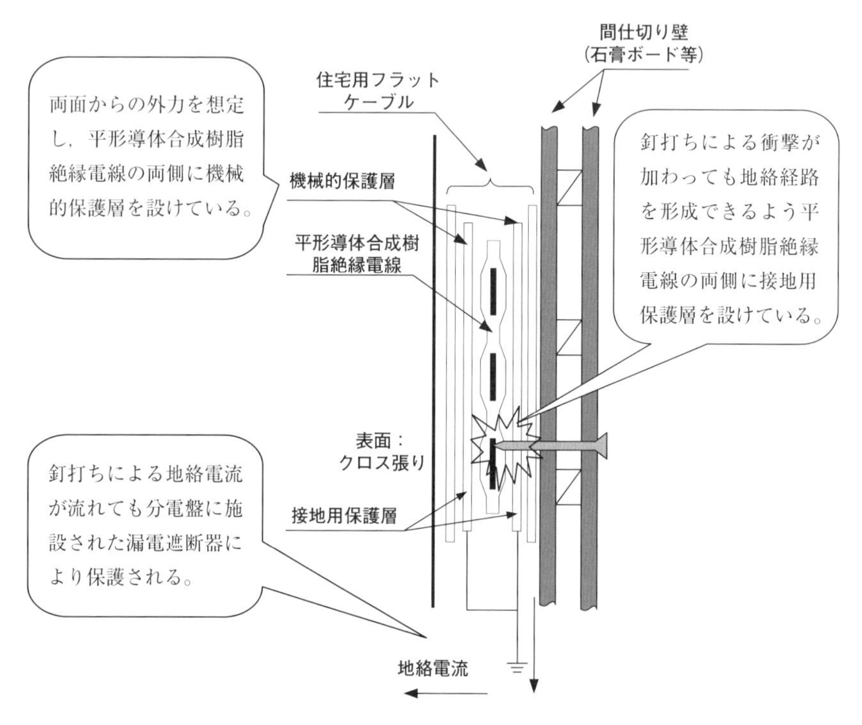


**図４　天井面・壁面に施設する外的保護による考え方**

施設場所の状況に応じて機械的保護と電気的保護が施設されている形となっています。

## Q 3-15 ケーブルを管に収めて施設する場合に適用される規定は何?

内線規程3165節「ビニル外装ケーブル配線, クロロプレン外装ケーブル配線又はポリエチレン外装ケーブル配線」で, ケーブルに使用する防護措置について, 金属管や合成樹脂管を使用することを例示しているが, ケーブルを管に収めて施設する場合に適用されるのは, 合成樹脂管配線や金属管配線の規定となるのでしょうか?

## A 3-15

ケーブルの防護措置として, 金属管や合成樹脂管に収めた場合でも金属管配線や合成樹脂管配線とはならず, ケーブル配線のままとなりますので, 内線規程3165節により施設して下さい。

ケーブル配線において, 内線規程は,「重量物の圧力又は著しい機械的衝撃を受けるおそれがある場所」には, 金属管や合成樹脂管などに収めて施設することとなっています。

ケーブルを金属管や合成樹脂管に収められる場合に適用される規定は, 内線規程の3110節「金属管配線」や3115節「合成樹脂管配線」ではなく, そのまま内線規程3165節のケーブル配線の規定によることとなります。

これは, 内線規程3110節「金属管配線」や3115節「合成樹脂管配線」で, 以下のとおり規定されているためです。

・3110-1　電　線
　金属管配線には, 絶縁電線を使用すること。
・3115-1　電　線
　合成樹脂管配線には, 絶縁電線を使用すること。

このように, 内線規程の3110節や3115節は, 管に絶縁電線を挿入した場合の規定となりますので, **図1**のようにケーブルを管に収めて施設する場合は3165節のケーブル配線によることとなります。

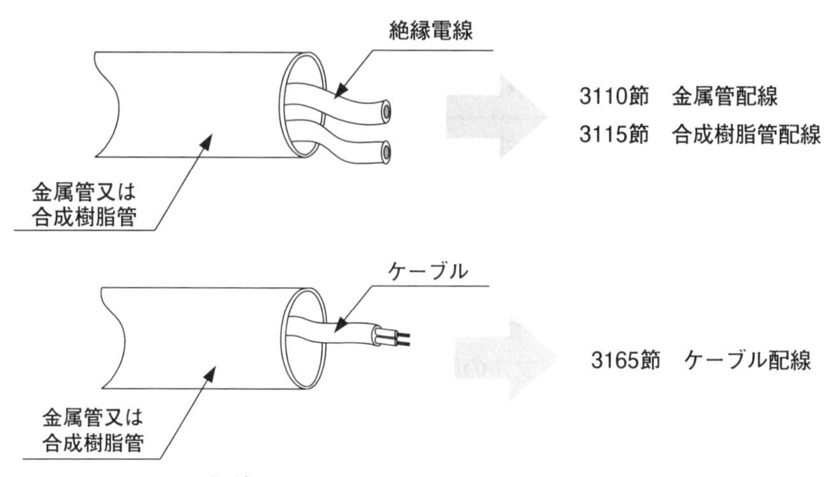


図１　電線を管に収めた場合に適用される規定について

例えば，ケーブルを防護管に収めて施設する場合，金属管配線や合成樹脂管配線などでは，管に電線を挿入できる最大本数について規定していますが，これによらない形となります。このケースはあくまでもケーブル配線ですので，内線規程3165-1条1項①注書きにより，**図2**のように防護管の内径が，電線仕上り外径の1.5倍以上となるように防護管を選定することとなります。

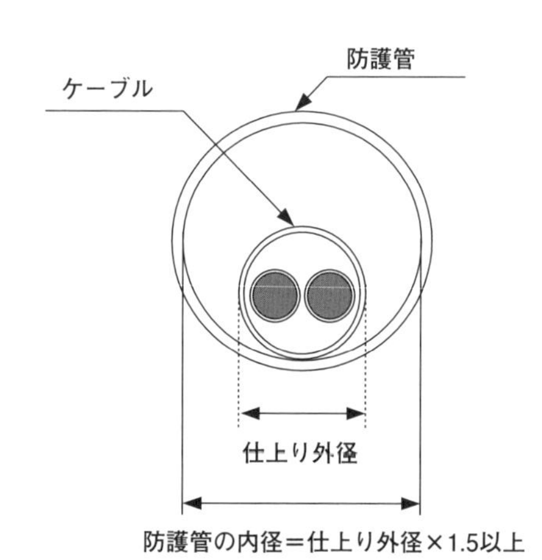


図２　ケーブルの防護管選定の考え方

その他，金属製の防護管を使用する場合に接地に係る規定も3110節に規定されていますが，これも3165節に準じて施設することとなります。

## Q 3-16 内線規程の接地極付きコンセントに関する適用レベルについて教えて

接地極付きコンセントはどのような場所に設置する必要がありますか？

## A 3-16

接地極付きコンセントは感電保護の観点から普及が進んできていますが，2022年版の内線規程より，屋外や水気のある場所等で設置レベルが引き上げられました。

表を参照頂き，適切に接地極付きコンセントを選定してください。

表１　接地極付きコンセントの規定レベル

| 3202-3〔接地極付きコンセントなどの施設〕 | | 住宅 100V | 住宅 200V | 住宅以外 100V | 住宅以外 200V |
|---|---|---|---|---|---|
| 特定機器用コンセント<br>①電気冷房機用②電気冷蔵庫用③電気食器洗い用<br>④電子レンジ用⑤電気洗濯機用⑥電気衣類乾燥機用<br>⑦温水洗浄式便座用⑧電気温水器用⑨自動販売機用 | | 義務〔注〕 | | | |
| 特定場所 | ①雨線外に施設するコンセント<br>②台所，厨房，洗面所，及び便所に施設するコンセント | 勧告→義務〔注〕 | | | |
| 特定場所 | 病院，診療所等において，医療用電気機械器具を使用する部屋に施設するコンセント | | | 義務<br>※コンセントはJIS T1021に適合するものを使用し，施工はJIS T1022に基づくこと | |
| 単相３線式分岐回路に用いる100V/200V併用コンセント | | 勧告 | | | |
| 上記以外のコンセント | | 推奨<br>↓<br>勧告〔注〕 | 義務 | 規定なし | 勧告〔注〕 |

〔注〕接地用端子の付いた接地極付きコンセントの施設が望ましい。
　　これは，差込プラグ側が2極の場合でも機器側の接地線を接地用端子へ確実に接地を行えるようにするためである。

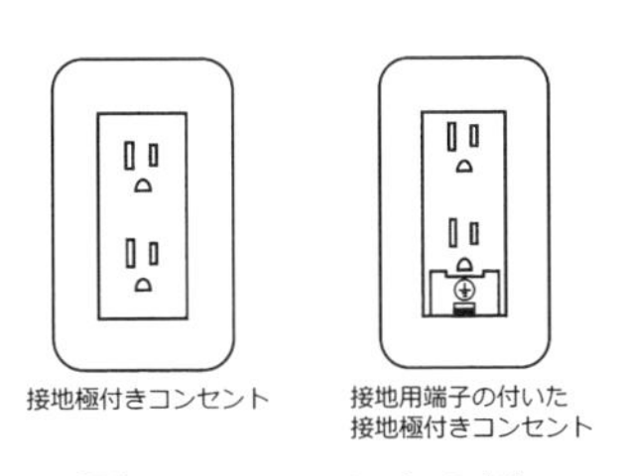


図１　コンセントの例

## Q 3-17　点滅器の施設上の留意事項は？

内線規程3202節 「その他電気機械器具類」(3202-6条～3202-10条）では，点滅器の施設方法などについて規定していますが，点滅器の種類による留意事項について教えて下さい。
また，その理由についても教えて下さい。

3路点滅器や自動点滅器の場合など，回路や接続する負荷設備に留意が必要です。

各種点滅器を施設する場合の留意事項をまとめると，**表1**のとおりとなります。

**表1　各種点滅器の施設上の留意事項**

| 主な規定事項 | 施設条件など |
|---|---|
| 電球受口としてキーレスソケット又はレセプタクルなどを使用する場合(3202-6条) | ・回路中の適当な箇所に点滅器を取り付ける。<br>・点滅器は，電路の電圧側に施設する。<br>・単相3線式の200V回路の場合は，両切りを使用する。 |
| 3路点滅器又は4路点滅器(3202-7条) | ・切り替え回路は，同極切替とする。<br>・異極切替は行わない。 |
| フロートスイッチなど（3202-8条） | ・電路の各極を同時に開閉するのが原則。<br>・中性極又は接地側極に限り，開閉極の省略が可。 |
| 電気式タイムスイッチなど(3202-9条) | ・停電補償装置を有するものを推奨。 |
| 熱線式自動スイッチ（3202-10条） | ・製造業者が指定する負荷に接続する。<br>・照明器具，換気扇など。 |

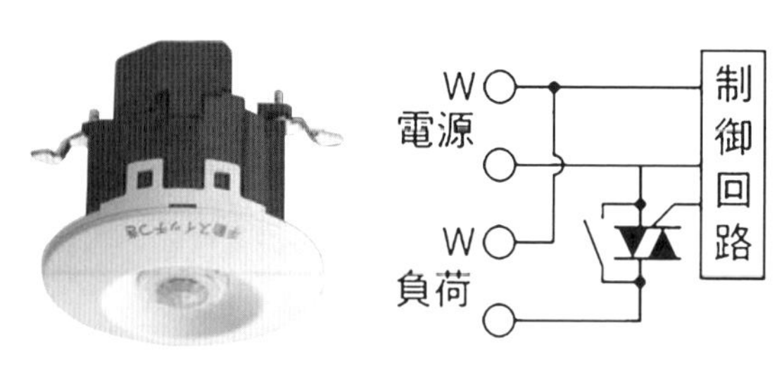


**図1　熱線式自動スイッチの例**

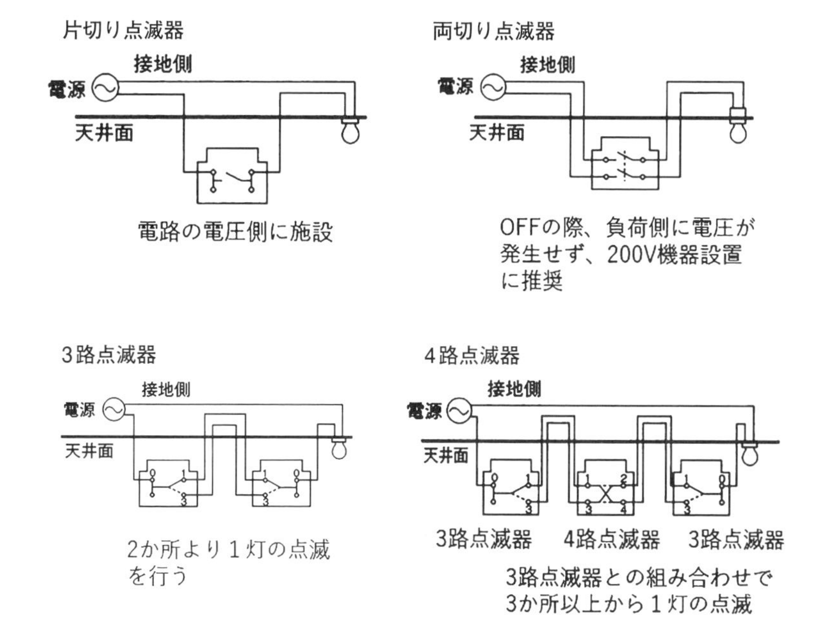


図2　各点滅器の配線例

(1)　電球受口としてキーレスソケット又はレセプタクルなどを使用する場合の留意事項

ランプレセプタクルなどの電球受口は，電球を取り除いた場合に充電部が露出してしまうので，必ず電圧側に点滅器を施設しなければいけません。

特に，電球を取り替えるために緩めている途中でも，電路と繋がった充電部が露出してきますので，その際，充電部に触れて感電してしまうおそれが生じます。

通常，ランプレセプタクルなどの受金ねじ部は，接地側電線が接続されますが，単相3線式電路の200V回路では，接地側電線がないため両切りの点滅器を施設することをおすすめしております。

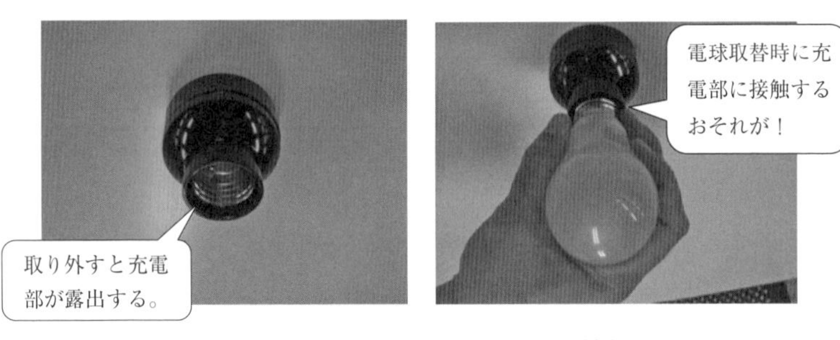


写真１　電球受口と充電部への接触

② 3路点滅器及び4路点滅器の留意事項

3路点滅器や4路点滅器を使用すると，複数の箇所から電灯を点滅させる事ができます。電灯を点滅させる切替回路の接続方法には，非接地側のみで切替を行う「同極切替」と，接地側・非接地側を交互に切り換える「異極切替」があります。

しかし，異極切替を行う場合，3路点滅器の2端子が充電状態となるため，点滅器において短絡事故が起こりやすい状況となります。

そこで内線規程では，この異極切替を禁止しております。

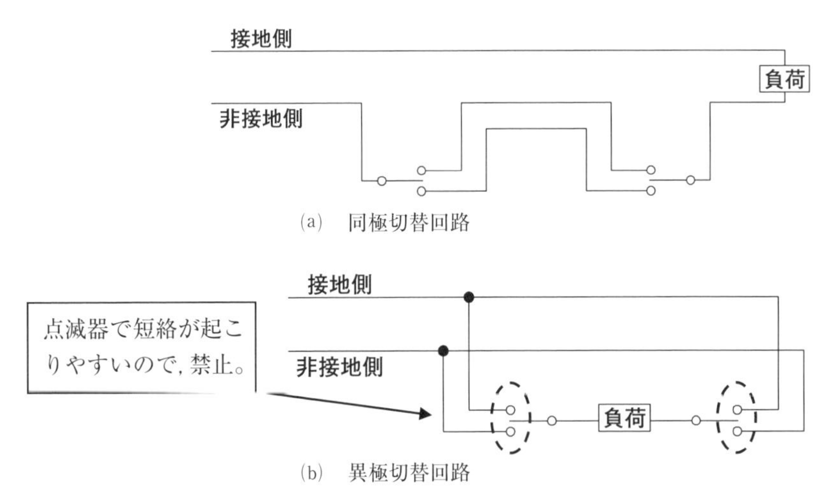


図3　3路点滅器の同極切替と異極切替

## Q 3-18 病院や診療所で施設するコンセントについて教えて

内線規程3202-3条では病院，診療所等に施設する医療用電気機械器具のコンセントについて接地極付きのものを用いることとしていますが，病院や診療所に使用するコンセントの特徴について教えて下さい。

## A 3-18

医療用電気機械器具と接続する医用コンセントの性能は，JIS T 1021（2019）「医用差込接続器」に適合するものを使用し，一般用コンセントより衝撃強度，耐異常引抜性など，高い性能が要求されています。

また，コンセントと接続する電源の種類が明確となるようJIS T 1022（2018）「病院電気設備の安全基準」でコンセントの外郭の色を具体的に指定しているのも病院や診療所で施設するコンセントの特徴の一つです。

内線規程3202-3条では，医療用電気機械器具を使用する医用コンセントについてJIS T 1021（2019）「医用差込接続器」に適合するものを使用し，JIS T 1022（2018）「病院電気設備の安全基準」に基づいて施工するのがよいと記載されています。

医用コンセントの具体的な性能は，JIS T 1021（2019）「医用差込接続器」に規定されています。

病院や診療所などで施設される医療用電気機械器具は，Q1-22でもご紹介したように，マクロショック（皮膚を介して体内に電流が流れ込むために起きる感電）やミクロショック（皮膚を介さず漏れ電流が直接心臓に直接流れて起きる感電）を防止するため適切に接地を施す必要があります。

この関係からJISで規定する医用コンセントは，一般住宅などで施設される一般用コンセントに比べ高度な性能が要求される形となっています。

医用コンセントと一般用コンセントの主な性能を比較すると**表1**のとおりとなります。

表1　医用コンセントと一般用コンセントの主な性能の比較

| 項目 | 医用コンセント | 一般用コンセント |
|---|---|---|
| 適用JIS | JIS T 1021「医用差込接続器」 | JIS C 8303「配線用差込接続器」 |
| 衝撃強度 | 質量2.3kgの鋼製円柱形おもりを46cmの高さから落下させ耐えること。 | 規定なし |
| 耐異常引抜性 | コンセントに差し込んだ鋼製の試験用差込みプラグに衝撃を加えた時に有害な異常がないこと。 | 規定なし |
| 接地極の接触抵抗 | 10mΩ以下 | 50mΩ以下 |
| アンモニアガス耐久 | 72時間耐えること。 | 24時間耐えること。 |
| 開閉性能<br>（コンセントの定格20A以下の場合） | ・定格負荷試験<br>開閉の割合20回/分<br>開閉回数10,000回<br>・過負荷試験<br>開閉の割合最大10回/分<br>開閉回数　100回 | ・定格負荷試験<br>開閉の割合20回/分<br>開閉回数5,000回<br>・過負荷試験<br>開閉の割合最大10回/分<br>開閉回数　100回 |

JIS T 1021の中では，**表1**の他に様々な性能が要求されていますが，この比較の中でも，医用コンセントは，一般用コンセントより高い性能が要求されていることが分かるかと思います。

医用コンセントに関するもう一つの特徴として，病院や診療所等で規定するコンセントに施す表示は供給される電源の種類に応じて，決められた表示を施さなければならないことがJIS T 1022で規定されています。その内容をまとめると**表2**の通りになります。

表2　JIS T 1021で規定されているコンセントの色及び必要な表示

| 電源の種類 | | コンセントの色 | その他必要な表示 |
|---|---|---|---|
| 1 | 商用電源 | 白 | ― |
| 2 | 一般非常電源 | 赤 | ― |
| 3 | 特別非常電源 | 赤 | 見やすい箇所に「特別非常電源」を表示 |
| 4 | 無停電非常電源 | 緑 | ― |
| 5 | 非接地配線方式<br>（特別非常電源の場合） | 赤 | ・非接地配線方式以外の配線方式によるコンセントと識別できるようにすること<br>・「特別非常電源」の旨を表示 |
| 6 | 非接地配線方式<br>（特別非常電源以外の場合） | 電源の種類1～4に規定する外郭表面の色 | 非接地配線方式以外の配線方式によるコンセントと識別できるようにすること |

**表2**のコンセントの色による識別例を**図1**に掲載します。

a) 識別が白色の例　b) 識別が赤色の例　c) 識別が緑色の例

**図1　医用コンセントの外郭標識の例**

**表2**の特別非常電源に接続するコンセントは色による識別の他に見やすい箇所にその旨の表示をすることとなっております。**図2**にその表示例を記載します。

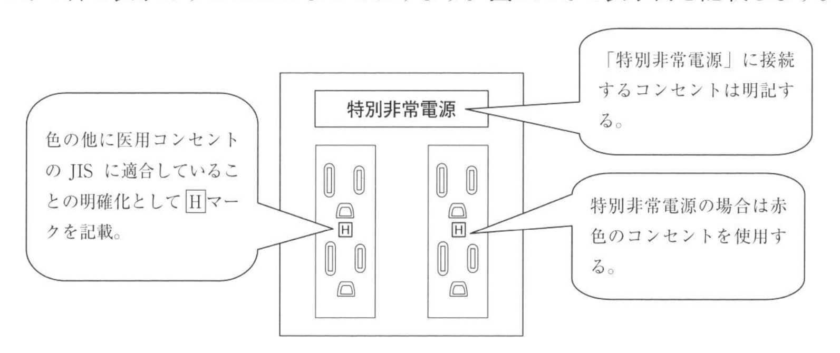


**図2　特別非常電源コンセントの表示例**

非接地配線方式のコンセントは，非接地配線方式以外の配線によるコンセントとは何らかの方法で識別することがJIS T 1022で要求されています。**図3**に識別例を示します。

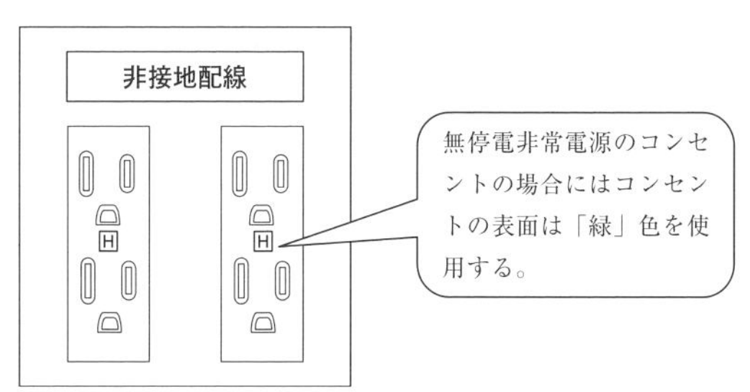


**図3　非接地配線方式のコンセントの識別例**

なお，**表2**の電源の種類にある「一般非常電源」，「特別非常電源」，「無停電非常電源」の内容については**表3**のとおりです。

**表3　JIS T 1022で規定されている非常電源の種類及び内容**

| 非常電源 | 内容 |
| --- | --- |
| 一般非常電源 | ・商用電源が停止した時，40秒以内に電源供給可能な電源で，発電機と原動機で構成する自家用発電設備。<br>・原動機の例として，ガスタービンエンジン，ディーゼルエンジン，ガスエンジンがある。 |
| 特別非常電源 | ・商用電源が停止した時，10秒以内に電力供給可能な電源で，発電機と原動機で構成する自家用発電設備。<br>・原動機の例として起動時間の短いディーゼルエンジンがある。 |
| 無停電非常電源 | ・商用電源の停止から，無停電（交流電力の連続性が確実な電源）で電力を供給できる非常電源。 |

### コラム　医用プラグと病院用タップの例

内線規程は配線側に関する規定なので，プラグ側に関する規定はあまり記載されていませんが，参考として病院で使用される医用プラグ及び病院用タップを以下のとおり掲載します。

なお，病院用タップはJIS T 1022に規定する以外の設備用としてご使用ください。

医用プラグであることが分かるように[H]マークが表示されています。

JISに規定はありませんが，接地線が接地端子に接続されているのを目視確認できるように，外かくを透明にし，接地端子（端子ねじ）を緑色にしています。

医用プラグ

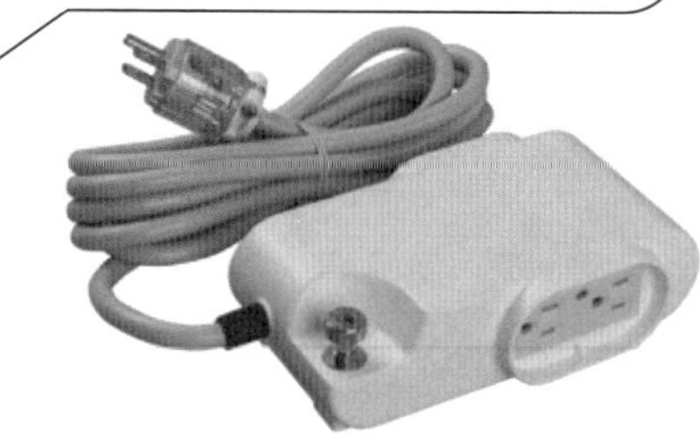

病院用タップ

**図3　医用プラグ及び病院用タップの例**

## Q 3-19 2022年版の内線規程で改定された「断路用器具」について教えて

3302-2条（断路用器具）では，低圧の電動機，加熱装置などが施設された分岐回路において，断路用器具として開閉器又はコンセントを施設することとしていますが，2022年版の内線規程ではこれらに加え「同等以上の性能を有するもの」が追加されました。「同等以上の性能を有するもの」どのようなものか具体例を教えて下さい。

## A 3-19

以下に具体例を示します。

3302-2条（断路用器具）では，低圧の電動機，加熱装置又は電力装置の配線には，これに供給する分岐回路の配線から低圧の機械器具又は装置を分離できるよう，断路用器具として各個に開閉器又はコンセントを設備することと規定されています。2022年版の内線規程では，「これと同等以上の性能を有するもの」が新たに追加されました。

内線規程では従来から断路用器具に必要な性能について3302-2条3項において以下のとおり規定されています。

・電路の各極に施設すること。
・開閉の別が明瞭に識別できるものであること。
・施設する電路の最大負荷電流以上の定格電流のものであること。

「これと同等以上の性能を有する断路用器具」について上記に規定する性能を満足する必要があり，具体例として**図1**のイメージになります。

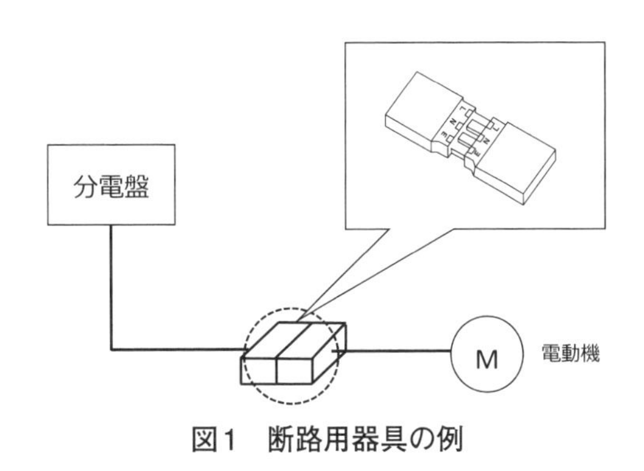


図1　断路用器具の例

## Q 3-20 電気さくについて教えて

**内線規程で規定している電気さくの施設方法について教えて下さい。**

## A 3-20

主な施設方法について解説いたします。

### 1．定義

電気さくとは，牧場，田畑など屋外において，家畜の脱出又は野獣の侵入を防止する目的のために，屋外に裸電線を固定して施設したさくに充電したものをいいます。ただし，本目的以外には，施設しないことと制限されております。

### 2．電源装置

電気さくを充電させるための電源装置は，電気用品安全法の適用を受けているものか，感電により人に危険を及ぼすおそれのないように出力電流が制限されるものであって，電気用品安全法の適用を受ける直流電源装置あるいは蓄電池，太陽電池その他これらに類する直流の電源から電気の供給を受けるものとされています。

### 3．漏電遮断器の施設

電気さく用電源装置（直流電源装置を介して電気の供給を受けるものにあっては，直流電源装置）が使用電圧30V以上の電源から電気供給を受けるものである場合において，人が容易に立ち入る場所に電気さくを施設するときは，当該電気さくに電気を供給する電路には，電流動作型かつ，定格感度電流が15mA以下，動作時間が0.1秒以下のものである漏電遮断器を施設します。

### 4．二次側配線の施設

電気さく用電源装置から電気さくに至る二次側配線の施設方法は，以下のとおりです。

・屋外に施設する部分は，2編（構内電線路）の規定に準じて施設すること。
・屋内及び屋側に施設する部分は，絶縁電線又はこれと同等以上の絶縁効力のある電線を使用し，3編1章（低圧配線方法）の規定に準じて施設すること。
・屋内の引出し口に近く，容易に開閉できる箇所に専用の開閉器を設置すること。雷害のおそれがあるときは，この開閉器を開くことを推奨。

### 5．手元開閉器の施設

電気さく用電源装置の一次側には，容易に開閉できる箇所に専用の手元開閉器又はコンセントなどを電路の各極に施設します。

### 6．電波障害防止

電気さく用電源装置のうち，衝撃電流を繰り返して発生するものは，その装置及びこれに接続する電路において発生する電波又は高周波電流が，無線設備の機能に継続的，かつ，重大な障害を与えるおそれがある場所には，施設できません。

### 7．危険表示

電気さくを施設した場所には，人が見やすいように適当な間隔で注意札などにより，危険である旨の表示をします。また，夜間に通電する場合，人が立ち入るおそれがある場所には，通電表示灯を取り付けるなどにより表示するとよい。

また，電気さくを設置する場所に立ち入る人を想定して，容易に判読可能な文字，背景色や記号を利用した表示内容である必要があります。

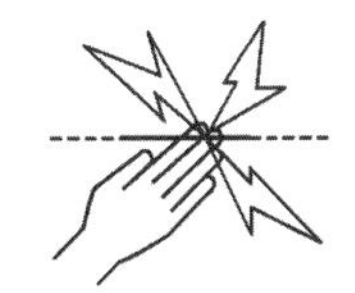

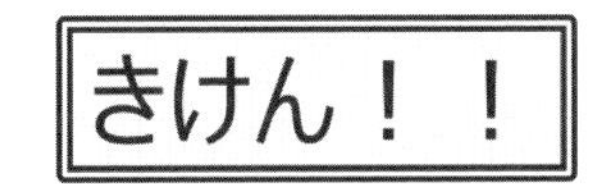


### 8．接地工事

電気さくの電源装置の外箱及び変圧器の鉄心には，D種接地工事を施します。

| 施設方法 | 直流電源装置 | 電気さく用電源装置 | 漏電遮断器 |
|---|---|---|---|
| PSE 漏電遮断器 AC 100V → PSE 電気さく用電源装置 → 電気さく | － | 電気用品安全法適用品 | 必要※1<br>電気用品安全法適用品※2 |
| PSE 漏電遮断器 AC 100V → PSE 直流電源装置 → 電気さく用電源装置 → 電気さく | 電気用品安全法適用品 | 感電により人に危険を及ぼすおそれのないように出力電流が制限されるもの | 必要※1<br>電気用品安全法適用品※2 |
| 太陽電池 DC 30V以上 蓄電池 → 漏電遮断器 → 電気さく用電源装置 → 電気さく | － |  | 必要※1 |

※1：人が容易に立ち入る場所に施設する場合
※2：電気用品安全法の規定による

**図1　電気さくの施設方法例について**

## Q 3-21　電気浴器について教えて

**内線規程3520節「電気浴器の施設」で規定している電気浴器の施設方法について教えて下さい。**

## A 3-21

**主な施設方法について解説します。**

### 1．定義

電気浴器とは，一般の公衆浴場で浴槽の両端に板状の電極を設け，これに微弱な交流電圧を加えて入浴者に電気的刺激を与える装置をいいます。この装置の施設については，人体が湯の中にある状態なので感電事故発生の条件としては最も危険なため，本来ならば禁止すべき施設ですが，保安上十分な安全度の高い施設方法により，感電による人体への危害又は火災のおそれがない場合に限り，施設することができます。

### 2．電源装置

電気浴器に電気を供給するためには，電気用品安全法の適用を受ける電気浴器用電源装置（内蔵される電源変圧器の二次側電圧が10V以下のものに限る。）を使用することができます。また，電気用品の技術上の基準を定める省令の解釈では，電源装置に混触防止板を設けた絶縁変圧器を有することとされています。

電源装置は，浴室以外の乾燥した場所であって，一般の公衆が触れないような場所に設置することと規定されていますが，これは取扱者以外の者の安全を図るとともに，これらの電気使用機械器具が湿気等によって事故を生じると公衆の安全に対して影響が大きいためです。

### 3．二次側配線の施設

電気浴器用電源装置から浴槽内の電極までの配線は，原則として，安全度の高い合成樹脂管工事，金属管工事若しくはケーブル工事又は電線の断面積が1.25mm$^2$以上のキャブタイヤケーブルを合成樹脂管（厚さが2mm未満の合成樹脂製電線管及びCD管を除く。）若しくは金属管の内部に収めて，管を造営材に堅ろうに取り付ける場合のいずれかによります。

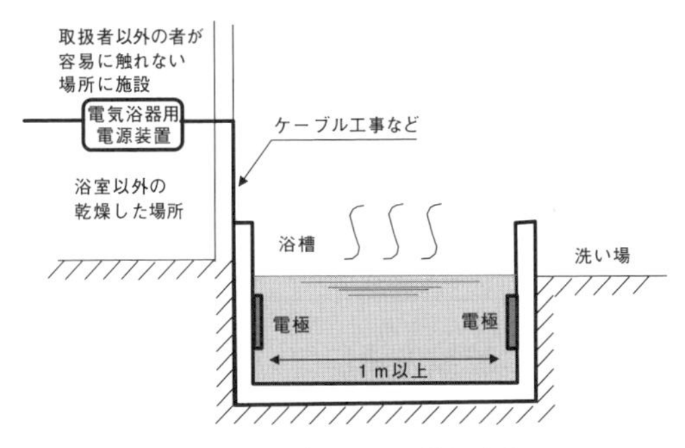


図1　電気浴器の施設例

4．浴槽内の施設

電気浴器の浴槽内に人が触れることのないよう電極相互の離隔距離を1m以上とし，電極は，人が容易に触れるおそれがないように施設する必要があります。

5．開閉器及び過電流遮断器の施設

電気浴器用電源装置の一次側電路には，開閉器及び定格電流が1A以下の過電流遮断器を各極（過電流遮断器にあっては，多線式電路の中性極を除く。）に施設します。ただし，過電流遮断器が開閉機能を有するものである場合は，過電流遮断器のみとすることができます。

6．接地工事

電気浴器用電源装置の金属製外箱及び電線を収める金属管には，D種接地工事を施します。

7．絶縁抵抗

電気浴器用電源装置から浴槽内の電極までの配線（浴槽内の電極を除く。）相互間及び配線と大地との間の縁抵抗値は，常に0.1MΩ以上に保つ必要があります。

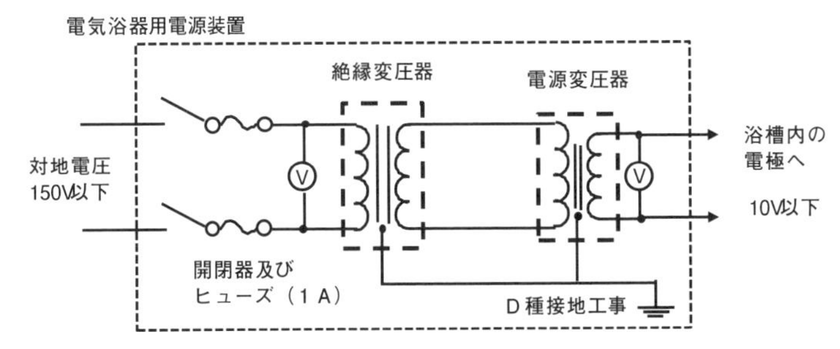


図2　電気浴器用電源装置（交流波形出力）の回路図（例）

## Q 3-22 遊戯用電車について教えて

内線規程3530節「遊戯用電車の施設」で規定している遊戯用電車の施設方法について教えて下さい。

## A 3-22

主な施設方法について解説します。

### 1. 定義

遊戯用電車とは，遊園地，遊戯場などの構内において人の輸送を目的としないもので，一回りして同じ場所に帰ってくる遊戯用の乗り物と，遊戯用電車内の電路に及びこれに電気を供給するために必要な電気設備が対象としています。よって，遊園地間を結ぶような構外にわたって施設されるものは対象外となり，電技解釈第6章電気鉄道等の規定によることとなります。

### 2. 電源装置

電気を供給する電路は，走行軌条のあるサードレール方式（主に直流電源で使用される場合が多い。）と，自動車形のように走行軌条のない無軌条給電方式（交流電源を電路となる接触電線に変圧器により電圧を下げて供給し，車体内において再び変圧器により昇圧して使用され，専用の変圧器を施設する必要があります。）の2種に分けられます。サードレール方式の例を**図1**，給電方式を**図2**に示します。また，電技解釈第189条には，以下のとおりに施設することとされています。

- 遊戯用電車に電気を供給する電路の使用電圧は，直流にあっては60V以下，交流にあっては40V以下であること。また，電気を変成するために使用する変圧器の一次電圧は，300V以下であること。
- 電源装置の変圧器は，絶縁変圧器であること。

### 3. 二次側配線の施設

電源装置からレール及び接触電線に至る配線は，以下のとおり施設することとされています。

- 接触電線は，サードレール方式により施設すること。
- レール及び接触電線は，人が容易に立ち入らない場所に施設すること。
- ケーブル配線か，人が容易に触れるおそれがないように金属管配線により施設し，二次側幹線と接触電線の接続は，接続端子により堅ろうに接続すること。

・帰線用レールは，溶接（継目板の溶接も含む。）による場合を除き，ボンドで電気的に完全に接続すること。接触電線として使用するレール，型鋼，鋼材などは電気溶接がよく，トロリー線，しんちゅう材，銅材などの非鉄金属の接続は，しんちゅうろう付が適している。なお，接触電線と大地との絶縁抵抗は，使用電圧に対する漏れ電流が軌道の延長1kmにつき100mAを超えないよう保つこと。

### 4．電車内の電路の施設

遊戯用電車の電車内の電路は，取扱者以外の者が容易に触れるおそれがないように施設するとともに，昇圧して使用する場合，絶縁変圧器を使用し，二次電圧は150V以下とし，堅ろうな箱内に収めて施設する必要があります。

また，電車の金属製構造部は，レールと電気的に完全に接触させなければなりません。

### 5．制御装置の施設

電車内（けん引車）制御は，主に直流による場合が多い。電車外の電路による制御は交流と直流の2方式があり，電車内の電路及び電車外の電路の露出した充電部分は人が触れるおそれがないように防爆装置を施し，制御用機器及び開閉器などは，頻繁な開閉操作にも十分耐えるものを使用します。

### 6．危険防止の施設

電源装置及び制御装置は，取扱者以外の者が触れるおそれがないように施設します。軌条敷地内及び走路内には，人が容易に出入りしないよう適当な防護さくを設けます。

出入り口及び踏切は，絶縁性のマットを敷くなど充電部分に人が触れるおそれがないよう施設する必要があります。

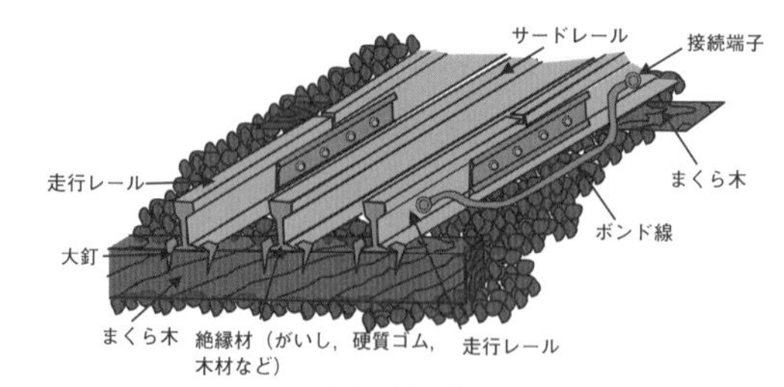


(a)　構　造

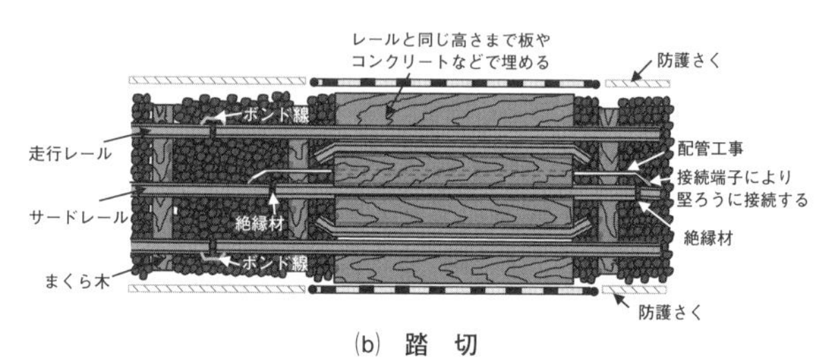


(b)　踏　切

## 図1　サードレール方式の概念図

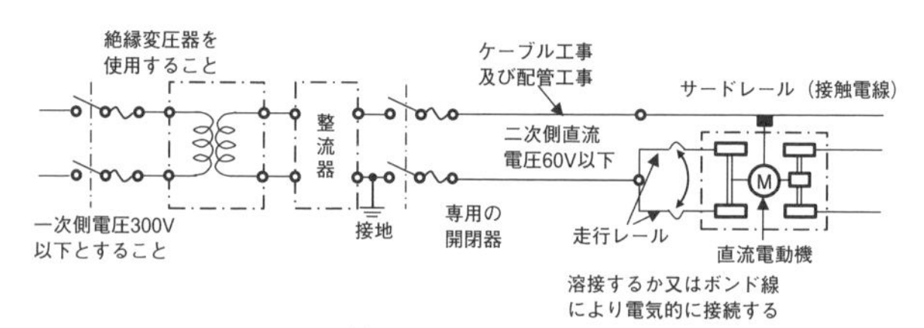


(a)　直流方式の場合

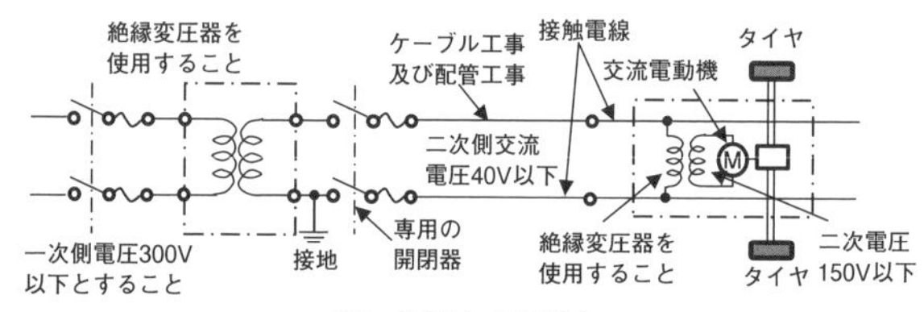


(b)　交流方式の場合

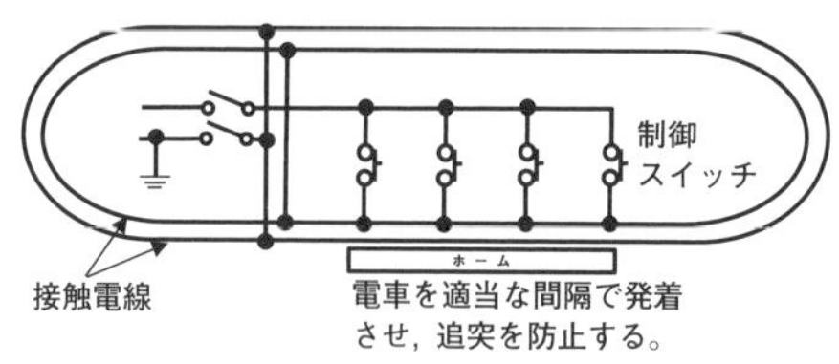


(c)　電路による制御方式

## 図2　給電方式の回路図（例）

### コラム　遊戯用電車の施設における規定の制・改正の変遷

遊園地等で遊戯用電車を施設する件数が増加傾向であったため，国の認可による実施例の成績を鑑みて，一般規定化されたのが始まりです。

**表1　遊戯用電車の遍歴**

| 基　準 | 条　文 | 概　要 |
| --- | --- | --- |
| 昭和30年<br>電気工作物規程 | 第178条の3<br>遊戯用小型電車の施設 | 遊園地等において遊戯用小型電車を施設するものが多くなってきたため，施設増加傾向と通商産業大臣の認可による実績例の成績を鑑みて，一般規格化された。 |
| 昭和34年<br>電気工作物規程 | 第186条の3<br>遊戯用小型電車の施設 | 法令的見地から規定を整備し，第10～12号まで（絶縁抵抗に関する規定）を第3～5項とした。<br>ケーブル工事から，ゴム外装ケーブルを使用する工事を除いた他は，規程内容の変更はない。 |
| 昭和38年<br>電気工作物規程 | 第186条の3<br>遊戯用小型電車の施設 | 通商産業局長の例外認可の規定を設けた他は，字句の修正のみ。 |
| 昭和40年<br>電気設備の技術基準 | 第240条<br>遊戯用電車の施設 | 旧電気工作物規程第4項で規程していた「絶縁抵抗測定を毎月1回以上行いこれを記録しなければならない。」が削除された他は，規程内容に変更はない。<br>旧電気工作物規程の「遊戯用小型電車」の定義では，これに電気を供給する電路の使用電圧は直流60V以下，交流40V以下と定められ，特別の理由により，この使用電圧を超えるものを施設するには通商産業大臣の認可を受けなければならなかったが，本条第4項で通商産業局長の認可を受ければよいこととなった。 |
| 平成9年<br>電気設備の技術基準の解釈 | 第225条<br>遊戯用電車の施設 | 旧電気設備の技術基準の内容を解釈第225条として規定した。「第3軌条」を「サードレール」に「軌条」を「レール」を改めた他は，内容の変更はない。 |
| 平成23年<br>電気設備の技術基準の解釈 | 第189条<br>遊戯用電車の施設 | 電気設備の技術基準の解釈構成変更に伴い第225条（旧条文）から第189条（新条文）へ変更となったが，内容の変更はない。 |

## Q 3-23 重畳率って何？

内線規程3545-2条「配線」の深夜電力機器の施設で，一般負荷と深夜電力負荷を共用する電線の許容電流を算出する際に乗ずる重畳率について教えて下さい。

## A 3-23

重畳率とは，一般負荷の最大需要電流（A）に対して深夜電力負荷最大時の一般負荷の需要電流（B）との比率（重畳率＝B/A）を言います。

深夜電力負荷には電気温水器や電気暖房器等がありますが，この深夜電力負荷と一般負荷を共用する箇所の電線の許容電流$I$は，以下の計算式により計算した値以上であることが内線規程で規定されています。

$I=I_1+I_0\times$ 重畳率〔A〕・・・・・・・・・・・・・①

$I$：一般負荷と深夜電力負荷を共用する部分の需要電流〔A〕

$I_1$：深夜電力負荷の需要電流〔A〕

$I_0$：一般負荷の需要電流〔A〕

3545節では主に戸建住宅への深夜電力負荷の施設方法について規定していますが，上式を図例で示すと一般負荷と深夜電力負荷を共用する部分の電線は下図のとおりとなります。

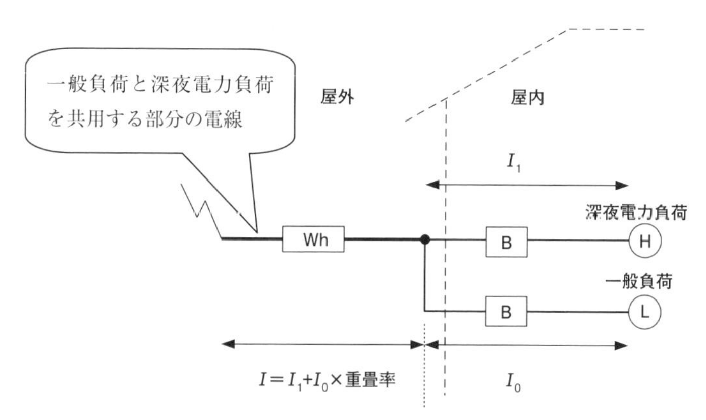


図1　深夜電力負荷と一般負荷の施設例

**図1**に示す一般負荷と深夜負荷を共用する部分の電線について，許容電流を算出する際に内線規程では①式のように重畳率を乗じます。

この重畳率とは，一般負荷の最大需要電流（A）に対して，深夜電力負荷の最大需要電流時の一般負荷の需要電流（B）の比率（重畳率=B/A）を言います。内線規程では電灯負荷の場合は重畳率0.7，動力負荷の場合は重畳率0.2と設定しています。

重畳率についてイメージを図示すると**図2**のとおりとなります。

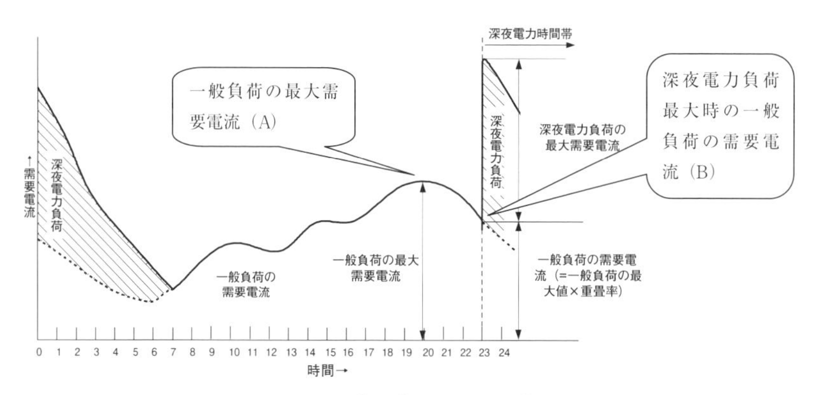


**図2　重畳率のイメージ**

**図2**の深夜電力負荷は，23時に電気温水器の負荷が最大となるパターンであり，タイムスイッチ制御によりON-OFFされる電気温水器の負荷を想定しています。

このパターンですと，深夜電力負荷と一般負荷の最大需要電流が重ならないことから，①式のように重畳率を乗ずることが可能となっています。

ただし，電気温水器等が日中動作し，一般負荷の最大需要電流と重なることが想定されるような場合は重畳率を1.0とする必要がある場合もあります。

この他内線規程では，集合住宅に電気温水器を設置した場合の重畳率について資料3-6-2「全電化集合住宅の負荷の想定例」で規定しています。資料3-6-2の一つ目の表は，23時一斉始動型電気温水器を設置した場合で重畳率は0.8としています。

一方資料3-6-2の二つ目の表はマイコン制御型電気温水器を設置した場合で，重畳率は0.7となっています。マイコン制御型電気温水器は残湯量の違いによって通電開始時間にズレが生じることから，ピーク時間はさらに深夜になると想定されていることから23時一斉始動型電気温水器と重畳率が異なる形となっています。

## Q 3-24 サウナ風呂について教えて

**内線規程3585節「サウナ風呂などの施設」で規定しているサウナ風呂の施設方法について教えて下さい。**

## A 3-24

主な施設方法について解説します。

### 1．定義

サウナ風呂の他，乾燥室，焼成室その他高温場所のことをいいます。ここではサウナ室内の高温場所での配線について述べますが，サウナ風呂を含む高温場所の電気設備については，内線規程の他に消防法及び建築関係の法令についても考慮する必要があります。

### 2．サウナストーブの構造及び設置

ストーブの構造として，発熱部分に直接可燃物などが接触するおそれがないように堅ろうな金属製外箱に収め，露出した充電部がないように施設し，かつ，簡易接触防護措置を施します。

また，ストーブを設置する場合，サウナ風呂内の環境は，温度80～110℃，湿度10～30％で保っていることから，室内は極めて乾燥しています。そのため，可燃材に接近及び接触することによる火災の可能性が極めて大きいことが予想されます。したがって，適当な囲いを施すか，又は人が容易に触れることがない場所に設置するとともに，周囲の可燃材から熱を放射する方向に100cm，その他の方向に50cm以上の離隔距離が必要となります。

### 3．開閉器及び過電流遮断器の取付

サウナ風呂などに施設するサウナストーブに電気を供給する電路には，専用の開閉器及び過電流遮断器を各極（過電流遮断器にあっては，多線式電路の中性極を除きます。）に施設します。ただし，過電流遮断器が開閉機能を有するものである場合は，過電流遮断器のみとすることができます。

### 4．温度制御装置の取付

サウナストーブに電気を供給する電路には，室内の温度を自由に調節することができる温度制御装置（たとえば，サーモスタット）を常に一定の場所で監視できるように施設するとともに，室内の温度が一定の限度を超えて上昇した場合には，温度ヒューズなどで自動的に回路を遮断できるように二重

に安全装置を施します。

### 5．使用する電線と工事方法

サウナ室に施設する電線（弱電流電線及び光ファイバケーブルを含む。）は，高温に耐えるもの（アルミ線は使用不可）を使用して，MIケーブルを使用する場合を除き，金属管埋込工事を施します。なお，使用できる電線としては，以下のとおりです。

・けい素ゴム絶縁電線：最高許容温度180℃
・MIケーブル：最高許容温度250℃
・ふっ素樹脂絶縁電線：最高許容温度180～260℃

### 6．照明器具など

サウナ風呂などの室内に設置する照明器具，配線器具などの機器は，耐熱絶縁材料を使用し，外被，台などに露出金属部分のない構造のものを人が触れにくい位置に取り付けます。

### 7．接地工事

サウナ風呂に電気を供給する電路及び機器の使用電圧は，対地電圧が300V以下であるため，D種接地工事をストーブの外箱，台，制御盤の外箱などの非充電金属製部分に施します。

### 8．高温場所周辺の施設

サウナ室の天井裏など高温場所の周辺の配線や電気機械器具などは，前述5，6項に準じて施工しなければなりません。

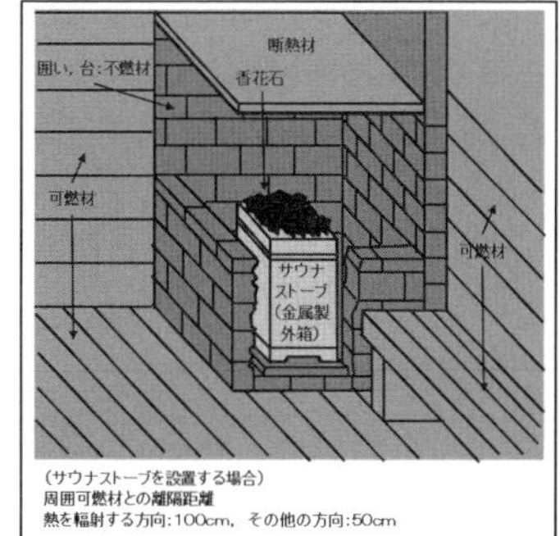


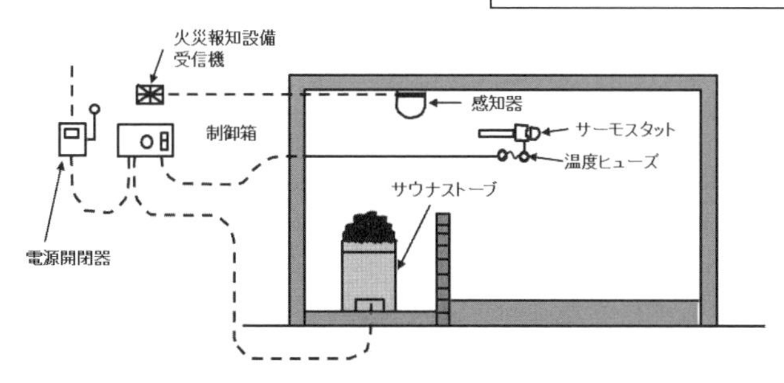


図1　サウナ風呂及び電気回路の例について

## Q 3-25 負荷の不平衡で，中性線に最大電流が流れる場合とは？

内線規程3594-4条「太陽光発電設備の配線」では，「単相3線式で受電する場合であって，負荷の不平衡により中性線に最大電流が生じるおそれのある引込口装置などには3極に過電流引き外し素子を有する遮断器を用いること。」と規定されています。
負荷の不平衡により中性線に最大電流が生じるおそれがあるのは，どの様な場合ですか？

## A 3-25

分電盤内の過電流保護機能付き漏電遮断器の負荷側に，太陽光発電設備を接続した場合が該当します。

太陽光発電設備を施設した場合，各負荷（分岐回路）には，発電設備からと系統からの両側から電気が供給されます。

発電設備が接続されていない場合は，負荷が不平衡となった場合でも，中性線（N）には両電圧線（L1，L2）よりも大きな電流が流れることはありません。また，負荷が平衡であれば中性線に電流は流れません。

例えば，**図1**のような負荷の使用状態の場合，両電圧線に定格電流以上の電流が流れれば，電源側に施設された過電流保護機能付き漏電遮断器（3P2E）により保護される形となります。

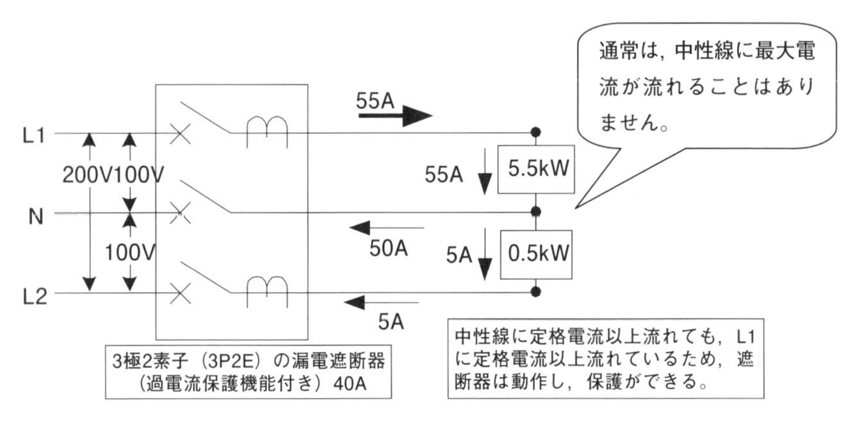


図1　太陽光発電設備が施設されていない場合

しかし，負荷側に太陽光発電設備を接続した場合に負荷が不平衡となると，**図2**のように中性線に最大電流が流れることがあります。

この場合，中性線に過電流引き外し素子を有さない3P2Eの遮断器を用いると，中性線の過電流が検知できないため電路を遮断することができなくなります。

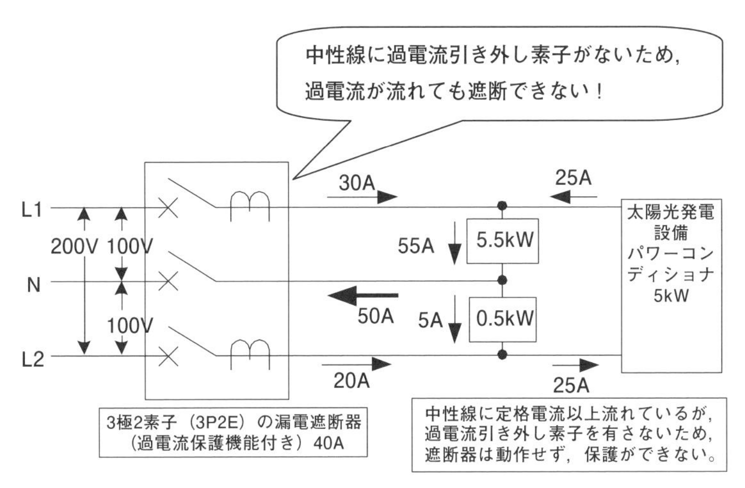


**図2　3P2Eの遮断器の場合**

「負荷の不平衡により中性線に最大電流が生じるおそれのある場合」とは，このような状態を想定しており，もしこの状態になっても遮断できるよう，引込口装置には3極に過電流引き外し素子を有する3P3Eの遮断器を施設することを規定しているのです。

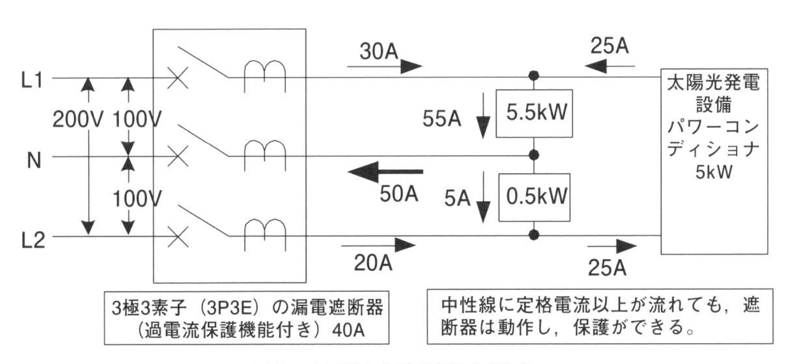


**図3　3P3Eの遮断器の場合**

## Q 3-26 なぜ太陽光発電用の開閉器は末端に接続するの？

**内線規程資料3-5-8「系統連系型小出力太陽光発電設備の配線例」の接続例1では，〔注3〕に「太陽光発電用開閉器を漏電遮断器の直後に接続すると，分電盤に定格電流以上の電流が流れるおそれがあるため，このような接続は行わないこと。」とあります。なぜ，末端に接続しないと，分電盤に定格電流以上の電流が流れるのでしょうか。**

## A 3-26

**漏電遮断器の直後に太陽光発電機用開閉器を接続すると，系統側と発電設備側の両方から供給されるため，分電盤に定格電流以上の電流が流れるおそれがあります。**

接続例1（**図1**）のように，引込口装置として施設される漏電遮断器（過電流保護機能付き）の負荷側に太陽光発電設備を接続する場合，引込口装置の定格電流よりも多くの電流が使用できることとなります。

分電盤の末端に太陽光発電設備を接続すると太陽光発電設備に近い側の分岐回路の負荷電流は，太陽光発電設備側から供給され，系統に近い側の分岐回路の負荷電流は，系統側より供給されることとなります。

そのため，分電盤内の幹線に引込口装置の定格電流以上の電流が流れるおそれがなくなります。

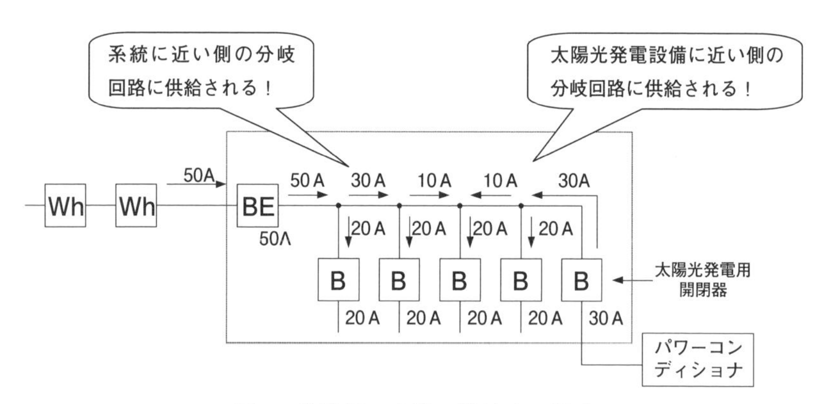


図1　分電盤の末端に接続する場合

一方，**図2**のように，引込口装置の直後に太陽光発電設備を接続すると，各分岐回路の負荷電流は，太陽光発電設備側と系統側の両方から供給され，分電盤内の幹線に引込口装置の定格電流以上電流が流れるおそれが生じます。

そのため，接続例1の注3で，このような接続を行わないこととしています。

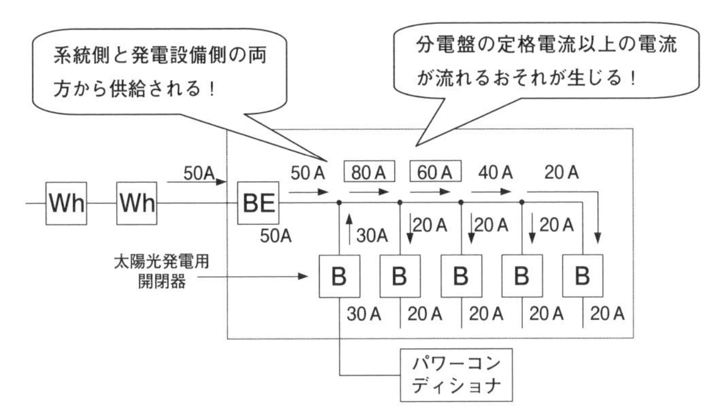


**図2　漏電遮断器の直後に接続する場合**

## コラム　漏電遮断器には逆接続可能型であることが必要な理由

一般的に漏電遮断器は，地絡を検出するとトリップコイルに電流が流れ，電路を遮断させます。（テストボタンによる動作も同様です。）この場合，電路の遮断と同時にトリップコイルには電流が流れなくなりますが，負荷側に太陽光等の発電設備が接続されていると，電路が開放されている状態であっても絶えずトリップコイルに電流が流れ続け，トリップコイルが焼損するおそれが生じます。

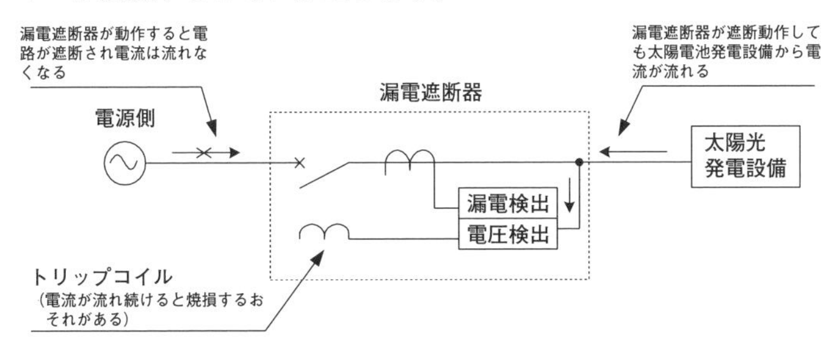


逆接続可能形漏電遮断器は，漏電遮断器が動作したとき，トリップ電流も遮断させる機能を備えたものであるため，トリップコイルを焼損させるおそれはありません。

## Q 3-27 内線規程で規定する太陽光発電設備の施設方法について教えて

内線規程3594節「系統連系型小出力太陽光発電設備の施設」で規定している太陽光発電設備の施設方法に関連する規定について教えて下さい。

## A 3-27

太陽光発電設備は，半導体である太陽電池により太陽の光エネルギーを電気エネルギーに変換し発電する発電設備です。内線規程では主に住宅への施設を想定した，小出力発電設備の太陽光発電設備の施設方法について規定しています。以下にその概要を解説します。

太陽光発電設備は，半導体である太陽電池により太陽の光エネルギーを電気エネルギーに変換し発電する発電設備です。図1にその発電原理を掲載します。

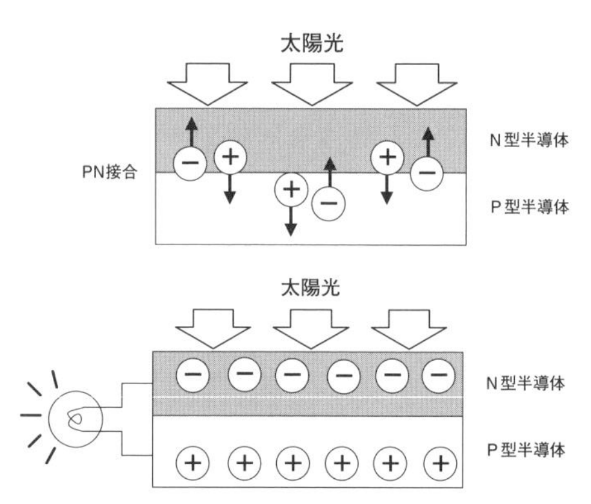


太陽電池に太陽光が当たると，電子と正孔が発生しN型半導体とP型半導体の接合部（PN接合）付近に生じる内部電界によって電子はN型半導体，正孔はP型半導体へ移動する。

キャリアの移動により起電力が発生し，N型半導体とP型半導体に電極を接続することで電気エネルギーとして取り出すことができる。

**図1　太陽光発電設備の発電原理**

内線規程では，主に住宅への施設を想定した小出力発電設備の太陽光発電設備の施設方法について規定しています。

小出力発電設備は保安規制の合理化により，平成7年の電気事業法改正により導入され一般用電気工作物の扱いとなります。

具体的には電気事業法施行規則第48条で規定しており，太陽光発電設備の場合は出力50kW未満に制限されています。太陽光発電設備がこの出力を超えると，一般用電気工作物ではなく，事業用電気工作物となり電気主任技術者の選任や保安規程の作成・提出などの規制が課せられることになります。

太陽光発電設備は，環境負荷が少ないことや平成24年に開始された再生可能エネルギーの固定価格買取制度の影響もあり，その施設数は急速に増加しています。

このような状況から，太陽光発電設備の施設にあっては感電，火災を防止するため適切に施工を行うことがますます重要となります。

**表1**に内線規程で規定する，小出力発電設備の太陽光発電設備の施設方法に関する概要をまとめました。

**表1　太陽光発電設備の施設方法に関する規定の概要**

| 項目 | 規定概要 |
|---|---|
| 適用範囲 | ・小出力発電設備の太陽光発電設備から引込口に至る配線等に適用。 |
| 対地電圧 | ・交流側の屋内電路150V以下。<br>・直流側の屋内電路450V以下。 |
| 太陽光発電設備の配線 | ・配線はケーブル配線によること。(推奨的事項)<br>・太陽電池モジュール及びその他の器具に電線を接続する際，堅牢，かつ，電気的に完全に接続し，接続点に張力が加わらないようにすること。<br>・引込口装置は3極3素子の遮断器を用いること（不平衡により中性線に最大電流が生じるおそれがある場合） |
| 中継端子箱の施設 | ・容易に点検できる隠ぺい場所又は点検できる展開した場所に施設。 |
| パワーコンディショナの施設 | ・点検できるいんぺい場所に施設すること。 |
| 接地 | ・金属製部分にはC種またはD種接地工事を施すこと。 |
| 施設協議 | ・施設に当たっては一般送配電事業者と適切に協議を行うこと。 |

太陽光発電設備から発電された電気は直流なので，パワーコンディショナで交流に変換することで負荷設備への電気を供給や，余った電気を売電することもできます。

**表1**のように，屋内電路の対地電圧を交流側と直流側に分けて制限しているのも太陽光発電設備の規定に関する特徴の一つとなっています。

**図2**に太陽光発電設備の施設例を掲載します。

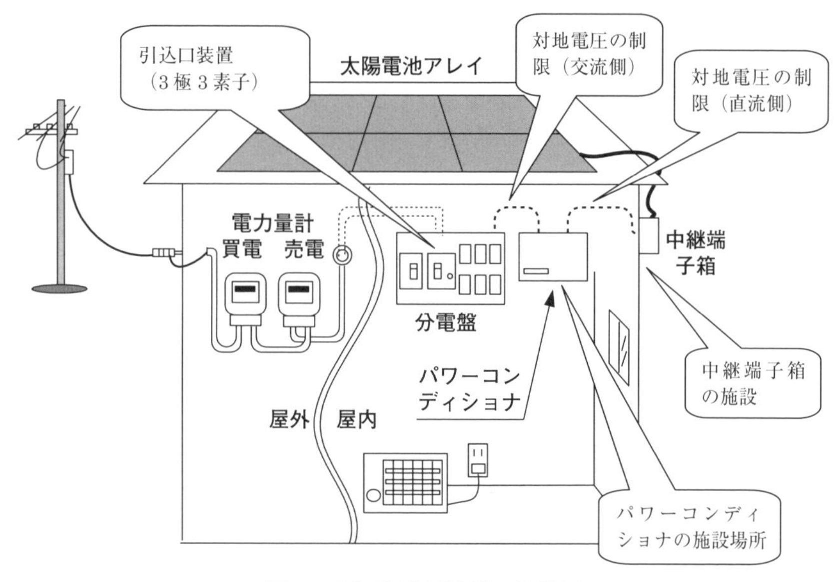


図2　太陽光発電設備の施設例

太陽光発電設備を電力系統に連系する場合，内線規程では施設協議について，「一般送配電事業者と技術的な協議をすること」について規定しています。

ここからは内線規程ではあまり触れられていない施設協議について記載したいと思います。

施設協議とは発電設備の不具合により他の需要家に影響を及ぼさないことや，単独運転防止のために一般送配電事業者と協議を行うことです。

この施設協議を行う場合に関連する基準等が**図3**にあるように「電力品質確保に係る系統連系技術要件ガイドライン」（以下，ガイドライン）と電気設備の技術基準の解釈第8章（分散型電源の系統連系設備）となります。

| 電力品質確保に係わる系統連系技術要件ガイドライン | ＋ | 電気設備の技術基準の解釈<br>第8章「分散型電源の系統連系設備」 |
|---|---|---|
| ・電力品質の保持に係わる事項<br>・連系協議が円滑に行われるように作成したもの | | ・保安確保に係わる事項<br>・系統連系にあたり，電技省令を満足する設備の一例を示したもの |

図3　施設協議において関連する基準について（電技解釈とガイドライン）

ガイドラインは，力率や電圧変動等電力品質を主眼に規定しており，電気設備の技術基準の解釈は保安を主眼に規定している形となっています。

太陽光発電設備を低圧配電線に連系する場合に関連する規定を**表2**にまとめましたので参照下さい。

**表2　低圧配電線に連系する場合に関連する基準等について**

| 関連法規 | 関連箇条 | 概要 |
|---|---|---|
| 電気設備の技術基準の解釈 | 第220条（分散型電源の系統連系設備に係る用語の定義） | 系統連系に係る用語の定義を規定している。電気自動車等が発電設備等に含まれることについては電技解釈の解説に記載。 |
| | 第221条（直流流出防止変圧器の施設） | 逆変換装置から電力系統への直流流出防止の為，原則受電点と逆変換装置との間に変圧器を施設することについて規定。 |
| | 第226条（低圧連系時の施設要件） | 低圧連系時の施設要件について規定。<br>・3極3素子の過電流遮断器を原則施設 |
| | 第227条（低圧連系時の系統連系用保護装置） | 異常時に分散型電源を自動的に解列するための保護リレー等について規定。 |
| 電力品質確保に係る系統連系技術要件ガイドライン | 第2章第1節（共通事項）<br>1.　電気方式 | 発電設備等の電気方式と連系する系統の電気方式は原則同一であることについて規定。 |
| | 第2章第2節（低圧配電線との連系）<br>1.　力率 | 逆変換装置を介して連系する発電設備等は力率を系統側からみて遅れ95%以上とすればよいことについて規定。 |
| | 第2章第2節（低圧配電線との連系）<br>2.　電圧変動 | 連系時には，低圧需要家の電圧を標準電圧100Vに対して，101±6V，標準電圧200Vに対して202±20V以内に維持することについて規定。 |
| | 第2章第2節（低圧配電線との連系）<br>3.　不要解列の防止 | 極力不要な解列を防止するため，電圧低下時間が不足電圧継電器の整定時限以内は，発電設備は解列せず，運転継続，自動復帰できるシステムとすることについて規定。 |

これらの内容は系統連系に係る内容なので，施工基準である内線規程ではあまり触れられておりません。**表2**に関する基準に加え，それらの内容について解説したJEAC 9701「系統連系規程」（日本電気協会）という民間規格も発行されているので，詳細はそちらをご確認下さい。

## Q 3-28 燃料電池発電設備について教えて

内線規程3596節「系統連系型小出力燃料電池発電設備」で規定している燃料電池発電設備の施設方法について教えて下さい。

**A 3-28**

燃料電池発電設備は，水素と空気中の酸素との化学反応により電気を発生させる発電設備です。内線規程では，小出力発電設備の燃料電池発電設備の施設方法について規定していますので，以下にその概要を解説します。

内線規程では住宅等に施設する小出力発電設備の燃料電池発電設備の施設方法について規定しています。

燃料電池発電設備の施設例を**図1**に掲載します。

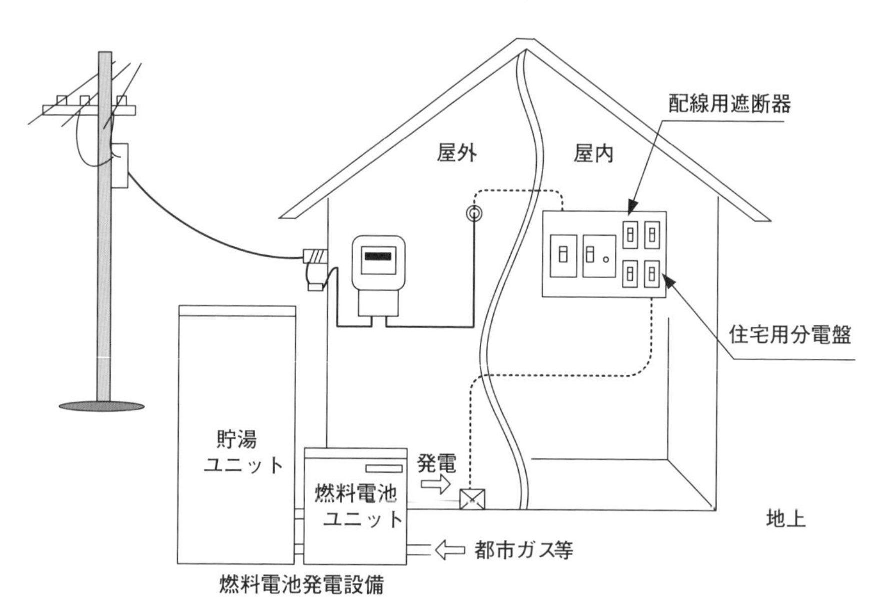


**図1　住宅用の燃料電池発電設備の施設例**

燃料電池発電設備は，水素と空気中の酸素を燃料電池スタックで化学反応させることで電気を発電し，さらに発電時に発生する熱は貯湯槽に蓄えられるお湯を沸かす際にも利用されるので，エネルギー効率の高い発電設備となっています。住宅用として施設される小出力発電設備の燃料電池発電設備の概念図を**図2**に掲載します。

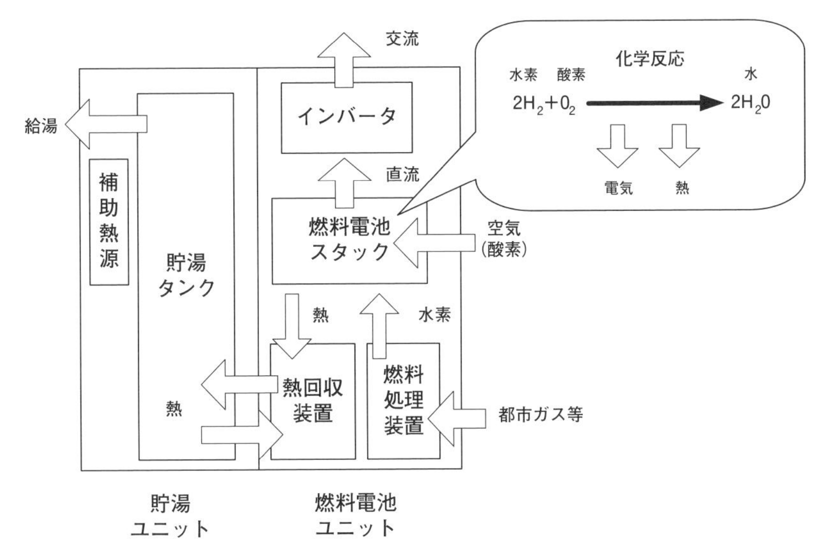


**図2　小出力発電設備の燃料電池発電設備の概念**

内線規程では小出力発電設備の燃料電池発電設備について規定していますが，小出力発電設備は一般用電気工作物に該当するため，電気事業法施行規則第48条で以下のとおり燃料電池発電設備の出力や種類等を制限しています。

> 燃料電池発電設備（固体高分子型又は固体酸化物型のものであって，燃料・改質系統設備の最高使用圧力が0.1メガパスカル（液体燃料を通ずる部分にあっては，1.0メガパスカル）未満のものに限る。）であって出力10キロワット未満のもの

上記のように出力であれば10kW未満，燃料電池発電設備の種類としては固体高分子型（PEFC），固体酸化物型（SOFC）という形で制限しており，この制限によらない場合は，一般用電気工作物ではなく自家用電気工作物の扱いとなりますので，電気主任技術者の選任や保安規程の作成等の別の規制を課せられることとなります。例えば，燃料電池発電設備にはその他にもりん酸型（PAFC）がありますが，このりん酸型を施設する場合は自家用電気工作物の扱いとなります。

**表1**では，内線規程で規定する燃料電池発電設備の施設に関する規定概要を掲載しています。

**表1　燃料電池発電設備の施設に関する規定概要**

| 項目 | 規定概要 |
|---|---|
| 適用範囲 | ・小出力発電設備の燃料電池発電設備（パワーコンディショナ含む）から引込口に至る配線等に適用。 |
| 対地電圧 | ・屋内配線の対地電圧は，直流450V以下。 |
| 燃料電池発電設備の配線等 | ・燃料電池発電設備及び配線等は充電部が露出しないように施設。<br>・燃料電池発電設備等への電線の接続は適切に行うこと。<br>・交流側の配線は専用配線とすること。 |
| 燃料電池発電設備等の保護装置の施設 | ・燃料発電設備に過電流や発電電圧の異常低下等が生じた場合にガスの供給を停止し，燃料電池内の燃料ガスを排除する装置を設けること。<br>・燃料電池発電設備に地絡が生じた場合に電路を自動的に遮断し，燃料ガスの供給も自動的に遮断させること。 |
| 接地 | ・機械器具の鉄台及び外箱はC種またはD種接地工事を施す。 |
| 施設協議 | ・施設に当たっては一般送配電事業者と技術的な協議を行うこと。 |

詳細な内容については内線規程を確認いただきたいのですが，その他，小出力発電設備の燃料電池発電設備の施設に関する主な留意事項について以下に記載します。

### 1．燃料電池発電設備の保護装置について

燃料電池発電設備は以下の状態となった場合に燃料ガスの供給を停止し，原則燃料電池内の燃料ガスを自動的に排除する装置を施設することとしています。

・燃料電池発電設備に過電流が生じた場合
・燃料電池発電設備の発電電圧に異常低下が生じた場合
・燃料電池発電設備の燃料ガス出口における酸素濃度又は空気出口における燃料ガス濃度が上昇した場合
・燃料電池発電設備の温度が著しく上昇した場合

### 2．地絡遮断装置の設置について

燃料電池発電設備の施設に当たって，内線規程1375-1条「漏電遮断器などの取付け」第1項で規定するような漏電遮断器の省略条件を適用することはできません。

これは，小出力発電設備の燃料電池発電設備については風雨に晒される屋外に設置され，また，熱回収等のため筐体内で水を使用していることから，

万一，水分が筐体内へ侵入又は漏洩し，充電部分と筐体間の絶縁抵抗が減少した場合でも筐体接地工事と合わせ感電事故を防止するためです。

### 3．発電用火力設備の技術基準の準拠について

小出力の燃料電池発電設備の施設に当たっては，発電用火力設備の技術基準及びその解釈にも関連基準があるので，施設にあってはその基準に適合する必要があります。以下に発電用火力設備の技術基準及びその解釈で規定されている当該基準を掲載します。

**【燃料電池設備の構造等】**

**第31条**　燃料電池設備の耐圧部分のうち最高使用圧力が0.1MPa以上の部分の構造は，最高使用圧力又は最高使用温度において発生する最大の応力に対し安全なものでなければならない。この場合において，耐圧部分に生ずる応力は当該部分に使用する材料の許容応力を超えてはならない。

**2**　燃料電池設備が**一般用電気工作物**である場合には，筐体（排出口を除く。）及びつまみ類その他操作時に利用者の身体に接触する部品は，火傷のおそれがない温度となるようにしなければならない。

**（解釈第44条　燃料電池設備の構造）**

**2**　省令第31条第2項に規定する「火傷のおそれがない温度」とは，筐体にあっては95℃以下と，つまみ類その他操作時に利用者の身体に接触する部品のうち表面の素材が金属製のもの，陶磁器製のもの及びガラス製のものにあっては60℃以下と，その他の素材のものにあっては70℃以下とする。

**3**　燃料電池設備が**一般用電気工作物**である場合には，排気ガスの排出による火傷を防止するため，排出口の近くの見やすい箇所に火傷のおそれがある旨を表示する等適切な措置を講じなければならない。

**（解釈第44条　燃料電池設備の構造）**

**3**　次の各号のいずれかを満たすものは，省令第31条第3項に規定する「適切な措置」に該当するものと解釈する。

一　排出口における排気ガスの温度を95℃以下とすること

二　排気ガスが人体に直接接触するおそれがない位置又は向きに排出口を設置すること

## Q 3-29 電気自動車への充電設備について教えて

内線規程3597節「電気自動車等を充電するための設備等の施設」で規定する電気自動車への普通充電設備の施設方法について教えて下さい。

内線規程では，電気自動車等への普通充電設備の施設方法として，いわゆるモード2とモード3と呼ばれる充電設備について具体的に規定しています。

※2016年版でもモード3充電設備は対象でしたが，2022年版では，より明確にモード3のことが記載されました。

電気自動車等への充電形態は**表1**のように4つのモードに分類されています。

**表1　電気自動車等への充電形態の種類**

| モード | イメージ図 | 特徴 |
|---|---|---|
| 1 | | ・充電ケーブルを一般住宅側コンセントと電気自動車に接続して充電する。<br>・充電ケーブルと車両側の通信による充電制御は行われない。 |
| 2 | | ・コントロールボックス付き充電ケーブルをコンセントと電気自動車に接続して充電する。<br>・充電ケーブルのコントロールボックスに内蔵されたCPLT（コントロールパイロット）機能による車両との双方向通信で充電制御される。 |
| 3 | | ・充電器に付属する充電ケーブルを電気自動車に接続して充電する。住宅側の屋内配線と充電器は直接接続される。<br>・充電は充電器に内蔵されたCPLT（コントロールパイロット）機能による車両との双方向通信で充電制御される。 |
| 4 | | ・モード1からモード3が交流充電に対して，モード4は直流充電となる。<br>・充電器等にはAC/DCコンバータが内蔵され直流側の電圧は400V級。 |

充電設備に関してはこの4つのモードがある中で，内線規程では現在モード2～モード4に相当する充電設備の施設方法について規定しています。

ここでは一般的に施設されるモード2の場合について，内線規程で規定している項目を**図1**に掲載します。

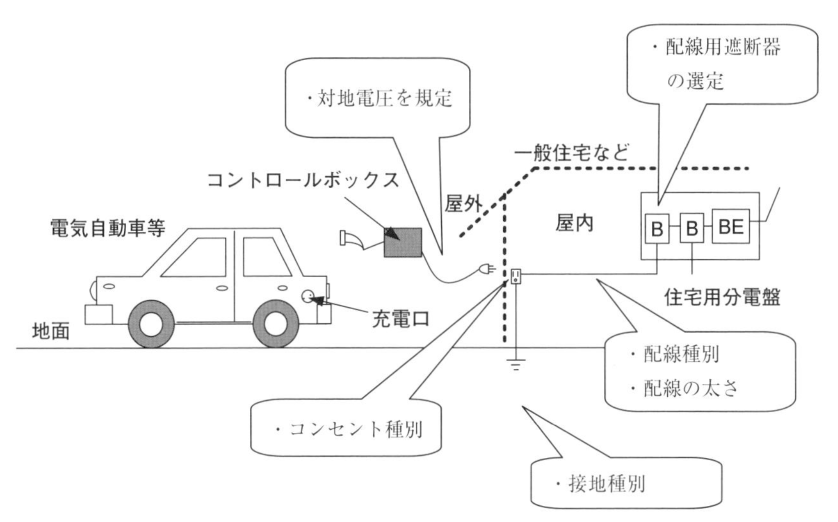


**図1　内線規程で規定する電気自動車等の充電設備に関する項目**

**図1**に関する内線規程の規定概要は**表2**のとおりです。

**表2　内線規程で規定する普通充電設備（モード2）の規定概要**

| 項目 | 規定概要 |
|---|---|
| 適用範囲 | ・電気自動車用普通充電回路で，最大充電電流が交流10Aを超えるものに適用する。 |
| 対地電圧 | ・電路の対地電圧は150V以下。 |
| 配線 | ・配線は専用回路であること。<br>・分岐回路の種類において配線太さとコンセントの定格電流を選定すること。 |
| コンセントの施設 | ・接地極付きコンセントであること。<br>・抜け止めコンセントは電気自動車用普通充電回路に施設しないこと。 |
| 接地 | ・コンセントの接地極にはD種接地工事を施すこと。 |

## コラム　使用状態によって異なる基準が適用されることについて

現在発刊している2022年版内線規程には，住宅等から電気自動車に電気を充電する場合の施設方法について規定しています。

電気自動車は蓄電池から電動機に電気を供給し，電動機により車を駆動する仕組みとなっています。

電気自動車の蓄電池は，蓄えた電気を走行に利用するだけではなく，住宅等に施設された電気製品に電気を供給することも可能となっています。これをV2H（Vehicle to Home）と言われています。

V2Hの具体的な施設方法は，電技解釈第199条の2に規定されています。

さて，電気自動車が適用される基準は道路運送車両法となっていますが，V2Hを行う場合，**図2**のように電気自動車は発電設備とみなされることから適用される基準は電気事業法となります。

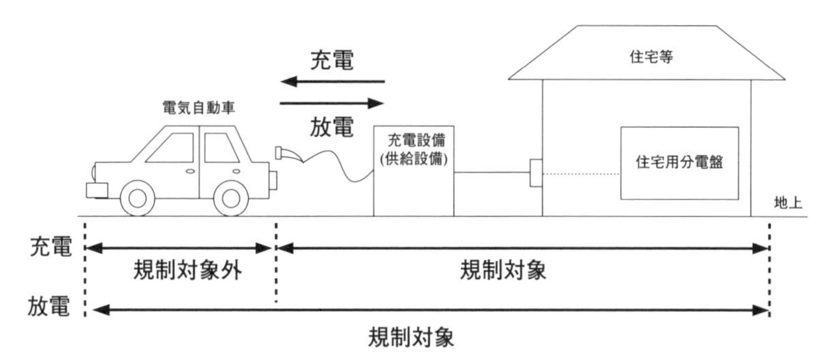


**図2　電気自動車の電気事業法における規制対象のイメージ**

関連基準を以下に抜粋しました。

> **○電気事業法第2条【定義】**
> 第二条　この法律において，次の各号に掲げる用語の意義は，当該各号に定めるところによる。
> （略）
> 十八　電気工作物　発電，蓄電，変電，送電若しくは配電又は電気の使用のために設置する機械，器具，ダム，水路，貯水池，電線路その他の工作物（船舶，車両又は航空機に設置されるものその他の政令で定めるものを除く。）をいう。

**○電気事業法施行令第1条【電気工作物から除かれる工作物】**

電気事業法（以下「法」という。）第二条第一項第十八号の政令で定める工作物は，次のとおりとする。

一（略）道路運送車両法（昭和二十六年法律第百八十五号）第二条第二項に規定する自動車に設置される工作物であつて，これらの車両，搬器，船舶及び自動車以外の場所に設置される電気的設備に電気を供給するためのもの以外のもの

少し分かり難いですが，上記により，

電気自動車へ充電する場合　⇒　電気自動車は電気工作物に該当しない

電気自動車から放電する場合　⇒　電気自動車は電気工作物に該当する

という考え方になります。使用状態により適用される基準が異なる一例としてここに掲載しました。

## Q 3-30 内線規程にEV用「6kW充電設備」が採用された背景を教えて

内線規程にEV用「6kW充電設備」の施工規定が採用された背景を教えて下さい。

## A 3-30

最近は40kWhを超える大容量の電池を搭載した電気自動車（EV（Electric Vehicle），以下「EV」という。）が販売されており，従来の単相200Vによる3kW充電設備（コンセント及び充電スタンド）では夜間の駐車時間帯（23：00～翌7：00を想定）に充電が終了しないため，より高出力の「6kW充電設備」の普及が見込まれることを踏まえ，2022年版内線規程で「6kW充電設備」の施工規定を追加しました。

### 1．「6kW充電設備」を採用した背景

2020年10月に日本は「2050年カーボンニュートラル」を宣言しました。これを受け，経済産業省と関係省庁では「2050年カーボンニュートラルに伴うグリーン成長戦略（令和3年6月18日）」を策定しましたが，この中で「2030年代半ばまでに，乗用車新車販売で電動車100％を実現できるよう，包括的な措置を講じる。」ことが掲げられています。

こうした国の方針から，今後ますますEVが普及すると考えられますが，最近では航続距離拡大のため40kWhを超える大容量の蓄電池を搭載したEVが販売されています。大容量蓄電池搭載のEVの場合，従来の「3kW充電設備」では夜間の駐車時間帯に満充電できないため，今後，より高出力の「6kW充電設備」の施設ニーズが多くなるとの関係業界からの要望を踏まえ，2022年版内線規程に一般住宅における「6kW充電設備」の施工規定を新たに追加しました。

### 2．内線規程での取り扱い

上述の背景を踏まえ，2022年版内線規程に追加した「6kW充電設備」の施工規定の概要を以下にまとめました。施工規定の具体的な内容については，Q3-31〔「6kW充電設備」の施工上の配慮について教えて〕及び2022年版内線規程をご確認ください。

＜「6kW充電設備」に関する内線規程（2022年版）の規定概要＞

| 条文 | | 概要 |
|---|---|---|
| 3597-4条 | 分岐開閉器からコンセントまでの配線 | ・6kW充電設備を施設する分岐回路の種類として，40A配線用遮断器の場合の配線太さ，最大連続充電電流を3597-1表に追加。<br>・40A配線用遮断器の分岐回路は，配線と充電設備を直接接続する旨を備考に追加。 |
| 3597-6条 | 充電設備の施設 | ・6kW充電設備の施設例は，資料3-5-11を参照することを注書きに追加。 |
| 資料3-5-11 | 電気自動車（EV）用6kW充電設備の施設例 | ・2022年版内線規程で当該資料を新設。（一社）日本配線システム工業会JWD-T33「EV普通充電用電気設備の施工ガイドライン（第3版）」で示されている6kW充電設備「標準施工」，「方式A」，「方式C」の施設例，留意事項について，図と併せて掲載。 |

## Q 3-31 6kW充電設備について教えて

「6kW充電設備」の施工上の配慮について教えて下さい。

## A 3-31

電気自動車（EV）の所要充電時間を短縮可能な交流普通充電設備「6kW（単相200V30A）充電設備」のニーズが高まっていますが，その施工に当たっては電線サイズ等の配慮がこれまで以上に必要となります。2022年版の内線規程改定において新たに追加された6kW充電設備の施工について説明します。

内線規程第14版（2022年改定）では，「6kW充電設備」に対応するため，3597-1表に「40A配線用遮断器分岐回路」を追加し，3597-6条「充電設備の施設」1項〔注〕に，「電気自動車（EV）用6kW充電設備の施設については，資料3-5-11を参照のこと。」と記載されました。

「資料3-5-11」では，（一社）日本配線システム工業会の技術資料JWD-T33「EV普通充電用電気設備の施工ガイドライン」（第3版）より，6kW充電設備の施工に適した以下の3つの施工方式を引用し，概要を紹介しています。

●標準施工：EV充電設備専用回路に40A過電流保護機能付き漏電遮断器を施設し，40A分岐回路の規定電線サイズ8mm$^2$を用いる施工方式。

●方　式　A：既存の2.6mm/5.5mm$^2$配線を流用し，他の分岐回路遮断器からのもらい熱による熱動式遮断器の不要動作の影響を排除するため住宅用分電盤外に専用ボックスを設け，30A過電流保護機能付き漏電遮断器を納める方式。

●方　式　C：既存住宅において引込口装置の電源側に配線用遮断器を追加し，EV充電設備専用回路に40A過電流保護機能付き漏電遮断器を施設し，40A分岐回路の規定電線サイズ8mm$^2$を用いる方式。

（参考）

上記3つの施工方式以外にも，以下の方式BがJWD-T33で規定されていますが，電気設備技術基準の解釈との適合性の観点から現時点で内線規程には適用されていません。

●方 式 B：配線2.6mm，5.5mm$^2$を使用し，他の分岐回路遮断器からのもらい熱による熱動式遮断器の不要動作の影響を考慮する必要がない40Aの専用分岐過電流遮断器とし短絡保護を行う。かつ，配線とEV充電用スタンドの過負荷保護対策として，EV充電設備の一次側に30A過電流遮断器を設置する方式。

●標準施工：EV充電設備専用回路に40A過電流保護機能付き漏電遮断器を施設し，40A分岐回路の規定電線サイズ8mm$^2$を用いる施工方式。

<想定される施工場面>

住宅等の新築/改装時に6kW充電設備を計画する場合は「標準施工」を第1選択とします。予め引込幹線・住宅用分電盤に所要の裕度を見込んで設計する必要があります。設計の詳細は日配工技術資料JWD-T33（第3版）をご参照下さい。

<施工上の留意点>

① 引込線，幹線容量が不足する際には，当該配線の引き換えを要する場合があります。

② 8mm$^2$電線を屋内に配線することが建物の納まり上，困難な場合もあります。

③ この方式はEV充電設備地絡時の選択遮断が困難です。在宅医療機器や電算機器の使用など，高い供給信頼性を要する需要家にあっては，JWD-T33表5-4に記載の「主幹一次分岐」の施設方法をご検討下さい。

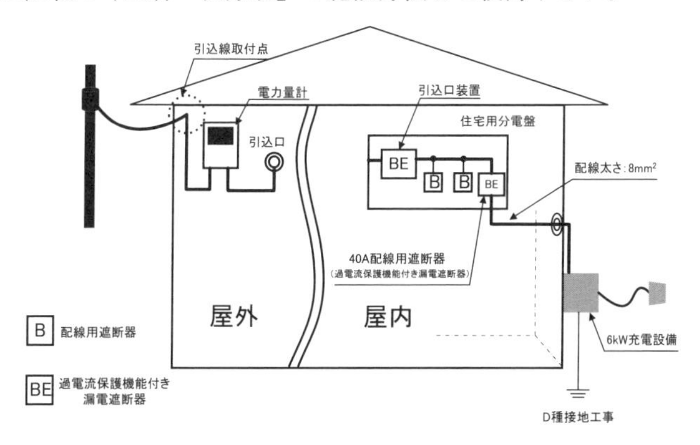


図1　施工例　（標準施工）

●方　式　A：既存の2.6mm/5.5mm$^2$配線を流用し，他の分岐回路遮断器からのもらい熱による熱動式遮断器の不要動作の影響を排除するため，住宅用分電盤外に専用ボックスを設け，30A過電流保護機能付き漏電遮断器を納める方式。

＜想定される施工場面＞

既存200V充電用コンセント（3.2kW相当）から6kW充電設備への増容量更新の場合は「方式A」を検討します。既存の200V充電用コンセント回路を活かして施工コスト抑制を図れます。設計の詳細は日配工技術資料JWD-T33（第3版）をご参照下さい。

＜施工上の留意点＞

① 引込線，幹線容量の不足により，当該配線の引き換えを要する場合があります。

② 30A分岐漏電遮断器を収める増設ボックスを設置する場所の確保が必要です。

③ 分岐回路電線の許容電流が30A以上あるか確認する必要があります。

④ この方式はEV充電設備地絡時の選択遮断が困難です。在宅医療機器や電算機器の使用など，高い供給信頼性を要する需要家にあっては，JWD-T33表5-4に記載の「主幹一次分岐」の施設方法をご検討下さい。

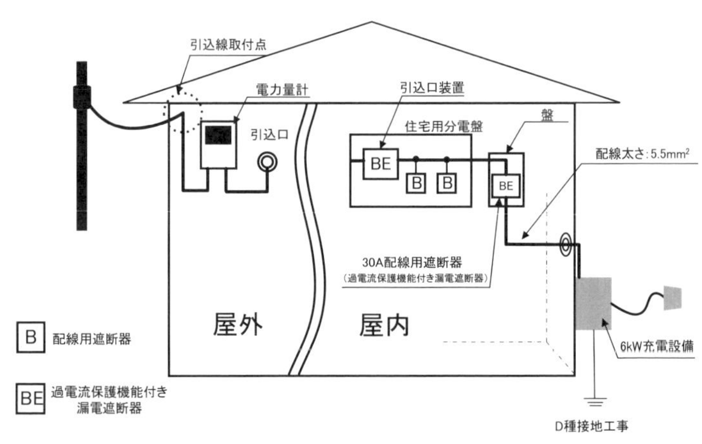


図2　施工例（方式A）

●方 式 C：既存住宅において引込口装置の電源側に配線用遮断器を追加し，EV充電設備専用回路に40A過電流保護機能付き漏電遮断器を施設し，40A分岐回路の規定電線サイズ8mm$^2$を用いる方式。

<想定される施工場面>

EV充電設備の無い既築住宅へ6kW充電設備を新設する場合は「方式C」を検討します。既存の引込口装置以降に改修工事が発生しないため，隠ぺい配線の引替えを回避可能です。また，万一EV充電設備が地絡した際にも，選択遮断が確実です。在宅医療機器や電算機器の使用など，高い供給信頼性を要する需要家にも適した施設方法と言えます。

設計の詳細は日配工技術資料JWD-T33（第3版）をご参照下さい。

<施工上の留意点>

① 引込線容量が不足する場合には，当該箇所の配線引き換えを要する場合があります。

② 引込口装置の一次側に配線用遮断器Aを新設し，6kW充電設備への配線はAの2次側で分岐します。

③ 住宅の屋側，屋外にSPD内蔵ボックスを設ける必要があります。既設分電盤内にSPDが無い場合，盤内にもSPDの設置が必要です。

④ 引込口配線への当該施設工事に際し，技術的な確認を一般送配電事業者と行って下さい。

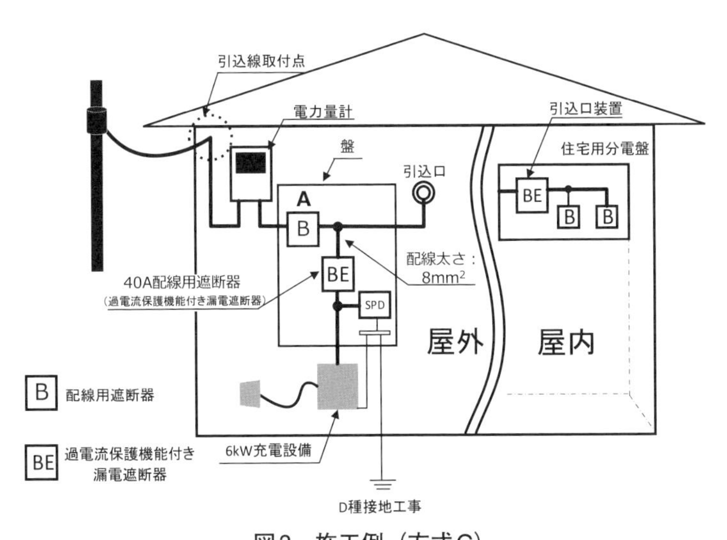


図3　施工例（方式C）

## Q 3-32　情報機器用コンセントについて教えて

「情報機器による専用の分岐回路」について教えて下さい。

## A 3-32

近年普及の著しい「情報機器」(いわゆる情報家電)は，在来の「生活家電」と比べて個々の消費電力はわずかながら，多数台を同時使用するためコンセントの口数が不足がちである他，電圧変動や電気雑音の影響を受けやすい性質から，一般の負荷機器とは別の分岐回路に接続することが有効です。ここでは「情報機器による専用の分岐回路（情報機器用コンセント回路)」について紹介します。

### 1．情報機器とは（内線規程3605-5表〔備考2〕）

「情報機器」とは，パーソナルコンピュータ（PC)，液晶ディスプレー装置，卓上プリンタ，電話機，液晶TV受像機，オーディオ再生機器，録音録画機器，モバイル機器用充電器等，概ね80VA（液晶TV受像機等にあっては500VA）以下の小形電気機械器具であって電熱又は電動力応用機器以外のものをいいます。

### 2．情報機器の負荷特性（（一社）日本配線システム工業会技術資料 JWD-T39 4.情報機器等の負荷特性を参照）

前項に掲げる情報機器は，その消費する電力が数W～数十W程度と小さいものが多く，容量的には1つのコンセントから複数の機器へ給電できるものの，使用される機器の個数が年を追うごとに増えてきていることから，コンセントの口数不足に拍車をかけています。(表1，表2)

表1　住宅の築年数別のコンセント口数不足割合

| | 回答数 | 割合 | 築年数 | 回答数 | 割合 |
|---|---|---|---|---|---|
| 不足している | 437 | 82.0% | 15年以下 | 187 | 42.8% |
| | | | 16年以上 | 250 | 57.2% |
| 不足していない | 96 | 18.0% | 15年以下 | 55 | 57.3% |
| | | | 16年以上 | 41 | 42.7% |

表2　口数不足における情報機器の占有率

| 情報機器占有率 | 回答数 | 割合 | |
|---|---|---|---|
| 100% | 132 | 30.2% | 86.7% |
| 90%～ | 14 | 3.2% | |
| 80%～ | 104 | 23.8% | |
| 70%～ | 65 | 14.9% | |
| 60%～ | 64 | 14.6% | |
| 20%～ | 58 | 13.3% | 13.3% |

※表1，表2：（一社）日本配線システム工業会の会員企業を対象としたアンケート調査結果

1カ所で給電を必要とする情報機器の数が10個を超えるケースもあり，一般的なテーブルタップ1個の口数では足りないため，テーブルタップの縦続接続やたこ足配線されるリスクが生じています。（図1，図2）

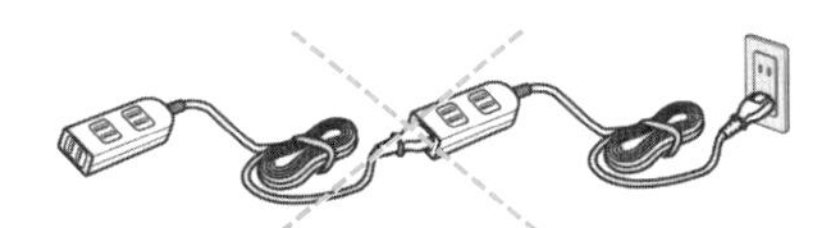

図1　テーブルタップの縦続接続

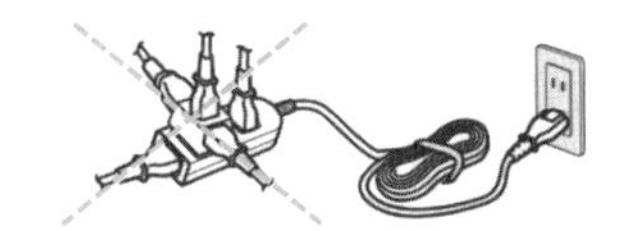

図2　テーブルタップのたこ足配線

3．USBコンセントの活用（内線規程3202-2条「コンセントの施設」第1項第⑩号）

情報機器のうち，モバイル機器やネットワーク機器はACアダプタを介して給電するタイプがほとんどで，ACアダプタがコンセントやテーブルタップの受け口を塞ぐことになり，口数不足の一因になっています。情報機器の使用が見込まれる場所に予め埋込形USBコンセントや露出形USBコンセントを施設することは，煩わしいACアダプタ類の接続を一掃し，情報機器へスッキリと使い勝手よく給電することに役立ちます。

3202-2条「コンセントの施設」第1項では，上記ニーズを反映し，新たにUSBコンセントの適切な施設方法について規定が追加されました。

**3202-2 コンセントの施設（対応省令：第59条）**

コンセントは，次の各号により施設すること。

⑩　スマートフォンやタブレット等への電源供給において接続するUSB（Universal Serial Bus）コンセントは，①及び③に準じて屋内に施設し，水気のある場所には施設しないこと。

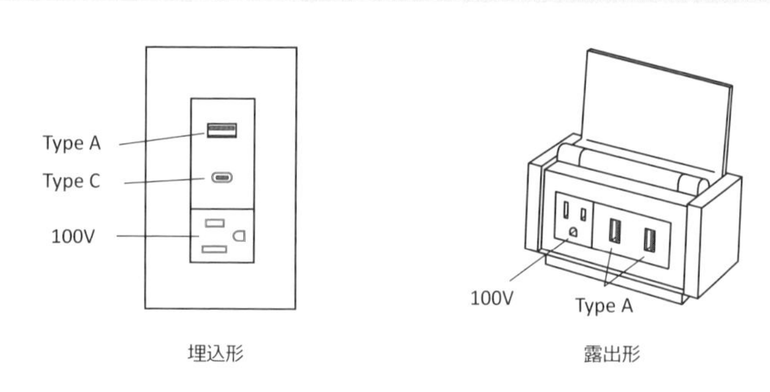


**図3　USBコンセント及び100Vコンセントの例**

### 4．情報機器まわりのコンセントを複数個設置

情報機器多数台の使用が見込まれる場所（例えばリビングのTVラック裏・書斎のPC机等）には，コンセント1個ではなく複数個設置することが有効です。実際に大手プレハブハウスメーカーにおいては居室のテレビ端子やLANジャックのある情報コンセント箇所に2ないし3個のコンセントを設置するという設計がなされ，効果を上げています。（**図4**）

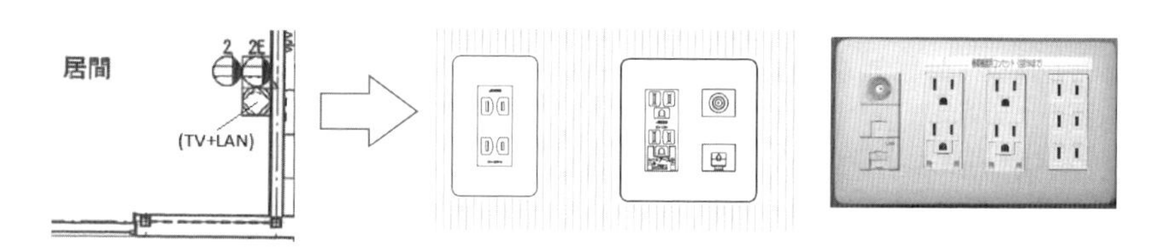


リビングＴＶ　情報機器用コンセント施設例

**図4　情報機器まわりのコンセント複数個施設例**

### 5．情報機器用コンセント用分岐回路の新設（内線規程3605-5表）

情報機器と他の電気機器を同一分岐回路に接続した場合，負荷容量の大きな電気機械器具（可搬型の電気ストーブ，電動工具，クッキングヒータなどの電熱器具）等と利用が重なり，分岐ブレーカの容量を超えブレーカが動作した場合には情報機器への給電も停止します。この場合宅内ネットワークの停止やIP電話機器の通話障害などが発生することになります。また，情報機器と同一分岐回路に接続された高容量負荷の起動や停止に伴う電源電圧の一時的な変動は，情報機器の画像・音声・通信並びに録画録音データの乱れの要因になることも考えられます。

この様なリスクを低減する手法として，一般コンセント回路とは別に「情報機器用コンセント」専用の分岐回路を施設することが有効です。情報機器

は一般に大形電気機械器具には該当しないため「情報機器用コンセント専用分岐回路」には1回路当たり複数個のコンセントを施設できます。（内線規程**3605-9表**「分岐回路の電灯受口及びコンセントの施設数」では8個まで（勧告），JWD-T39 8.4.1.3「情報機器用コンセント用分岐回路に施設するコンセント」では負荷容量を考慮して「20個まで」と規定）

3605-3条「分岐回路数」第6項では，上記ニーズを反映し，**3605-5表**「$\alpha$（個別に算出した分岐回路数）」に「情報機器による専用の分岐回路を施設する場合」について規定が追加されました。

**3605-3 分岐回路数（対応省令：第56，57，59，63条）**

6．〔住宅の分岐回路数〕

住宅の分岐回路数は，3605-5表を参考とすること。なお，表に示す分岐回路数は，標準的なものを示すものであり，設計に当たっては，適宜増加してもよい。（勧告）

**3605-5表　住宅の分岐回路数**

| 住宅の広さ（m²） | 望ましい分岐回路数 | | | | |
|---|---|---|---|---|---|
| | 計 | 内訳 | | | |
| | | 電灯用 | 一般コンセント用 | | $\alpha$（個別に算出した分岐回路数） |
| | | | 台所用 | 台所用以外 | |
| 50（15坪）以下 | 4＋$\alpha$ | 1 | 2 | 1 | $\alpha$の値は厨房用大形機器，ルームエアコンディショナ，衣類乾燥機などの設置数により増加させる分岐回路数（200V分岐回路を含む。）を示す。情報機器による専用の分岐回路を施設する場合も必要に応じ$\alpha$に加算すること。 |
| 70（20坪）〃 | 5＋$\alpha$ | 1 | 2 | 2 | |
| 100（30坪）〃 | 6＋$\alpha$ | 2 | 2 | 2 | |
| 130（40坪）〃 | 8＋$\alpha$ | 2 | 2 | 4 | |
| 170（50坪）〃 | 10＋$\alpha$ | 3 | 2 | 5 | |
| 170（50坪）超過 | 11＋$\alpha$ | 3 | 2 | 6 | |

〔備考1〕（省略）

〔備考2〕情報機器とは，パーソナルコンピュータ（PC），液晶ディスプレー装置，卓上プリンタ，電話機，液晶TV受像機，オーディオ再生機器，録音録画機器，モバイル機器用充電器等，概ね80VA（液晶TV受像機等にあっては500VA）以下の小形電気機械器具であって電熱又は電動力応用機器以外のものをいう。詳細については，JWD-T39「ICT/IoT時代に対応した住宅電路の設計・施工ガイドライン」を参照のこと。

# 第４章
# 民間規格，国の技術基準に関する Q&A

## Q 4-1 JESCの改組，技術基準のリスト化について教えて

2020年7月に実施されたJESCの改組について教えて下さい。また関連して2021年5月の電技解釈の解釈の改正により実施された規格のリスト化について教えて下さい。

## A 4-1

日本電気技術規格委員会（JESC）は，1997年（平成9年）に民間規格を評価するために設立された民間の委員会です。日本電気協会が事務局を担当しております。JESCは，2020年（令和2年）7月に国の要件の見直しにより改組され，現在は従来の民間規格の評価などに加え，電技解釈の更なる性能規定化を行うため引用されている規格のリスト化を実施しています。

日本電気技術規格委員会【通称；JESC（ジェスク），英名（Japan Electrotechnical Standards and Codes Committee)】は，1997年に実施された電気設備の技術基準の性能規定化を機に設立され，民間規格や民間の基準改正要請を評価するために組織された民間の委員会です。

内線規程も2022年版の発刊に当たり，JESCにおける評価を経て承認されたため，**図1**のとおり，内線規程の表紙の右上にJESC番号が付与されています。

**図1　内線規程の表紙**

JESCは，2020年7月に国の更なる民間規格活用の方針を受け新たな組織に改組しました。

これは，2015年に国の第10回電力安全小委員会で民間規格等が更に自立的な仕組みの構築を図るという方針が示され，検討の結果，**図2**のとおり新たな

技術基準解釈の仕組み（規格のリスト化）が提案されました。

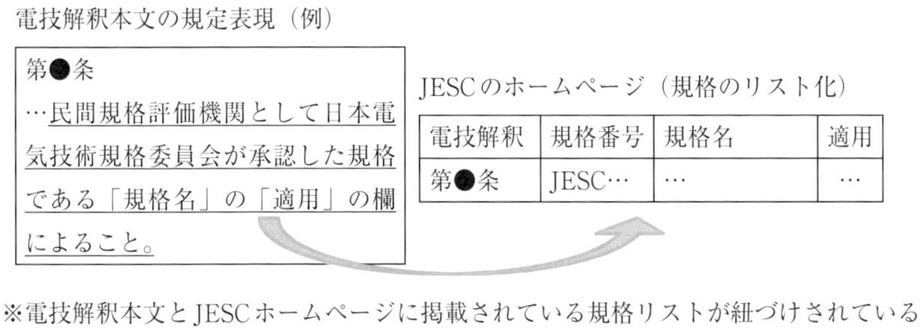

電技解釈本文の規定表現（例）

第●条
…民間規格評価機関として日本電気技術規格委員会が承認した規格である「規格名」の「適用」の欄によること。

JESCのホームページ（規格のリスト化）

| 電技解釈 | 規格番号 | 規格名 | 適用 |
|---|---|---|---|
| 第●条 | JESC… | … | … |

※電技解釈本文とJESCホームページに掲載されている規格リストが紐づけされている

**図2　規格リスト化のイメージ**

**図2**のような仕組みによる運用を行うため，民間規格評価機関に関する国の要件の見直しが行われ，その要件に合わせる形でJESCの改組が実施されました。

改組したJESCの体制，運営は，国の電力安全小委員会で民間規格評価機関の要件との適合性が確認され，経済産業省のホームページで，JESCは国の要件に適合する民間規格評価機関であることが公表されています。

電技解釈による規格のリスト化は，2022年（令和3年）5月31日付の電技解釈の改正から初めて反映され，その後，2022年4月1日付の電技解釈の改正では大幅に反映されました。リスト化は今後適宜実施される予定です。具体例は**表1**に示しております。

表１　電技解釈本文第15条の規定表現（2022年５月31日改正）

| 改正後 | 改正前 |
|---|---|
| 【高圧又は特別高圧の電路の絶縁性能】（省令第５条第２項）<br>第15条　高圧又は特別高圧の電路（第13条各号に掲げる部分，次条に規定するもの及び直流電車線を除く。）は，次の各号のいずれかに適合する絶縁性能を有すること。<br>（略）<br>四　特別高圧の電路においては，民間規格評価機関として日本電気技術規格委員会が承認した規格である「電路の絶縁耐力の確認方法」の「適用」の欄に規定する方法により絶縁耐力を確認したものであること。 | 【高圧又は特別高圧の電路の絶縁性能】（省令第５条第２項）<br>第15条　高圧又は特別高圧の電路（第13条各号に掲げる部分，次条に規定するもの及び直流電車線を除く。）は，次の各号のいずれかに適合する絶縁性能を有すること。<br>（略）<br>四　特別高圧の電路においては，日本電気技術規格委員会規格 JESC E7001（2018）「電路の絶縁耐力の確認方法」の「3．1　特別高圧の電路の絶縁耐力の確認方法」により絶縁耐力を確認したものであること。 |

※電技解釈本文と規格リストが紐づけされている。

■JESCのホームページ（国の基準への引用規格などの「リストA」が該当）

| 電技解釈 | 規格番号 | 規格名 | 適用 |
|---|---|---|---|
| 第15条第1項<br>第四号 | JESC E7001（2021） | 電路の絶縁耐力の確認方法 | ・「3.1　特別高圧の電路の絶縁耐力の確認方法」によること。 |

※電技解釈本文には引用する「規格名」と「適用」について記載され，規格名，規格年号，適用の内容はJESCのホームページに掲載されている。これにより，規格の改正により規格年号が更新されても電技解釈本文の改正を行う必要がなく，JESCのホームページのみの更新を行うことで速やかに新しい規格を適用できる仕組みとなっている。

この仕組みは，電技解釈の冒頭部のなお書きで以下のとおり明文化されていますのでご紹介します。

> なお，**この解釈に引用する規格のうち，民間規格評価機関**（「民間規格評価機関の評価・承認による民間規格等の電気事業法に基づく技術基準（電気設備に関するもの）への適合性確認のプロセスについて（内規）」（20200702保局第2号 令和2年7月17日）に定める要件への適合性が国により確認され，公表された機関をいう。以下同じ。）**が承認した規格については，当該民間規格評価機関がホームページに掲載するリストを参照すること。**

# 付録　2022年版 内線規程（JEAC 8001-2022）の主な改定概要について

2022年版の内線規程は、主に「最新技術などへの対応」，「関係法令等の改正による見直し」，「規定内容の充実・明確化」，「規定内容の強化」，及び「2017年及び2019年追補版の反映」を行いました。

## 1．最新技術などへの対応

・電気自動車（EV）に搭載される蓄電池容量の拡大化の市場傾向に対応し，6kW充電設備の施設方法について取り入れました。取り入れた背景や施設に当たっての留意事項を本書（Q3-30，Q3-31）で紹介，解説をしております。

**・2400-1　地中電線路**

構内における地中電線路の規定の見直しにおいて，新たにJESC E6007（2021）「直接埋設式（砂巻き）による低圧地中電線の施設」について，自家用電気工作物の構内で適用できるよう，電技解釈第120条の改正に合わせて新たに追加。
※　JESC E6007の規定内容は，Q2-6で解説しています。

**・3605-3　分岐回路**

情報機器用コンセントに対応した内容を「3605-5表」に追記した。
※「情報機器による専用の分岐回路」の考え方について，Q3-32で解説しています。

## 2．関係法令等の改正による見直し

・工業標準化法の一部改正（2019年7月）に伴う，JISの名称変更
（「日本工業規格」→「日本産業規格」）

・電力システム改革における発送電の法的分離に伴う名称変更
（「電気事業者」→「一般送配電事業者」）

・内線規程が引用しているJIS，民間規格の年号更新

・1300-1　電路の対地電圧の制限

2017年（平成29年）8月14日の電技解釈改正を反映。家庭用燃料電池，蓄電池を施設する場合に対地電圧を直流450V以下で施設できる場合の規定を追加。

※住宅の屋内電路における対地電圧の制限について，Q1-3で解説しています。

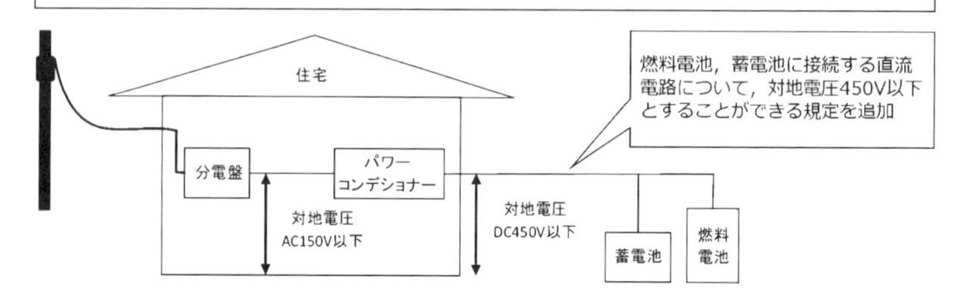


④燃料電池発電設備又は常用電源として用いる蓄電池に接続する負荷側の屋内配線を次により施設する場合

a. 屋内配線の対地電圧は，直流450V以下であること。

b. 電路に地絡が生じたときに自動的に電路を遮断する装置を施設すること。ただし，次に適合する場合は，この限りでない。

(a) 直流電路が，非接地であること。

(b) 直流電路に接続する逆変換装置の交流側に絶縁変圧器を施設すること。

c. 屋内配線は，次のいずれかによること。

(a) 人が触れるおそれのない隠ぺい場所に，合成樹脂管工事，金属管工事又はケーブル工事により施設すること。

(b) ケーブル工事により施設し，電線に接触防護措置を施すこと。

d. 直流電路を構成する燃料電池発電設備にあっては，当該直流電路に接続される個々の燃料電池発電設備の出力がそれぞれ10kW未満であること。

e. 直流電路を構成する蓄電池にあっては，当該直流電路に接続される個々の蓄電池の出力がそれぞれ10kW未満であること。

・1350-2　機械器具の金属製外箱などの接地

2017年8月14日に改正された電技解釈第29条（機械器具の金属製外箱等の接地）4項を反映。

4．太陽電池モジュール，燃料電池発電設備又は常用電源として用いる蓄電池設備に接続する直流電路に施設する機械器具であって，使用電圧が300Vを超え450V以下のものの金属製外箱等に施すC種接地工事の接地抵抗値は，次の各号に適合する場合は，**1350-1表**によらず，100Ω以下とすることができる。

〔注〕C種接地工事については，電路に地絡が生じた場合に0.5秒以下で自動的に電路を遮断する装置を施設するときは，接地抵抗値は500Ω以下とすることができる。

① 直流電路は，非接地であること。

② 直流電路に接続するインバータの交流側に，絶縁変圧器を施設すること。

③ 直流電路を構成する太陽電池モジュールにあっては，当該直流電路に接続される太陽電池モジュールの合計出力が10kW以下であること。

④ 直流電路を構成する燃料電池発電設備にあっては，当該直流電路に接続される個々の燃料電池発電設備の出力がそれぞれ10kW未満であること。

⑤ 直流電路を構成する蓄電池にあっては，当該直流電路に接続される個々の蓄電池の出力がそれぞれ10kW未満であること。

⑥ 直流電路に機械器具（太陽電池モジュール，燃料電池発電設備，常用電源として用いる蓄電池設備，コンバータ，インバータ，避雷器，3594-4（太陽光発電設備の配線）2項，3項②及び3594-7（アレイ出力開閉器の施設）に規定する器具，3596-3（燃料電池発電設備等の配線等）3項，3596-4（燃料電池発電設備の保護装置の施設）1項，3596-5（蓄電池設備の保護装置の施設）1項に規定する器具を除く。）を施設しないこと。

**・2400-7　地中電線と地中弱電流電線又は地中光ファイバケーブルとの接近，又は交差**

**・2400-8　地中電線と他の地中電線等との接近，又は交差**

| 2016年8月26日に改正された電技解釈第125条（地中電線と他の地中電線等との接近又は交差）を反映。 |
|---|

④　地中弱電流電線及び地中光ファイバケーブルの管理者の承諾を得た場合は,次のいずれかによること。

a.　地中弱電流電線及び地中光ファイバケーブルが有線電気通信設備令施行規則（昭和46年郵政省令第2号）に適合した難燃性の防護被覆を使用したものである場合は，次のいずれかによること。

(a)　地中電線が地中弱電流電線及び地中光ファイバケーブルと直接接触しないようにすること。

(b)　地中電線の電圧が222V（使用電圧200V）以下である場合は，地中電線と地中弱電流電線及び地中光ファイバケーブルとの離隔距離が，0m以上であること。

b.　地中光ファイバケーブルの場合は，地中電線との離隔距離が0m以上であること。

**・2400-8　地中電線と他の地中電線等との接近又は交差**

低圧地中電線と高圧地中電線とが接近又は交差する場合，次の各号のいずれかにより施設すること。ただし，地中箱内についてはこの限りでない。**（解釈125）**

①　低圧地中電線と高圧地中電線との離隔距離は，15cm以上であること。

②　地中電線相互の間に堅ろうな耐火性の隔壁を設けること。

③　いずれかの地中電線が，次のいずれかに該当するものである場合は，地中電線相互の離隔距離が，0m以上であること。

a.　不燃性の被覆を有すること。

b.　堅ろうな不燃性の管に収められていること。

④　それぞれの地中電線が，次のいずれかに該当するものである場合は，地中電線相互の離隔距離が，0m以上であること。

a.　自消性のある難燃性の被覆を有すること。

b.　堅ろうな自消性のある難燃性の管に収められていること。

### ・3594-5 太陽電池モジュールの支持物（対応する発電用太陽電池設備に関する技術基準の省令：第4条，第5条）

「発電用太陽電池設備に関する技術基準を定める省令」及び「発電用太陽電池設備に関する技術基準の解釈」の制定により規定を見直し。

1．太陽電池モジュールの支持物は，発電用太陽電池設備に関する技術基準の解釈（以下，この条において「太技解釈」という。）第2条（設計荷重）から第7条（基礎及びアンカー）により施設すること。

〔注〕本項による場合，以下に示す基準・指針が参考になる。

(1) 「地上設置型発電システムの設計ガイドライン2019年版」（国立研究開発法人新エネルギー・産業技術総合開発機構：2019），及び太技解釈の解説2表に示す基準・指針

(2) 「傾斜地設置型太陽光発電システムの設計・施工ガイドライン2021年版」（国立研究開発法人新エネルギー・産業技術総合開発機構：2021）

(3) 「水上設置型太陽光発電システムの設計・施工ガイドライン2021年版」（国立研究開発法人新エネルギー・産業技術総合開発機構：2021）

(4) 「営農型太陽光発電システムの設計・施工ガイドライン2021年版」（国立研究開発法人新エネルギー・産業技術総合開発機構：2021）

2．太陽電池モジュールの支持物を地上に設置する場合であって，太技解釈第8条（支持物の標準仕様）による場合は前項によらないことができる。

3．土地に自立して施設される支持物のうち設置面からの太陽電池アレイ（太陽電池モジュール及び支持物の総体をいう。）の最高の高さが9mを超える場合には，建築基準法施行令第3章構造強度のうち，第38条（基礎），第65条（有効細長比），第66条（柱の脚部），第68条（高力ボルト等），第69条（斜材等の配置）及び第93条（地盤及び基礎ぐい）の規定により施設すること。（**太技解釈9**）

4．土地に自立して施設される支持物においては，施設される土地が降雨等によって土砂流出や地盤崩落等によって公衆安全に影響を与えるおそれがある場合には，排水工，法面保護工等の有効な対策を講じること。（**太技解釈10**）

5．施設する地盤が傾斜地である場合には，必要に応じて抑制工，抑止等の土砂災害対策を講じること。（**太技解釈10**）

### 3．規定内容の充実・明確化による見直し

・1100-1　用語

| 引込線取付点から計器に至る配線を隠ぺいするケースが多くなり，引込口の判断に迷うケースが増えているため明確化として「引込口」の定義を見直し。 |
|---|

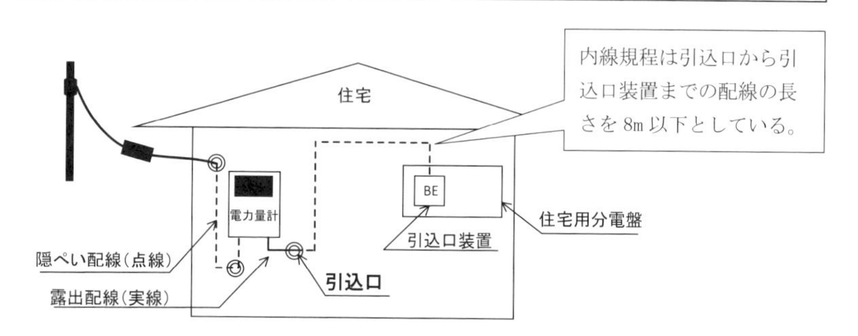


㊿引込口とは，電力量計の負荷側かつ屋外又は屋側からの電路が家屋の外壁を貫通する部分をいう。引込線取付点から引込口装置に至る間に電力量計を介さない場合は，屋外又は屋側から電路が家屋の外壁を貫通する部分をいう。

### 4．規定内容の充実・明確化による見直し

・1305-1　〔不平衡負荷の制限〕

| 高圧の三相3線式における不平衡制限に関する規定について，高圧受電設備規程（2020）の表現に合わせつつ，明確になるよう規定の表現を見直し。 |
|---|

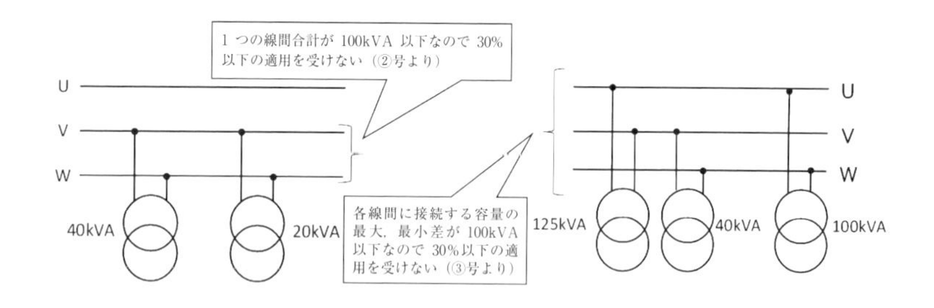

2．低圧及び高圧受電の三相3線式における不平衡負荷の限度は，単相接続負荷より計算し，設備不平衡率30％以下とすること。ただし，次の各号の場合は，この制限によらないことができる。(勧告)

① 低圧受電で専用変圧器などにより受電する場合

② 高圧受電において，1つの線間で合計100kVA（kW）以下の単相負荷の場合

③ 高圧受電において，各線間に接続される単相負荷総設備容量の最大と最小の差が100kVA（kW）以下である場合

**・1345-2　低圧電路の絶縁性能**

| 近年，コンピュータ機器，無停電電源装置等の対地静電容量成分の多い機器が設置され，対地静電容量に起因する電流（$I_{0C}$ 電流）が多く流れる設備が増加しているが，この$I_{0C}$を除去した状態で漏えい電流が1mA以下の場合は，電技省令第58条の絶縁性能に適合することを注書きに追加。 |
| --- |

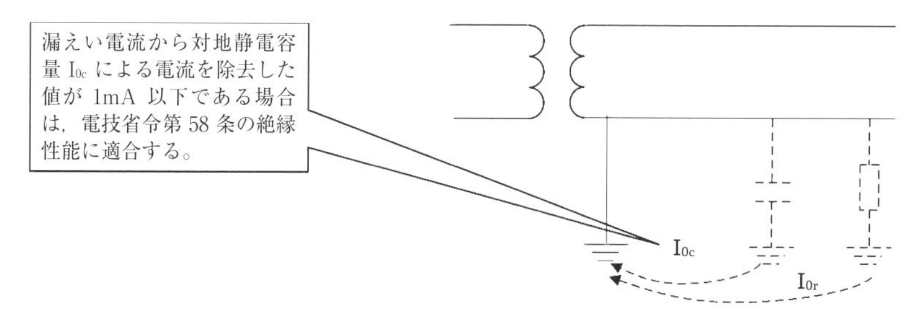


〔注7〕測定電路を停電できない場合は，規定された絶縁抵抗値と同等とみなされる漏えい電流値により，絶縁性能を確認することができる。漏えい電流には，対地絶縁抵抗による電流の他に対地静電容量による電流が含まれており，漏えい電流から対地静電容量による電流を除去した値が1mA以下である場合は，本項ただし書きに適合するものとする。以上を踏まえ，漏れ電流計による測定の結果，1mAを超える場合は絶縁抵抗計により開閉器等で区切る電路ごとに測定し，絶縁性の良否を確認することが必要である。

・3218節　LED照明器具

日本照明工業会が規定するJIL 5002（2018）「埋込み形照明器具」に規定するS形，M形の埋込み形照明器具のLED制御装置は固定を要しないことを規定。

・3218-3　LED照明器具への配線（対応省令：第56，57条）

② 照明器具を連結して施設する場合は，次により行うこと。

a. 配線に用いる電線は，直径1.6mm以上の軟銅線であって，Ⅳ電線又はケーブルとし，器具内に支持装置を設けるなどLED制御装置と直接接触しないよう施設すること。

・3218-4　LED制御装置（対応省令：第59条）

LED制御装置は，LED照明器具の内部に収めること。ただし，次の各号による場合は，LED制御装置をLED照明器具の外部に施設することができる。

① 堅ろうな耐火性の外箱に収めてあるものを使用し，外箱を造営材から1cm以上はなして堅ろうに取付け，かつ容易に点検できるように施設すること。ただし，次のa及びbによる場合は，この限りでない。

a. LED制御装置は，堅ろうな耐火性の外箱に収め，かつ容易に点検できるように施設すること。

b. LED制御装置は，（一社）日本照明工業会JIL 5002（2018）「埋込み形照明器具」に規定するS形，M形の埋込み形照明器具のものであること。

### 5．規定内容の強化

・1361節　雷保護装置

JWDS（日本配線システム工業会規格）の改定を踏まえ，内線規程の資料1-3-16に掲載しているSPDの定格値及び性能を更新。（SPDの公称放電電流を5kA，最大放電電流を10kAに更新）

・3202-3〔接地極付きコンセントなどの施設〕

| 接地極付きコンセントの施設について，屋外や台所の水気のある場所に施設する規定はこれまで勧告的事項であったが，これを義務的事項に見直し。業界団体からの要望や感電に対する更なる保安の向上を踏まえ見直した。<br>※接地極付きコンセントに関する適用レベルについて，Q3-16にて詳しく解説しております。 |
|---|

・3170節　アクセスフロア内のケーブル配線

| アクセスフロア内の施設の例図と規定内容を整合させるため，接続器具，ジョイントボックスを床に固定し，接続部に張力が加わらないようにすることを明確に規定。関連して，フロア内のケーブル接続の規定レベルを推奨的事項から勧告的事項に見直した。 |
|---|

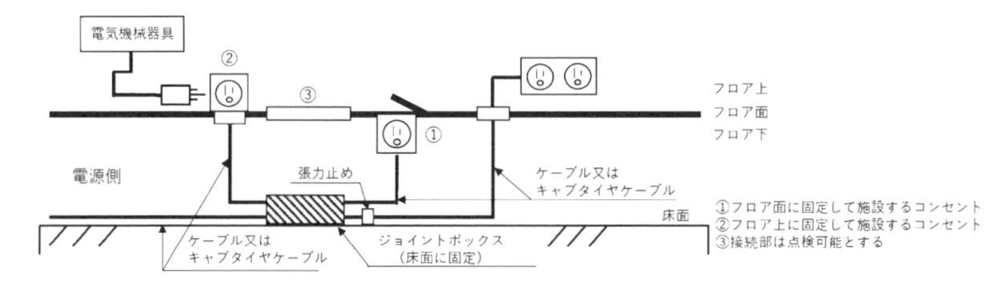


・3170-5　ケーブル配線の接続（対応省令：第7，56条）

2.〔フロア内のケーブル配線接続〕

フロア内のケーブル配線接続は次によること。**（勧告）**

① フロア上から接続箇所が容易に確認でき，かつ，フロア面が常時開閉可能な場所に施設すること。

② ケーブル配線の接続部には過大な力が加わらないように施設すること。

・3170-6　コンセントなどの施設（対応省令：第56，57条）

⑤ アクセスフロア内に設置する接続器具，ジョイントボックス，コンセントなどは床に固定し，ケーブルの接続部は，張力が加わらないよう3170-5（ケーブル配線の接続）2項②に準じて施設すること。

6．2017年および2019年の追補版の反映

・ACモジュールを用いた系統連系型小出力太陽光発電設備の施設（3595節）

・感震遮断機能付住宅用分電盤（1365-10条）

その他の見直しについては，2022年版の内線規程の冒頭「内線規程（2022年版の改定概要」に掲載しておりますので，併せてご確認ください。

内線規程 Q&A　2022 年版

2022 年 12 月 25 日　初版発行

発　行　一般社団法人 日本電気協会
〒100-0006 東京都千代田区有楽町1-7-1
電話　(03) 3216-0555 (事業推進部)
(03) 3216-0553 (技術部)
FAX　(03) 3216-3997

発売元　株式会社 オーム社
〒101-8460 東京都千代田区神田錦町 3-1
電話　(03) 3233-0641 (代表)
FAX　(03) 3233-3440

©日本電気協会 2022

印刷　音羽印刷株式会社

ISBN978-4-88948-370-3 C3054